2021NIAN
GUIZHOUSHENG
ZHUANLI XINXI JILIANG FENXI
BAOGAO

2021年
贵州省专利信息计量分析报告

贵州省科学技术情报研究所
贵州省科技发展战略研究院
编

贵州科技出版社
·贵阳·

图书在版编目(CIP)数据

2021年贵州省专利信息计量分析报告 / 贵州省科学技术情报研究所, 贵州省科技发展战略研究院编. -- 贵阳 : 贵州科技出版社, 2023.8
ISBN 978-7-5532-1221-0

Ⅰ. ①2… Ⅱ. ①贵… ②贵… Ⅲ. ①专利-分析-数据处理-贵州-2021 Ⅳ. ①G306.72

中国国家版本馆CIP数据核字(2023)第123037号

出版发行	贵州科技出版社
地　　址	贵阳市观山湖区会展东路SOHO区A座(邮政编码:550081)
网　　址	http://www.gzstph.com
出 版 人	王立红
经　　销	全国各地新华书店
印　　刷	贵州新华印务有限责任公司
版　　次	2023年8月第1版
印　　次	2023年8月第1次
字　　数	460千字
印　　张	16.75
开　　本	787 mm×1 092 mm　1/16
书　　号	ISBN 978-7-5532-1221-0
定　　价	78.00元

《2021年贵州省专利信息计量分析报告》
编 委 会

主　　编　高丽华

副 主 编　汪　越　文　雯　赵金国

执行主编　吴小文

编写人员　张禹佳　林小龙　牛丛丛　马晓燕

前言

专利作为技术创新成果的要素之一，其相关信息是各级政府进行决策的重要参考，它可以从侧面反映一个组织或地区的创新能力。贵州省科学技术情报研究所作为世界知识产权组织在中国西部设立的技术与创新支持中心（TISC）之一，遵照《贵州省知识产权"十四五"规划和2035年知识产权强省建设远景目标纲要》（以下简称《目标纲要》）要求，开展了2021年度贵州省专利信息的多维度分析，以期从宏观和微观层面摸清贵州专利的"家底"。

本报告以2021年度公开的贵州省国内外专利及截至2021年底的贵州省有效发明专利为数据源，基于专利数量、质量、密度，专利法律事件、经济效率，专利技术领域、区域分布，专利申请主体、人才及团队等指标，以知识图谱的形式展示贵州的专利信息，以及贵州各项专利指标在全国的排位等。同时围绕《目标纲要》首次设定"每万人口高价值发明专利拥有量"指标，开展了贵州省高价值发明专利及贵州9个市（州）88个县（市、区）"每万人口高价值发明专利拥有量"的统计分析。此外，基于贵州发展重点产业，深入分析贵州新能源汽车产业、高端装备制造产业、新一代信息技术产业的专利布局情况，为评价贵州省各区域、创新主体等的创新能力提供参考，为管理部门的政策制定提供支撑，为各产业人员知悉"家底"、开展技术创新和专利布局提供参考。

指标解释

（1）公开专利量：当年许可公开的专利总数，包括发明专利公开量（当年授权发明专利公开量和当年许可公开但未授权的发明专利数量）、实用新型公开量和外观设计公开量。

（2）授权专利量：当年某地区各类申请主体获得授权的专利数，包括发明专利、实用新型、外观设计 3 类。

（3）发明申请专利：向知识产权管理部门提交申请并许可公开但未授权的发明专利。

（4）发明授权专利：发明专利申请后被授权的专利。

（5）有效发明专利：发明专利申请被授权后，仍然处于有效状态的专利。

（6）专利经济效率：每亿元 GDP 产出的授权专利量（计算公式：当年授权专利量/当年地区生产总值）。

（7）授权专利密度：本省居民每万人口拥有的授权专利量（计算公式：当年授权专利量/上一年度地区常住人口）。

（8）有效发明专利密度：本省居民每万人口拥有的有效发明专利量。

（9）每万人高价值发明专利拥有量：本省居民每万人口拥有的高价值发明专利量。高价值发明专利即经国家知识产权局授权的符合下列任一条件的有效发明专利：战略性新兴产业的发明专利；在海外有同族专利权的发明专利；维持年限超过 10 年的发明专利；实现较高质押融资金额的发明专利；获得国家科学技术奖、中国专利奖的发明专利。

（10）PCT 公开量：指发明人或发明持有者按世界知识产权组织 PC 程序（国际阶段）提交的发明专利公开量。

分析数据源说明

本报告以 incoPat 科技创新情报平台（含德温特数据）、壹专利检索分析数据库包含的中国及其他 166 个国家和组织的专利数据为数据源，通过构建表 0－1 所列的检索式，得到贵州 2021 年国内公开专利 50 647 件，2021 年国外公开专利 223 件，国内有效发明专利 15 084 件，国外有效发明专利 275 件。

表 0－1　专利数据检索策略

序号	检索主题	检索式	检索工具	数据范围	检索日期	数量/件
1	贵州 2021 年国内公开专利	((AP－PC＝(52)) AND ((PDY＝("2021"))))	incoPat	中国	2022 年 5 月 5 日	50 647
2	贵州 2021 年国外公开专利	专利权人地址＝(贵州 or guizhou) OR 专利权人省份＝(guizhou) OR 专利权人(当前)＝(guizhou) AND 公开日(2021.01.01:2021.12.31)	壹专利，incoPat 补充	世界知识产权局、欧洲专利局及美国、韩国、日本等 166 个国家和组织	2022 年 10 月 27 日	223
3	贵州国内有效发明专利	专利权人省份＝(贵州) AND 公开日 <＝(2021.12.31) AND 专利状态＝(有效)	壹专利，incoPat 补充	发明授权，中国	2022 年 10 月 8 日	15 084
4	贵州国外有效发明专利	专利权人地址＝(贵州 or guizhou) OR 专利权人省份＝(guizhou) OR 专利权人(当前)＝(guizhou) AND 专利状态＝(有效) AND 公开日 <＝(2021.12.31)	壹专利，incoPat 补充	发明授权，世界知识产权局、欧洲专利局及美国、韩国、日本等 166 个国家和组织	2022 年 10 月 27 日	275

编者申明：因专利法律状态的动态性及专利申请公开的延时性，本报告数据源与国家知识产权局和贵州省知识产权局公布的贵州省专利统计数据有一定误差。

目　录

第一章

贵州专利数据总览

一、国内专利概况

2021 年，贵州国内公开专利量、授权专利量和有效发明专利量等指标数据如表 1－1 所示。

表 1－1　2021 年贵州国内专利主要指标数据

序号	指标名称	2021 年数据/件	2020 年数据/件	2021 年同比增长/%	2021 年全国排名
1	国内公开专利量	50 647	44 675	13.37	22
	其中发明申请专利量	11 363	10 079	12.74	23
2	授权专利量	39 711	30 694	29.38	22
	其中发明授权专利量	2 842	2 279	24.70	25
3	专利经济效率（每亿元 GDP 产出的国内授权专利量）	2.03	1.57	29.30	24
	其中发明专利经济效率（每亿元 GDP 产出的国内发明授权专利量）	0.15	0.13	15.38	25
4	有效发明专利量	15 084	11 970	26.02	24
5	每万人有效发明专利拥有量	3.91	3.14	24.52	25
6	高价值发明专利量	11 555	—	—	—
7	每万人高价值发明专利拥有量	2.995	—	—	—

1. 专利经济效率

2021 年，贵州每亿元 GDP 产出的国内授权专利量为 2.03 件，在全国排名第 24 位，同比增长 29.30%；每亿元 GDP 产出的国内发明授权专利量为 0.15 件，与海南相同，在全国排名第 25 位，同比增长 15.38%。

2. 有效发明专利密度

截至 2021 年底，贵州国内有效发明专利量为 15 084 件。根据 2020 年末常住人口数据计算，贵州每万人国内有效发明专利拥有量为 3.91 件，在全国排名第 25 位，远远低于全国平均水平（20.49 件/万人）。贵州国内高价值发明专利量为 11 555 件，每万人国内高价值发明专利拥有量为2.995件。

3. 申请主体

2021年，贵州国内专利申请人有企业、大专院校、机关团体、科研单位、个人5种类型，共申请国内专利50 647件。其中职务发明（企业、大专院校、机关团体、科研单位）35 411件，占比69.92%；非职务发明15 236件，占比30.08%。职务发明中企业独立申请的数量最多，有23 930件，占比67.58%；其次是大专院校独立申请的，有6 677件，占比18.86%。

企业和高校是贵州2021年专利申请的主体，两者申请的国内公开专利占全省国内公开专利量的61.58%，其中发明授权专利的比例接近83%。从专利申请人类型来看，申请专利的企业比较分散，申请专利的高校比较集中。2021年国内公开专利量排名前10的高校合计拥有国内公开专利3 967件，占全省高校国内公开专利的50.80%；拥有国内授权专利2 997件，占全省高校国内授权专利的55.19%。2021年国内公开专利量排名前10的企业合计拥有国内公开专利3 059件，占全省企业国内公开专利的12.54%；拥有国内授权专利1 522件，占全省企业国内授权专利的8.58%。

4. 技术领域

在2021年贵州国内公开专利量排名前10位的技术方向中，A61B（诊断、外科、鉴定）和A61M（将介质输入人体内或输到人体上的器械）两个技术方向的公开专利量均超过2 000件，是2021年贵州省的优势技术方向。

从产业分类来看，2021年贵州战略性新兴产业国内公开专利量占据优势，其中最具有优势的是生物产业，有国内公开专利10 762件，占全省国内公开专利量的21.25%；其次是节能环保产业，有5 056件，占9.98%；排名第三的是新材料产业，有4 296件，占8.48%。截至2021年底，贵州国内有效发明专利中，属于战略新兴产业的有10 847件，占全省国内有效发明专利量的71.91%，其中生物产业最具有优势，有3 316件，占21.98%；其次是新材料产业，有2 761件，占18.30%；排名第三的是新一代信息技术产业，有1 847件，占12.24%。

5. 区域分布

2021年贵州9个市（州）的国内公开专利量、发明申请专利量、发明授权专利量、有效发明专利量几个指标的数据如表1－2所示。贵州9个市（州）的国内有效发明专利、高价值发明专利数据如表1－3、表1－4所示。

表 1-2　2021 年贵州省各市(州)国内专利数据

市(州)	公开专利量		发明申请专利量		发明授权专利量		有效发明专利量	
	数量/件	占比/%	数量/件	占比/%	数量/件	占比/%	数量/件	占比/%
贵阳市	24 089	47.56	6 674	58.73	1 816	63.90	9 359	62.05
遵义市	8 646	17.07	1 709	15.04	481	16.92	2 511	16.65
黔南州	3 310	6.54	509	4.48	73	2.57	702	4.65
铜仁市	2 718	5.37	462	4.07	138	4.86	559	3.71
黔东南州	2 684	5.30	348	3.06	63	2.22	397	2.63
毕节市	2 557	5.05	410	3.61	64	2.25	237	1.57
六盘水市	2 528	4.99	319	2.81	68	2.39	298	1.98
安顺市	2 221	4.39	521	4.59	68	2.39	752	4.99
黔西南州	1 894	3.74	411	3.62	71	2.50	269	1.78
合计	50 647	—	11 363	—	2 842	—	15 084	—

表 1-3　贵州省各市(州)国内有效发明专利数据

市(州)	有效发明专利量/件	2020 年末人口/万人	每万人有效发明专利拥有量/件
贵阳市	9 359	598.98	15.62
遵义市	2 511	660.98	3.80
安顺市	752	247.18	3.04
铜仁市	559	330.00	1.69
黔南州	702	349.60	2.01
黔东南州	397	376.03	1.06
六盘水市	298	303.30	0.98
黔西南州	269	301.64	0.89
毕节市	237	690.28	0.34

表 1-4　贵州省各市(州)国内高价值发明专利数据

市(州)	高价值发明专利量/件	每万人高价值发明专利拥有量/件
贵阳市	7 386	12.68
遵义市	1 670	2.53
安顺市	573	2.32
黔南州	594	1.11
铜仁市	438	1.33
黔东南州	270	0.72
六盘水市	236	0.78
黔西南州	214	0.71
毕节市	174	0.25

数据显示，贵阳市的每项专利指标数据均排名第一，处于绝对优势地位，说明贵阳市整体创新能力远强于其他 8 个市（州）。

6. 专利转让

近 10 年，贵州专利转让数量整体呈逐年增长的趋势。2021 年贵州国内专利转让数量达 2 553 件，其中转让的发明专利为 1 456 件，占 57.03%。

贵州有效发明专利中发生转让的有 3 453 件，其中：发生 1 次转让的数量最多，为 2 818 件，占 81.61%；发生 2 次及 2 次以上转让的共 635 件，占 18.39%。

7. 行业领军人才

从发明专利量位居前列的发明人所从事的产业来看：贵州有效发明专利量排名第一的张芝庭（91 件）从事生物产业；排名第二的秦舒浩（80 件）从事新材料产业；排名第三的张哲源、张继强（73 件）从事节能环保或新一代信息技术产业。

二、国外专利概况

1. 国外专利总量

截至检索日期（2022 年 10 月 27 日），贵州申请的国外专利共 1 035 件，其中 2021 年公开的国外专利有 223 件，占 21.55%。从国外专利的公开年份趋势来看，贵州国外专利申请量呈逐年上升的趋势。

2021 年贵州有国外发明专利 128 件，占贵州国外公开专利量的 57.40%；其中发明授权专利 59 件，占贵州国外公开专利量的 26.46%。截至 2021 年底，贵州共有国外有效发明专利 275 件。

2. 专利权人

2021 年公开的贵州国外专利中，英国专利最多，达 71 件，占贵州国外公开专利量的 31.84%；其次是 PCT 专利，有 46 件，占 20.63%。

2021 年国外共公开贵州发明授权专利权人 32 个，其中：高校专利权人 7 个，获得国外发明授权专利 25 件，占全省国外发明授权专利量的 42.37%；企业专利权人 12 个，获得国外发明授权专利 17 件，占 28.81%；科研院所专利权人 8 个，获得国外发明授权专利 12 件，占 20.34%。

截至 2021 年底，贵州国外有效发明专利拥有量排名第一的专利权人是贵州大学，有 46 件，占全省国外有效发明专利量的 16.73%；排名第二的是贵州民族大学，拥有 17 件，占 6.18%；排名第三的是贵州光浦森光电有限公司，有 14 件，占 5.09%。

三、部分战略性新兴产业专利概况

1. 新能源汽车产业

（1）国内专利

2021 年贵州新能源汽车产业拥有国内公开专利 1 144 件，其中发明申请专利 411 件，全国排名第 23 位；发明授权专利 93 件，全国排名第 23 位；有效发明专利 542 件，全国排名第 24 位。

企业是贵州新能源汽车产业有效发明专利的优势主体，其中有效发明专利拥有量排名前三的企业分别是贵州梅岭电源有限公司（29 件，占比 5.35%）、贵州凯星液力传动机械有限公司（24 件，占比 4.43%）、贵州航天林泉电机有限公司（22 件，占比 4.06%）。高校主体中，有效发明专利拥有量排名前三的分别是贵州大学（37 件，占比 6.83%）、贵州理工学院（5 件，占比 0.92%）、铜仁学院（3 件，占比 0.55%）。科研院所主体中，有效发明专利拥有量排名前三的分别是贵阳铝镁设计研究院（10 件，占比 1.85%）、贵州电网有限责任公司电力科学研究院（10 件，占比 1.85%）、中国航发贵阳发动机设计研究所（6 件，占比 1.11%）。

（2）国外专利

截至 2021 年底，贵州新能源汽车产业拥有国外有效发明专利 14 件，其中贵州振华新材料股份有限公司拥有的国外有效发明专利最多，达 9 件。

（3）新能源汽车电池产业专利概况

贵州新能源汽车电池产业拥有国内有效发明专利 158 件，国外有效发明专利 11 件。其中国内有效发明专利拥有量排名第一的是贵州梅岭电源有限公司（26 件，占比 16.46%），排名第二的是贵州大学(16件,占比10.13%),排名第三的是贵州中伟资源循环产业发展有限公司(13件,占比8.23%)。

2. 新一代信息技术产业

(1)国内专利

2021年贵州新一代信息技术产业拥有国内公开专利3 474件,其中发明申请专利1 634件,全国排名第23位;发明授权专利547件,全国排名第22位;有效发明专利1 873件,全国排名第24位。

企业是贵州新一代信息技术产业有效发明专利的优势主体,其有效发明专利拥有量占到整个产业的82.86%。其中有效发明专利拥有量排名前三的企业分别是华为云计算技术有限公司(505件,占比26.96%)、贵州电网有限责任公司(82件,占比4.38%)、贵州光浦森光电有限公司(73件,占比3.90%)。华为云计算技术有限公司在新一代信息技术领域属于卓越申请人,是中国该领域的专利技术领头企业。高校主体中,有效发明专利拥有量排名前三的是贵州大学(83件,占比4.43%)、贵州民族大学(11件,占比0.59%)、贵州理工学院(9件,占比0.48%)。科研院所主体中,有效发明专利拥有量排名前三的分别是贵州电网有限责任公司电力科学研究院(38件,占比2.03%)、贵州航天计量测试技术研究所(12件,占比0.64%)、贵州省计量测试院(5件,占比0.27%)。

(2)国外专利

截至2021年底,贵州新一代信息技术产业拥有国外有效发明专利40件。在该产业的企业中,国外有效发明专利拥有量最多的是贵州光浦森光电有限公司,有7件;其次是华为云计算技术有限公司,有6件。

(3)贵州互联网与云计算、大数据服务产业专利概况

贵州互联网与云计算、大数据服务产业拥有国内有效发明专利244件,国外有效发明专利9件。在该产业的企业中,国内有效发明专利拥有量排名第一的是华为云计算技术有限公司(136件,占比55.74%),排名第二的是贵州电网有限责任公司(12件,占比4.92%),排名第三的是贵州大学(9件,占比3.69%)。

(4)电子核心产业专利概况

贵州电子核心产业拥有国内有效发明专利509件,国外有效发明专利12件。在该产业的企业中,国内有效发明专利拥有量排名第一的是贵州光浦森光电有限公司(73件,占比

14.34%),排名第二的是中国振华(集团)新云电子元器件有限责任公司(57件,占比11.20%),排名第三的是华为云计算技术有限公司(36件,占比7.07%)。

3. 高端装备制造产业

(1)国内专利

2021年贵州高端装备制造产业拥有国内公开专利1 397件,其中发明申请专利1 107件,全国排名第23位;发明授权专利290件,全国排名第24位;有效发明专利1 248件,全国排名第24位。

企业是贵州高端装备制造产业有效发明专利的优势主体,其有效发明专利拥有量占整个产业的76.28%。在该产业的企业中,有效发明专利拥有量排名前三的分别是中国航发贵州黎阳航空动力有限公司(62件,占比4.97%)、贵州航天凯山石油仪器有限公司(33件,占比2.64%)、贵州安吉航空精密铸造有限责任公司(32件,占比2.56%)。在高校主体中,有效发明专利拥有量排名前三的分别是贵州大学(82件,占比6.57%)、贵州理工学院(14件,占比1.12%)、贵州师范大学(11件,占比0.88%)。在科研院所主体中,有效发明专利拥有量排名前三的分别是贵州电网有限责任公司电力科学研究院(11件,占比0.88%)、中国科学院地球化学研究所(6件,占比0.48%)、贵州省蚕业研究所(5件,占比0.40%)。

(2)国外专利

截至2021年底,贵州高端装备制造产业拥有国外有效发明专利15件,主要专利权人有贵州大学、贵阳高原矿山机械有限公司、贵州省草业研究所、贵州高速公路集团。

第二章

贵州国内专利数据分析

一、专利总量

1. 专利总体情况

2021 年,中国国内公开专利量为 5 894 144 件,其中贵州公开专利量为 50 647 件,占比 0.86%,在全国排名第 22 位(图 2-1)。

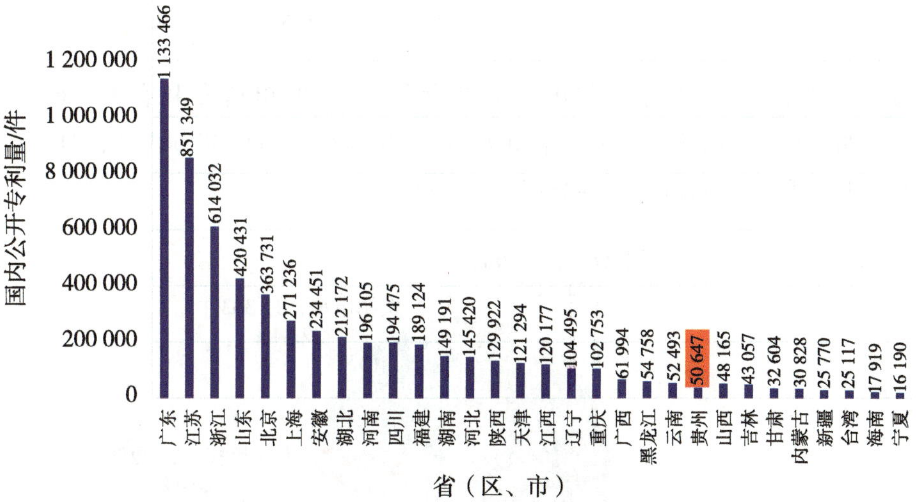

图 2-1 2021 年部分省(区、市)国内专利公开量

贵州近年来国内公开专利量见图 2-2。由图可知,2021 年贵州国内公开专利量同比增长 13.37% (图 2-2)。

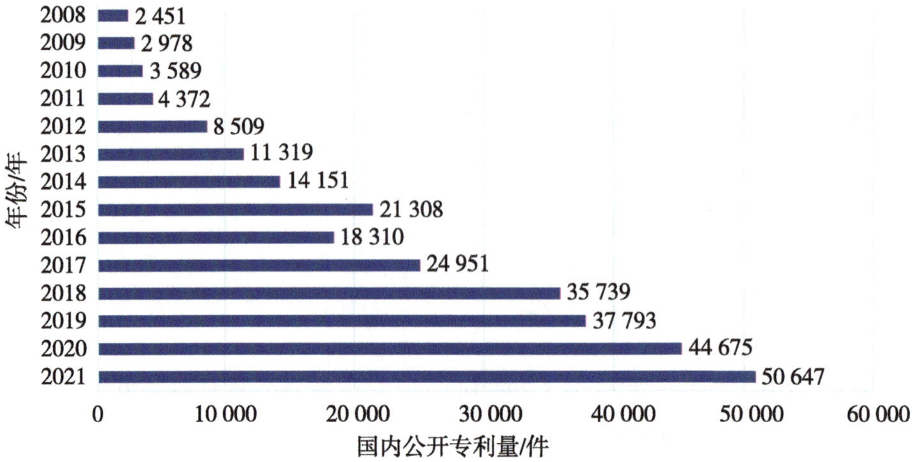

图 2－2　贵州近年来国内公开专利量

从专利类型来看，2021 年贵州国内公开专利中，发明申请专利有 11 363 件，占比 22.44%；发明授权专利有 2 842 件，占比 5.61%；实用新型专利有 30 664 件，占比 60.54%；外观设计专利有 5 778 件，占比 11.41%（图 2－3）。

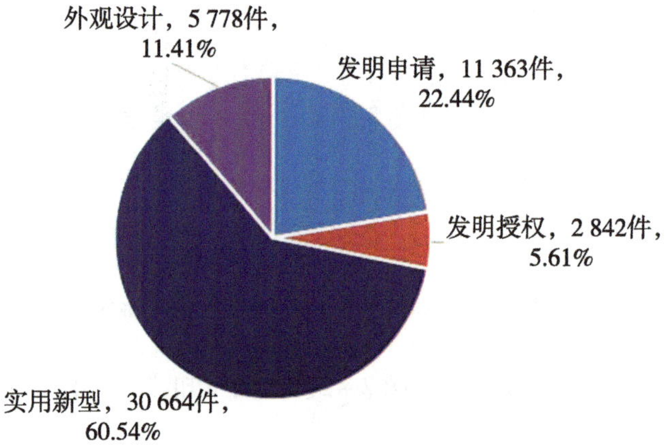

图 2－3　2021 年贵州国内公开专利类型

2. 发明专利情况

（1）发明申请专利情况

2021 年中国国内发明申请专利量为 1 560 969 件，其中贵州发明申请专利量为 11 363 件，占贵州 2021 年国内公开专利量的 22.44%，占全国发明申请专利量的 0.73%，在全国排名第 23 位（图 2－4）。

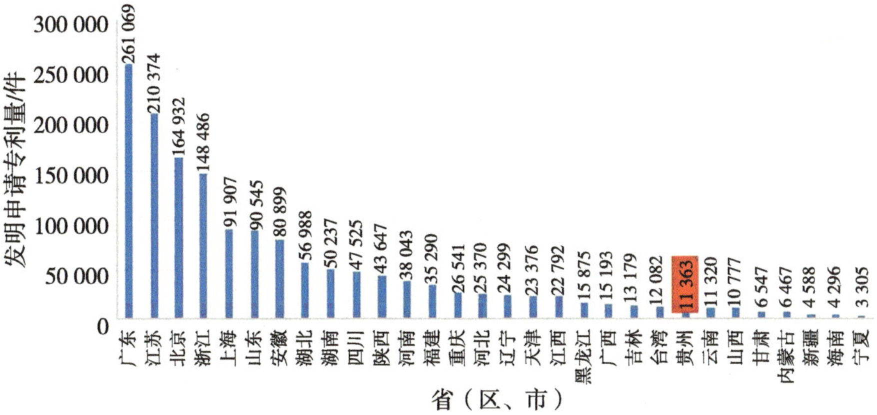

图 2-4　2021 年部分省(区、市)发明申请专利量

（2）发明授权专利情况

2021 年中国国内发明授权专利量为 586 082 件，其中贵州发明授权专利量为 2 842 件，占贵州 2021 年国内公开专利量的 5.61%，占贵州 2021 年国内授权专利量的 7.16%，同比增长 24.70%；占全国发明授权专利量的 0.48%，在全国排名第 25 位(图 2-5)。

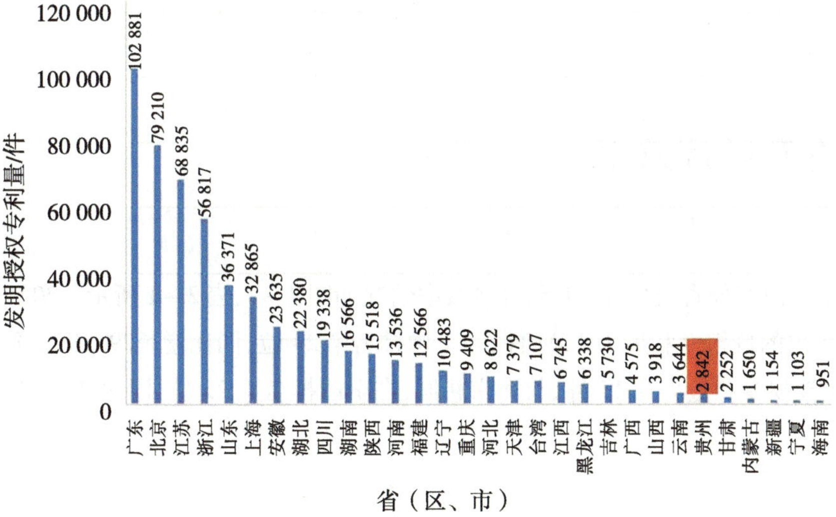

图 2-5　2021 年部分省(区、市)发明授权专利量

（3）有效发明专利

截至 2021 年底，全国有效发明专利量为 2 893 235 件，其中贵州有 15 084 件，占比 0.52 %，在全国排名第24位，同比增长26.02%（图2－6）。

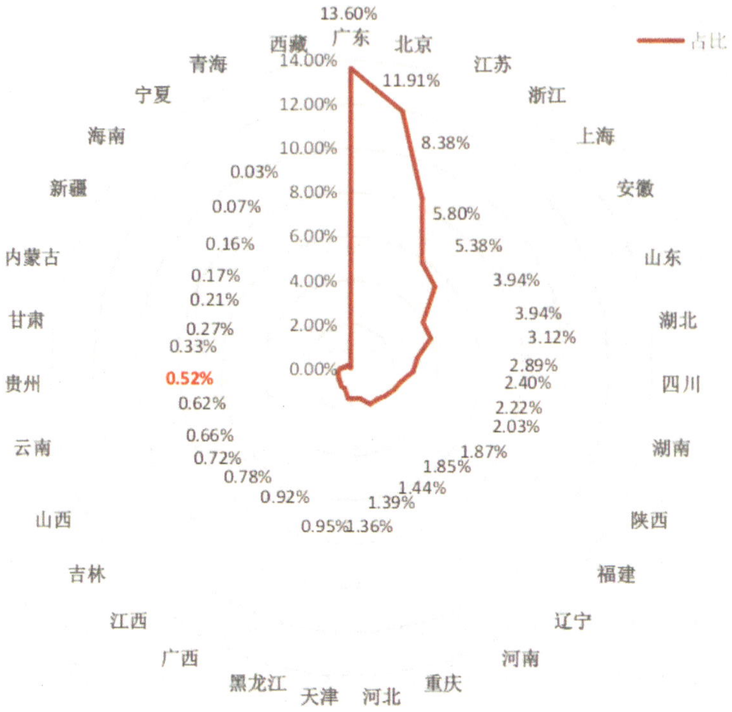

图2－6　2021年部分省（区、市）有效发明专利占比

二、专利经济效率

2021年国内部分省（区、市）专利经济效率情况如图2－7、表2－1所示。2021年贵州每亿元GDP产出的授权专利量为2.03件，在全国排名第24位，同比增长29.30%；每亿元GDP产出的发明授权专利量为0.15件，与海南相同，在全国排名第25位，同比增长15.38%。

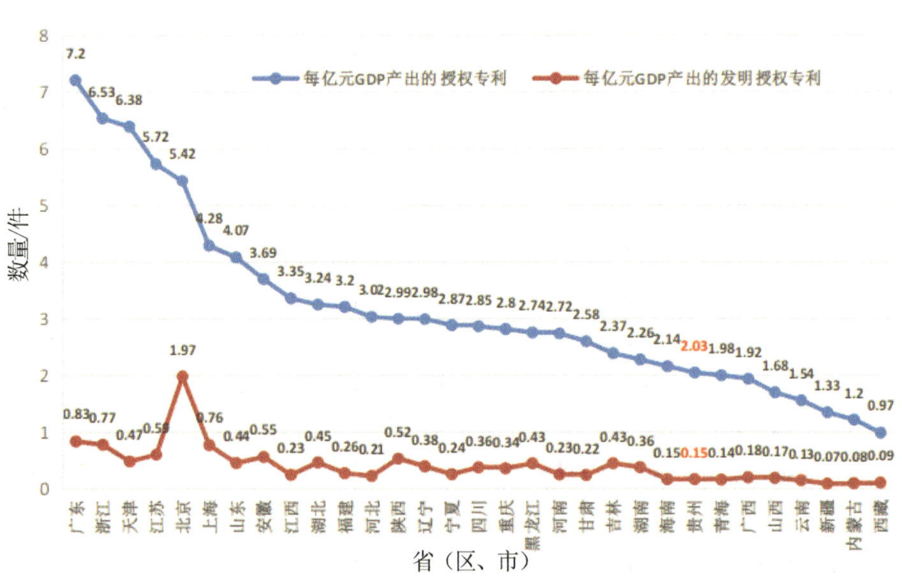

图 2－7　2021 年部分省(区、市)专利经济效率

表 2－1　2021 年部分省(区、市)专利经济效率

省(区、市)	2021 年 GDP /亿元	2021 年授权专利量/件	每亿元 GDP 产出的授权专利量/件	2021 年发明授权专利量/件	每亿元 GDP 产出的发明授权专利量/件
广东	124 369.67	895 223	7.20	102 881	0.83
北京	40 269.60	218 304	5.42	79 210	1.97
江苏	116 364.20	665 462	5.72	68 835	0.59
浙江	73 516.00	480 381	6.53	56 817	0.77
山东	83 095.90	338 566	4.07	36 371	0.44
上海	43 214.85	184 917	4.28	32 865	0.76
安徽	42 959.20	158 442	3.69	23 635	0.55
湖北	50 012.94	162 172	3.24	22 380	0.45
四川	53 850.79	153 550	2.85	19 338	0.36
湖南	46 063.09	104 307	2.26	16 566	0.36
陕西	29 800.98	89 247	2.99	15 518	0.52
河南	58 887.41	160 254	2.72	13 536	0.23
福建	48 810.36	155 985	3.20	12 566	0.26
辽宁	27 584.10	82 293	2.98	10 483	0.38
重庆	27 894.02	78 159	2.80	9 409	0.34
河北	40 391.30	122 024	3.02	8 622	0.21
天津	15 695.05	100 058	6.38	7 379	0.47

续表

省(区、市)	2021年GDP/亿元	2021年授权专利量/件	每亿元GDP产出的授权专利量/件	2021年发明授权专利量/件	每亿元GDP产出的发明授权专利量/件
台湾	—	13 379	—	7 107	—
江西	29 619.70	99 168	3.35	6 745	0.23
黑龙江	14 879.20	40 812	2.74	6 338	0.43
吉林	13 235.52	31 366	2.37	5 730	0.43
广西	24 740.86	47 416	1.92	4 575	0.18
山西	22 590.16	38 039	1.68	3 918	0.17
云南	27 100.00	41 838	1.54	3 644	0.13
贵州	19 586.42	39 711	2.03	2 842	0.15
甘肃	10 243.30	26 427	2.58	2 252	0.22
内蒙古	20 514.20	24 615	1.20	1 650	0.08
新疆	16 000.00	21 269	1.33	1 154	0.07
宁夏	4 522.30	12 958	2.87	1 103	0.24
海南	6 475.20	13 867	2.14	951	0.15
香港	—	3 101	—	939	—
青海	3 346.63	6 642	1.98	454	0.14
西藏	2 000.00	1 936	0.97	184	0.09

三、专利密度

1. 授权专利密度

2021年国内部分省(区、市)授权专利密度情况如图2-8、表2-2所示。2021年贵州每万人拥有的授权专利量为10.29件,在全国排名第26位,居甘肃和内蒙古之间;每万人拥有的发明授权专利量为0.74件,居云南和内蒙古之间,在全国排名第28位。

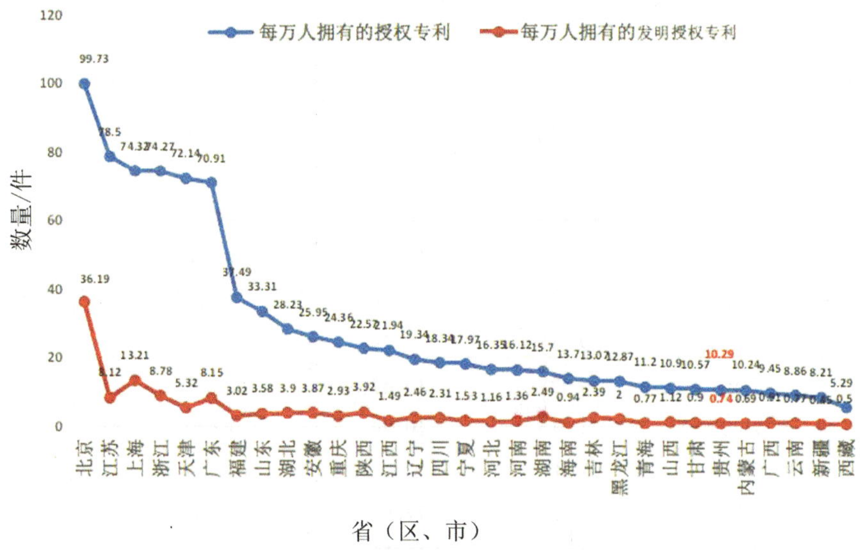

图 2－8　2021 年部分省(区、市)专利密度

表 2－2　2021 年部分省(区、市)专利密度

省(区、市)	2020 年末常住人口/万人	2021 年授权专利量/件	每万人拥有的授权专利量/件	2021 年发明授权专利量/件	每万人拥有的发明授权专利量/件
广东	12 624	895 223	70.91	102 881	8.15
北京	2 189	218 304	99.73	79 210	36.19
江苏	8 477	665 462	78.50	68 835	8.12
浙江	6 468	480 381	74.27	56 817	8.78
山东	10 165	338 566	33.31	36 371	3.58
上海	2 488	184 917	74.32	32 865	13.21
安徽	6 105	158 442	25.95	23 635	3.87
湖北	5 745	162 172	28.23	22 380	3.90
四川	8 371	153 550	18.34	19 338	2.31
湖南	6 645	104 307	15.70	16 566	2.49
陕西	3 955	89 247	22.57	15 518	3.92
河南	9 941	160 254	16.12	13 536	1.36
福建	4 161	155 985	37.49	12 566	3.02
辽宁	4 255	82 293	19.34	10 483	2.46
重庆	3 209	78 159	24.36	9 409	2.93
河北	7 464	122 024	16.35	8 622	1.16
天津	1 387	100 058	72.14	7 379	5.32
台湾	—	13 379	—	7 107	—
江西	4 519	99 168	21.94	6 745	1.49

续表

省(区、市)	2020 年末常住人口/万人	2021 年授权专利量/件	每万人拥有的授权专利量/件	2021 年发明授权专利量/件	每万人拥有的发明授权专利量/件
黑龙江	3 171	40 812	12.87	6 338	2.00
吉林	2 399	31 366	13.07	5 730	2.39
广西	5 019	47 416	9.45	4 575	0.91
山西	3 490	38 039	10.90	3 918	1.12
云南	4 722	41 838	8.86	3 644	0.77
贵州	3 858	39 711	10.29	2 842	0.74
甘肃	2 501	26 427	10.57	2 252	0.90
内蒙古	2 403	24 615	10.24	1 650	0.69
新疆	2 590	21 269	8.21	1 154	0.45
宁夏	721	12 958	17.97	1 103	1.53
海南	1 012	13 867	13.70	951	0.94
香港	—	3 101	—	939	—
青海	593	6 642	11.20	454	0.77
西藏	366	1 936	5.29	184	0.50

2. 有效发明专利密度

2021 年贵州有效发明专利密度为 3.91 件/万人，排名第 25 位，远远低于全国平均水平(20.49 件/万人)，见图 2－9、表 2－3。

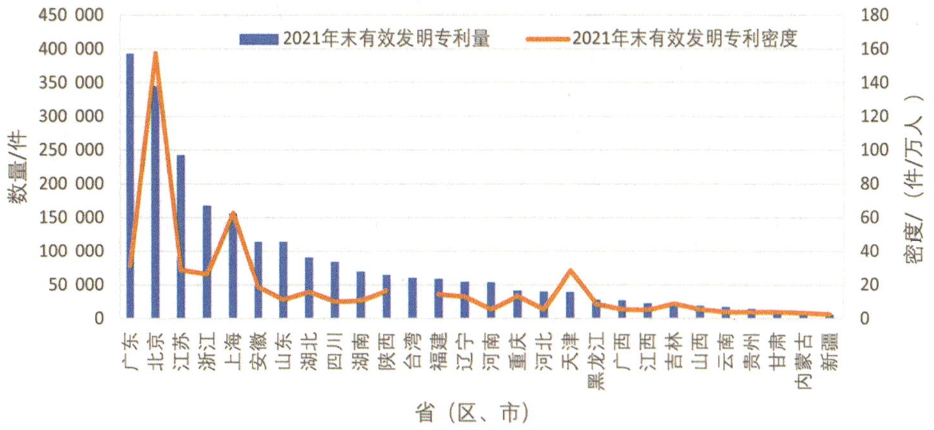

图 2－9　部分省(区、市)有效发明专利量及密度

表 2-3　部分省(区、市)有效发明专利量及密度

省(区、市)	2021 年有效发明专利量/件	2020 年末常住人口/万人	2021 年有效发明专利密度/(件/万人)	占比/%
北京	344 574	2 189	157.41	11.91
上海	155 786	2 488	62.61	5.38
广东	393 379	12 624	31.16	13.60
江苏	242 349	8 477	28.59	8.38
天津	39 332	1 387	28.36	1.36
浙江	167 901	6 468	25.96	5.80
安徽	114 046	6 105	18.68	3.94
陕西	64 125	3 955	16.21	2.22
湖北	90 207	5 745	15.70	3.12
福建	58 771	4 161	14.12	2.03
重庆	41 610	3 209	12.97	1.44
辽宁	54 053	4 255	12.70	1.87
山东	114 045	10 165	11.22	3.94
湖南	69 531	6 645	10.46	2.40
四川	83 710	8 371	10.00	2.89
吉林	20 775	2 399	8.66	0.72
黑龙江	27 365	3 171	8.63	0.95
宁夏	4 495	721	6.23	0.16
山西	19 029	3 490	5.45	0.66
河北	40 288	7 464	5.40	1.39
河南	53 652	9 941	5.40	1.85
广西	26 723	5 019	5.32	0.92
江西	22 427	4 519	4.96	0.78
海南	4 980	1 012	4.92	0.17
贵州	15 084	3 858	3.91	0.52
甘肃	9 666	2 501	3.86	0.33
云南	17 837	4 722	3.78	0.62
青海	2 093	593	3.53	0.07
内蒙古	7 912	2 403	3.29	0.27
新疆	6 058	2 590	2.34	0.21
西藏	732	366	2.00	0.03
台湾	60 194	—	—	2.08
香港	5 202	—	—	0.18
澳门	180	—	—	0.01

四、专利申请主体

1. 申请人类型

（1）国内专利申请人类型

2021年贵州国内公开专利申请人类型有企业、个人、大专院校、机关团体、科研单位5种，情况如表2-4所示。其中职务发明35 411件，占比69.92%；非职务发明15 236件，占比30.08%。

职务发明中企业独立申请专利数量最多，有23 930件，占比47.25%；其次是大专院校，独立申请专利6 677件，占比13.18%。仅有一个申请人的专利有50 010件，占比98.74%；合作申请的专利有637件，占比仅为1.26%。在合作申请中，校企合作专利较多，有281件，占比0.55%。

表2-4　2021年贵州国内公开专利申请人类型

发明类型	申请人类型	专利数量/件	占比/%
职务发明	企业	23 930	47.25
	大专院校	6 677	13.18
	机关团体	3 081	6.08
	科研单位	1 086	2.14
	企业、大专院校	281	0.55
	企业、科研单位	88	0.17
	企业、机关团体	43	0.08
	机关团体、大专院校	44	0.09
	科研单位、大专院校	45	0.09
	个人、机关团体	35	0.07
	个人、大专院校	24	0.05
	个人、企业	36	0.07
	科研单位、机关团体	17	0.03
	大专院校、个人	12	0.02
	个人、科研单位	3	0.01
	个人、企业、大专院校	3	0.01
	个人、机关团体、大专院校	2	0.00
	企业、企业	2	0.00
	企业、科研单位、大专院校	1	0.00
	企业、科研单位、机关团体	1	0.00
非职务发明	个人	15 236	30.08

（2）发明授权专利申请人类型

2021 年贵州国内发明授权专利申请人类型有企业、个人、大专院校、机关团体、科研单位 5 种，情况如表 2－5 所示。其中职务发明授权 2 696 件，占比 94.86%；非职务发明 146 件，占比 5.14%。

职务发明中企业独立申请专利数量最多，有 1 589 件，占比 55.91%；其次是大专院校，独立申请专利 670 件，占比 23.57%。

仅有一个申请人的专利有 2 754 件，占比 96.90%；合作申请的专利有 88 件，占比仅为 4.10%。在合作申请中，校企合作专利较多，有 34 件，占比 1.20%。

表 2－5 2021 贵州发明授权专利申请人类型

发明类型	申请人类型	专利数量/件	占比/%
职务发明	企业	1 589	55.91
	大专院校	670	23.57
	科研院所	196	6.90
	机关团体	153	5.38
	企业、大专院校	34	1.20
	企业、科研院所	25	0.88
	科研院所、大专院校	10	0.35
	科研院所、机关团体	5	0.18
	企业、机关团体	6	0.21
	个人、大专院校	2	0.07
	企业、个人	2	0.07
	机关团体、大专院校	2	0.07
	企业、科研院所、机关团体	1	0.04
	企业、机关团体、大专院校	1	0.04
非职务发明	个人	146	5.14

（3）有效发明专利申请人类型

贵州有效发明专利申请人类型有企业、科研单位、大专院校、机关团体、个人 5 种，分布情况如表 2－6 所示。其中职务发明 14 266 件，占比 94.58%；非职务发明 818 件，占比 5.42%。

职务发明中企业独立申请专利数量最多，有 10 489 件，占比 69.54%；其次是大专院校，独立申请专利2 066件，占比13.70%。

仅有一个申请人的专利有14 593件，占比96.74%；合作申请的专利有491件，占比仅为3.26%。在合作申请中，校企合作专利较多，有156件，占比1.03%。

表2－6 贵州有效发明专利申请人类型

发明类型	申请人类型	专利数量/件	占比/%
职务发明	企业	10 489	69.54
	大专院校	2 066	13.70
	科研院所	903	5.99
	机关团体	317	2.10
	企业、大专院校	156	1.03
	企业、科研院所	129	0.86
	企业、个人	42	0.28
	科研院所、大专院校	38	0.25
	企业、机关团体	38	0.25
	机关团体、大专院校	18	0.12
	企业、机关团体	12	0.08
	个人、大专院校	9	0.06
	科研院所、个人	8	0.05
	企业、科研院所、大专院校	7	0.05
	企业、机关团体、大专院校	7	0.05
	机关团体、大专院校	5	0.03
	科研院所、机关团体	5	0.03
	企业、科研院所、机关团体	4	0.03
	机关团体、个人	3	0.02
	机关团体、科研院所	2	0.01
	机关团体、科研院所	2	0.01
	机关团体、个人	1	0.01
	企业、个人、大专院校	1	0.01
	企业、机关团体、大专院校	1	0.01
	企业、机关团体、机关团体	1	0.01
	企业、科研院所、个人	1	0.01
	机关团体、个人、大专院校	1	0.01
非职务发明	个人	818	5.42

2. 申请主体分析

（1）国内专利申请人排名

2021年公开的贵州国内专利中，排名前100的申请人申请的专利总量为14 667件，约占全省公开专利量的28.96%。公开专利量100件以上的机构共有40家，共有公开专利10 621件，占全省公开专利量的20.97%。2021年贵州国内专利申请人排名情况见图2－10。

2021年贵州排名前10的国内专利申请人包括5家高校、3家医院和2家企业，其中贵州电网有限责任公司公开专利量最多，贵州大学授权专利量最高。

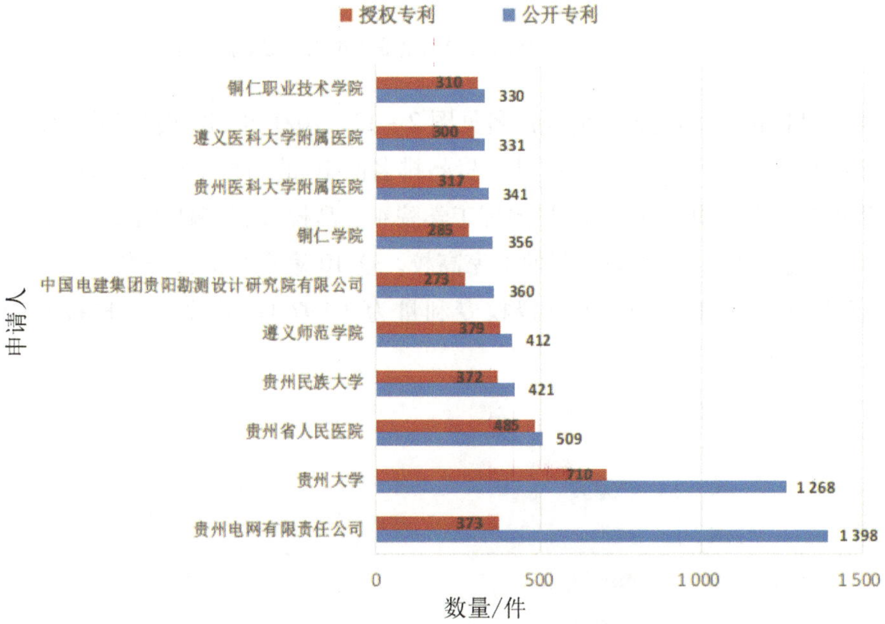

图2－10　2021年贵州国内专利申请人排名（前10位）

2021年贵州国内专利企业申请人排名见图2－11。2021年，贵州企业申请人的公开专利量为24 385件，授权专利量为17 472件。贵州排名前10的企业申请人中，有国有企业8家，民营企业2家。这10家企业的公开专利量为3 059件，约占全省企业公开专利量的12.54%；授权量为1 522件，约占全省企业授权专利量的8.58%。

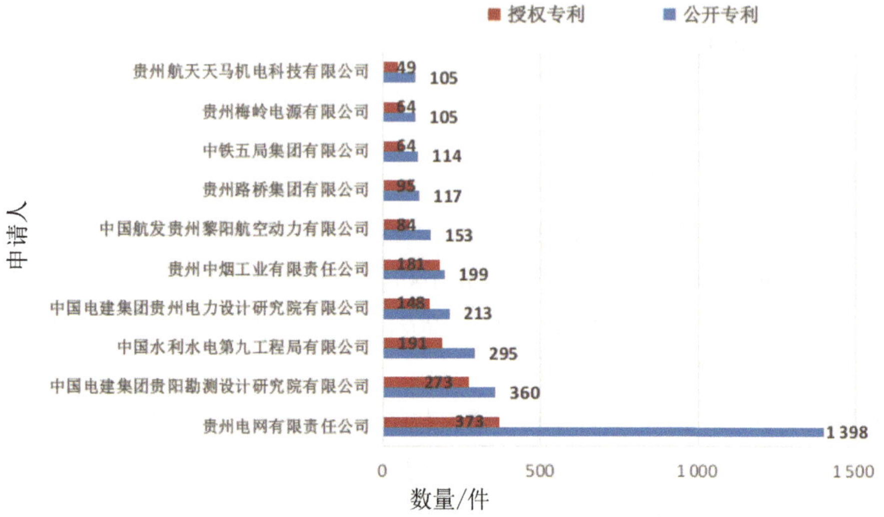

图 2-11　2021 年贵州国内专利企业申请人排名(前 10 位)

2021 年贵州国内专利高校申请人排名见图 2-12。2021 年,贵州高校申请人的公开专利量为 7 809 件,授权专利量为 5 430 件。贵州排名前 10 的高校申请人分别是贵阳的贵州大学、贵州民族大学、贵州师范大学、贵州理工学院 4 家高校,以及铜仁的 2 家、遵义的 1 家、毕节的 1 家、六盘水的 1 家、黔东南州的 1 家高校。这 10 家高校的公开专利量共 3 967 件,占全省高校公开专利量的 50.80%;授权专利量为 2 997 件,占全省高校授权专利量的 55.19%。

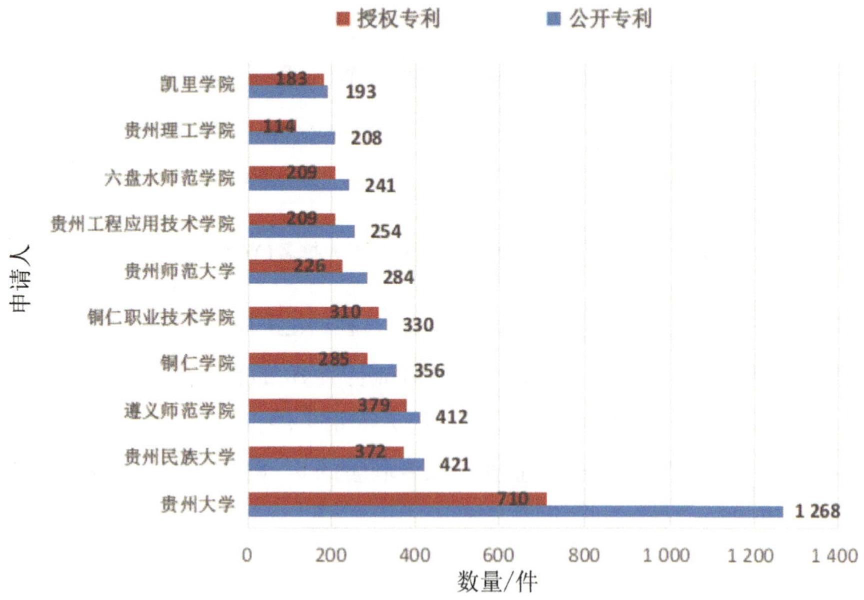

图 2-12　2021 年贵州国内专利高校申请人排名(前 10 位)

如果将高校附属医院纳入统计,则 2021 年排名前 10 的高校专利申请人见图 2 - 13 所示。这 10 家高校包括贵阳的贵州大学、贵州医科大学、贵州民族大学、贵州中医药大学、贵州师范大学 5 家,以及遵义的 2 家、铜仁的 2 家、毕节的 1 家。这 10 家高校的公开专利量为 4 901 件,占全省高校公开专利量的 62.76%;授权量为 3 877 件,占全省高校授权专利量的 71.40%。

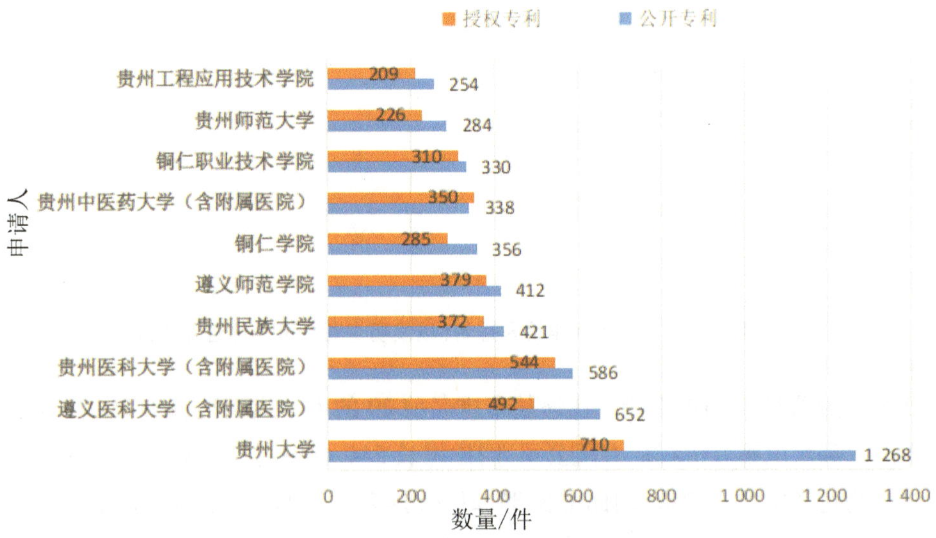

图 2 - 13 2021 年贵州高校专利申请人排名(将附属医院纳入;前 10 位)

(2)发明专利申请人排名

2021 年贵州发明专利申请量排名前 100 的申请人共申请发明专利 5 061 件,占全省发明专利申请量的 44.54%。贵州发明专利申请量排名前 10 的申请人包括高校和企业(图 2 - 14),共申请发明专利 2 447 件,占全省发明专利申请量的 21.5%。

贵州发明专利申请量排名第一的是贵州电网有限责任公司,共申请发明专利 1 161 件,占全省发明专利申请量的 10.22%;排名第二的是贵州大学,共申请发明专利 613 件,占 5.39%;排名第三的是中国水利水电第九工程局有限公司,共申请发明专利共 116 件,占 1.02%。值得注意的是,分布在贵阳市以外的铜仁学院近两年发明专利申请数量优势明显。

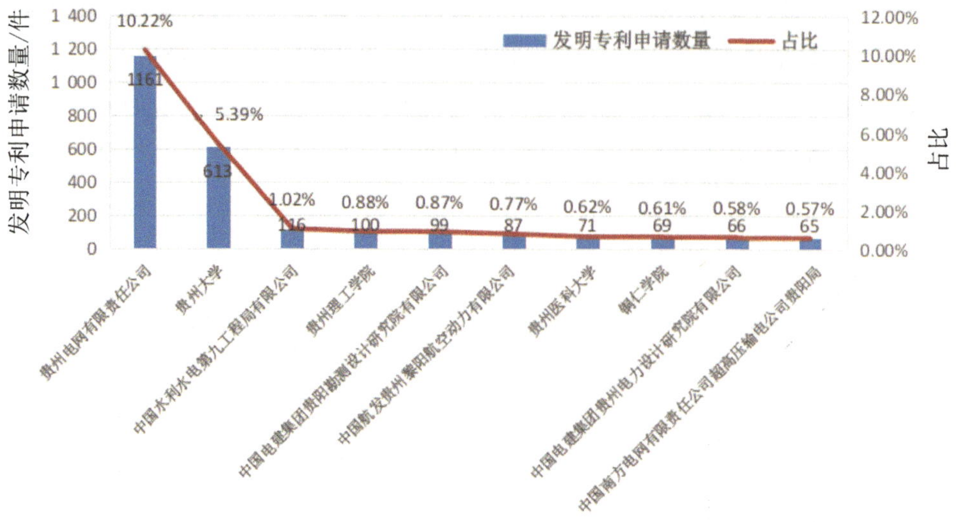

图2－14　2021年贵州发明专利申请人排名（以发明专利申请量排名为准；前10位）

2021年贵州发明专利申请量同比增长率排名前20的申请人情况见表2－7。增长率最高的是中国水利水电第九工程局有限公司，同比增长544.44%；排名第二的是贵州省中国科学院天然产物化学重点实验室，同比增长86.21%；排名第三的是中国电建集团贵州电力设计研究院有限公司，同比增长78.38%。

表2－7　2021年贵州发明专利申请量同比增长率排名前20的申请人

申请人	2021年发明专利申请量/件	2020年发明专利申请量/件	同比增长率/%
中国水利水电第九工程局有限公司	116	18	544.44
贵州省中国科学院天然产物化学重点实验室（贵州医科大学天然产物化学重点实验室）	54	29	86.21
中国电建集团贵州电力设计研究院有限公司	66	37	78.38
中国南方电网有限责任公司超高压输电公司贵阳局	65	41	58.54
贵州大学	613	418	46.65
贵州航天天马机电科技有限公司	57	39	46.15
贵州电网有限责任公司	1 161	816	42.28
中铁五局集团有限公司	53	40	32.50
贵阳航空电机有限公司	60	46	30.43
贵州中医药大学	54	45	20.00
贵州理工学院	100	84	19.05
铜仁学院	69	64	7.81

续表

申请人	2021 年发明专利申请量/件	2020 年发明专利申请量/件	同比增长率/%
贵州医科大学	71	75	-5.33
茅台学院	50	56	-10.71
中国航发贵州黎阳航空动力有限公司	87	98	-11.22
贵州师范大学	60	71	-15.49
贵州梅岭电源有限公司	48	60	-20.00
遵义医科大学	62	80	-22.50
中国电建集团贵阳勘测设计研究院有限公司	99	170	-41.76

2021 年贵州发明专利申请量排名前 10 的企业申请人见图 2-15，包括 6 家国企和 4 民营企业。作为专利申请人，这 10 家企业发明专利申请量为 1 793 件，约占全省发明专利申请总量的 15.78%。排名第一的企业是贵州电网有限责任公司，申请发明专利 1 161 件，占比 10.22%；排名第二的企业是中国水利水电第九工程局有限公司，申请发明专利 116 件，占比 1.02%；排名第三的企业是中国电建集团贵阳勘测设计研究院有限公司，申请发明专利 99 件，占比 0.87%。

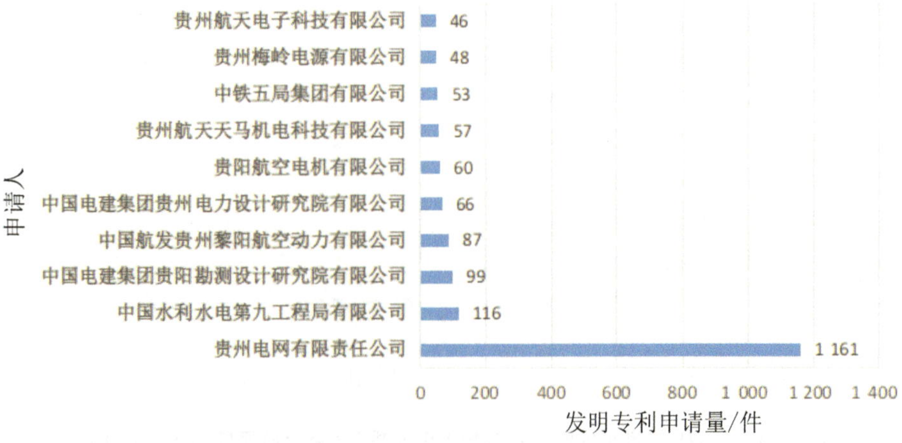

图 2-15　2021 年贵州发明专利企业申请人排名（前 10 位）

2021 年，贵州发明专利申请量排名前 10 的高校申请人见图 2-16，包括贵阳市的 7 家高校和贵州其他市（州）的 3 家高校。作为专利申请人，这 10 家高校发明专利申请量为 1 170件，约占全省发明专利申请总量的 10.30%。排名第一的高校是贵州大学，申请发明专利 613 件，占比 5.39%；排名第二的高校是贵州理工学院，申请发明专利 100 件，占比 0.88%；排名第三的高校是贵州医科大学，申请发明专利 71 件，占比 0.62%。

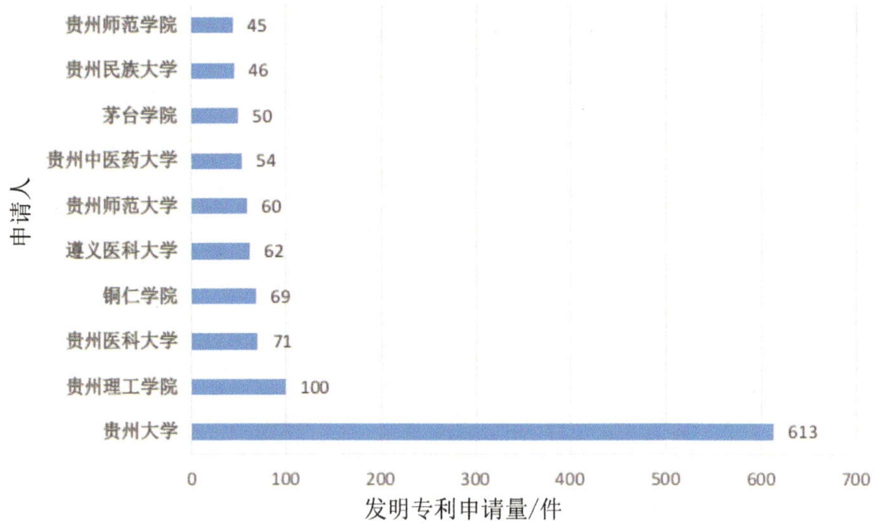

图 2－16　2021 年贵州发明专利高校申请人排名(前 10 位)

如将高校附属医院纳入统计,则 2021 年发明专利申请量排名前 10 的高校见图 2－17。

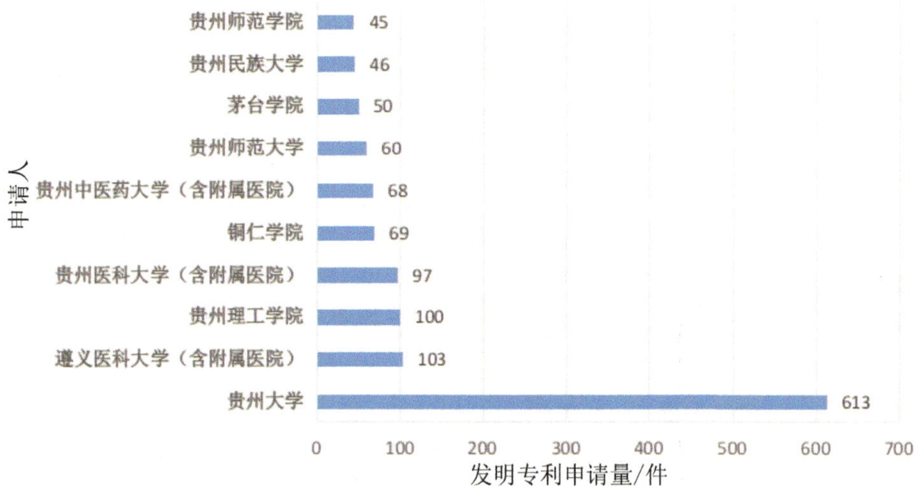

图 2－17　2021 年贵州发明专利高校申请人排名(将附属医院纳入;前 10 位)

2021 年贵州发明专利申请量排名前 10 的科研院所申请人见图 2－18,包括 3 家国家级科研院所和 7 家省级科研院所。作为专利申请人,这 10 家科研院所发明专利申请量为 333 件,占全省 2021 年发明专利申请总量的 2.93%。排名第一的科研院所是贵州省中国科学院天然产物化学重点实验室,申请发明专利 55 件,占比 0.48%;排名第二的科研院所分别是中国航发贵阳发动机设计研究所和中国科学院地球化学研究所,均申请发明专利 39 件,占比各为 0.34%;排名第三的科研院所是贵州省材料产业技术研究院,申请发明专利 38 件,占比 0.33%。

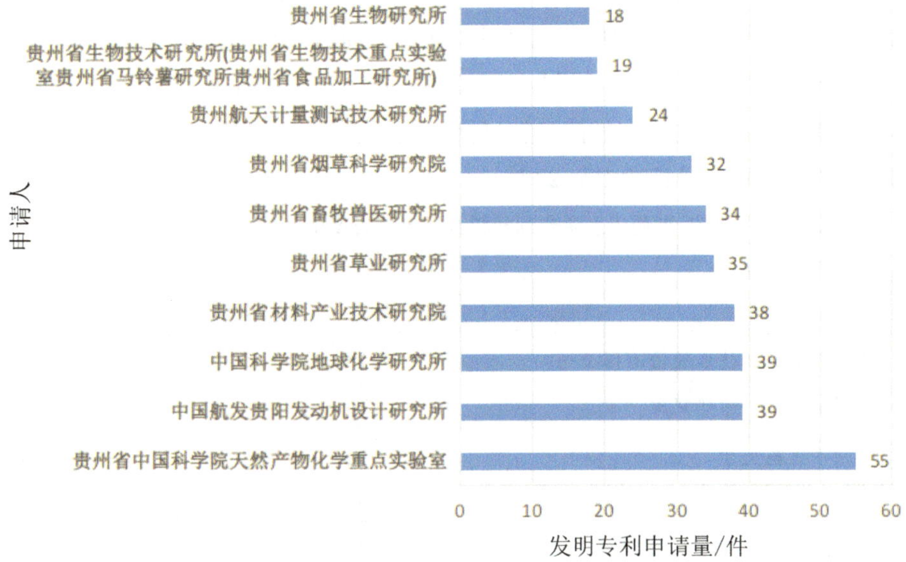

图 2-18　2021 年贵州发明专利科研院所申请人排名(前 10 位)

(3)发明授权主体排名

2021 年贵州发明专利授权量排名前 100 的授权主体共获得发明授权专利 1 688 件,占全省发明授权专利量的 59.77%。发明专利授权量排名前 10 的授权主体包括高校和企业(图 2-19),共获得发明授权专利 850 件,占全省发明授权专利量的 30.10%。排名第一的是贵州大学,共 315 件,占 11.08%;排名第二的是贵州电网有限责任公司,共 222 件,占 7.81%;排名第三的是中国航发贵州黎阳航空动力有限公司,共 58 件,占 2.04%。值得注意的是,分布在贵阳市以外的遵义医科大学和铜仁学院,它们近两年的发明专利授权量优势明显。

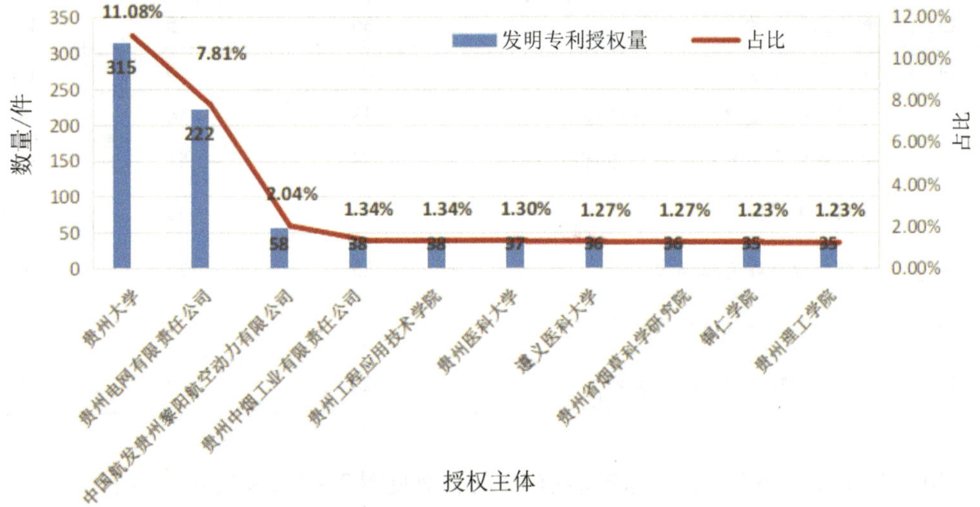

图 2-19　2021 年贵州发明专利授权主体排名

2021年发明专利授权量同比增长率排名前20的主体见表2－8，有8个主体同比增长率超过100%。排名第一的是贵阳朗玛信息技术股份有限公司，同比增长350.00%；排名第二的是贵州省烟草科学研究院，同比增长227.27%；排名第三的是贵州中医药大学，同比增长172.73%。贵阳市以外的铜仁学院、遵义师范学院值得关注，它们近两年专利布局进步明显，特别是铜仁学院，同比增长达169.23%。

表2－8　2021年贵州发明专利授权量同比增长率排名前20的授权主体

排名	授权主体	2021年发明专利授权量	2020年发明专利授权量	同比增长率/%
1	贵阳朗玛信息技术股份有限公司	18	4	350.00
2	贵州省烟草科学研究院	36	11	227.27
3	贵州中医药大学	30	11	172.73
4	铜仁学院	35	13	169.23
5	贵州中烟工业有限责任公司	38	15	153.33
6	贵州工程应用技术学院	38	15	153.33
7	贵州省中国科学院天然产物化学重点实验室(贵州医科大学天然产物化学重点实验室)	26	11	136.36
8	遵义师范学院	24	12	100.00
9	贵州电网有限责任公司	222	121	83.47
10	贵州师范大学	26	15	73.33
11	贵州民族大学	25	15	66.67
12	贵州大学	315	211	49.29
13	遵义医科大学	36	25	44.00
14	贵州医科大学	37	26	42.31
15	贵州永红航空机械有限责任公司	18	14	28.57
16	中国航发贵州黎阳航空动力有限公司	58	51	13.73
17	贵州理工学院	35	35	0.00
18	贵州梅岭电源有限公司	25	25	0.00
19	贵州白山云科技股份有限公司	28	35	-20.00
20	中国科学院地球化学研究所	25	40	-37.50

2021年贵州发明专利授权量排名前10的企业见图2－20，包括6家国企和4家民营企业。这10家企业的发明专利授权量为449件，约占全省发明专利授权总量的15.80%。排

名第一的是贵州电网有限责任公司，获得发明授权专利 222 件，占比 7.81%；排名第二的是中国航发贵州黎阳航空动力有限公司，获得发明授权专利 58 件，占比 2.04%；排名第三的是贵州中烟工业有限责任公司，获得发明授权专利 38 件，占比 1.34%。

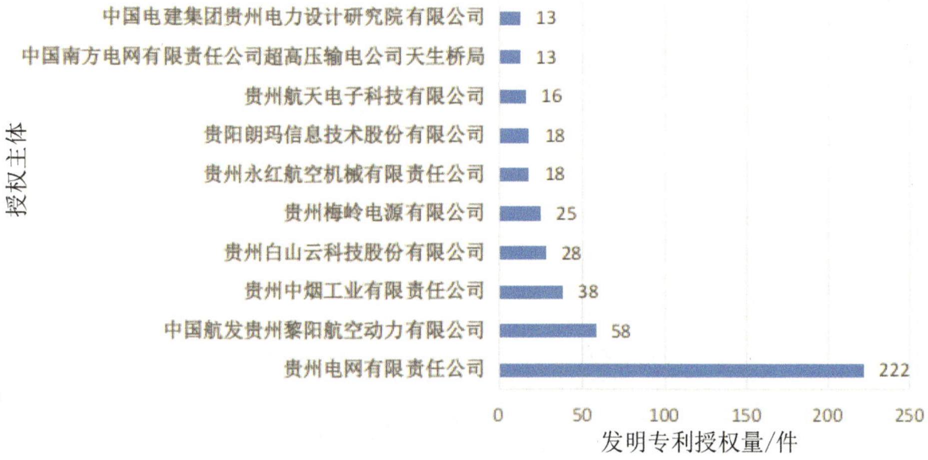

图 2-20　2021 年贵州发明专利授权量排名前 10 的企业授权主体

2021 年，贵州发明专利授权量排名前 10 的高校见图 2-21，包括贵阳市的 7 家高校和贵州其他市（州）的 3 家高校。这 10 家高校的发明专利授权量为 601 件，约占全省发明专利授权总量的 21.15%。排名第一的是贵州大学，获得发明授权专利 315 件，占比 7.81%；排名第二的是贵州工程应用技术学院，获得发明授权专利 38 件，占比 1.34%；排名第三的高校是贵州医科大学，获得发明授权专利 37 件，占比 1.30%。

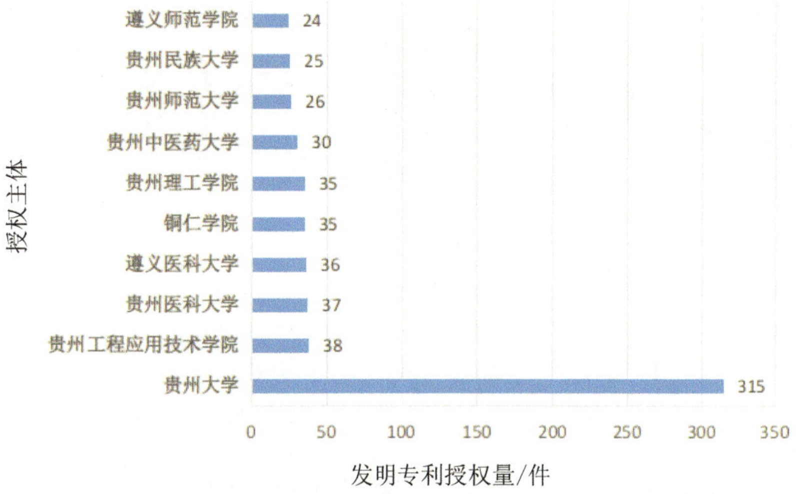

图 2-21　2021 年贵州发明专利授权量排名前 10 的高校授权主体

如果将高校附属医院纳入统计，则 2021 年发明专利授权量排名前 10 的高校见图 2－22。

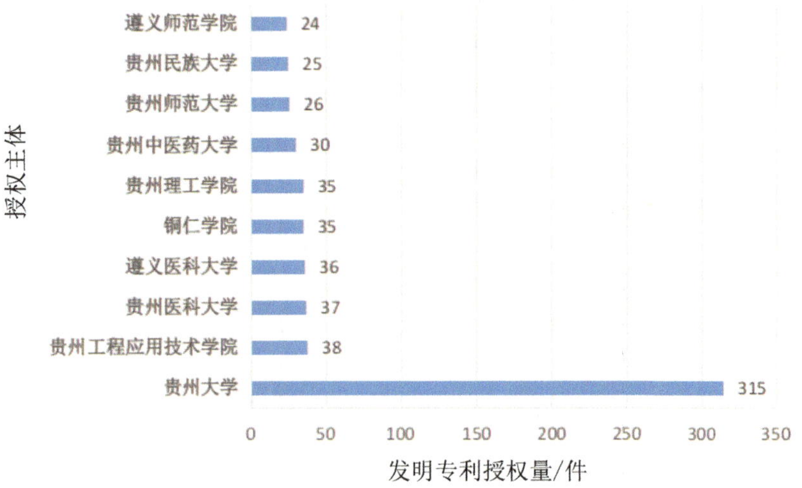

图 2－22　2021 年贵州发明专利授权量排名前 10 的高校授权主体（将附属医院纳入）

2021 年贵州发明专利授权量排名前 10 的科研院所见图 2－23，包括 3 家国家级科研院所和 7 家省级科研院所。这 10 家科研院所发明专利授权量为 151 件，约占全省发明专利授权总量的 5.31%。排名第一的是贵州省烟草科学研究院，获得发明授权专利 36 件，占比 1.27%；排名第二的是贵州省中国科学院天然产物化学重点实验室，获得发明授权专利 26 件，占比 0.91%；排名第三的是中国科学院地球化学研究所，获得发明授权专利 25 件，占比 0.88%。

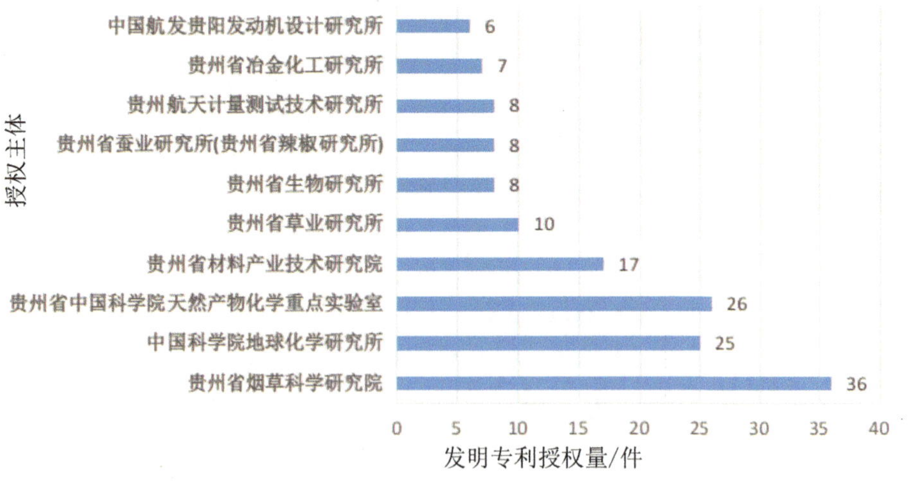

图 2－23　2021 年贵州发明专利授权量排名前 10 的科研院所授权主体

（4）有效发明专利申请人排名

截至2021年底，贵州有效发明专利申请人排名情况如图2－24所示。排名前20的申请人有效发明专利申请量为4 728件，占全省有效发明专利总量的31.34%。排名前20的申请人包括7家高校、2家科研院所及10家企业。有效发明专利申请量排名第一的是贵州大学，为1 143件，占全省有效发明专利总量的7.58%；排名第二的是华为云计算技术有限责任公司，为764件，占5.06%；排名第三的是贵州电网有限责任公司，为381件，占2.53%。

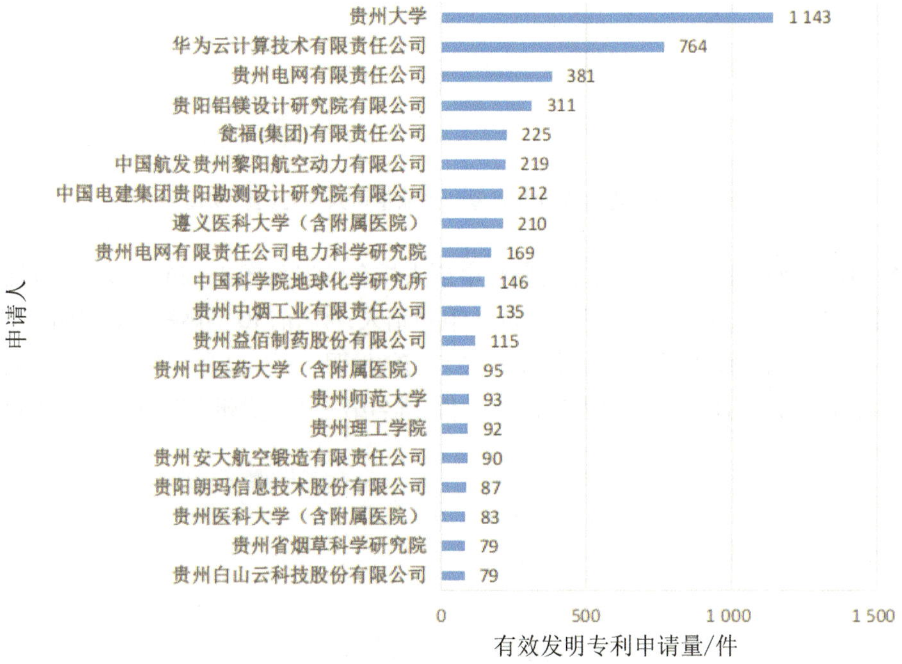

图2－24　贵州有效发明专利申请人排名（前20位）

截至2021年底，贵州有效发明专利企业申请人排名情况见图2－25。排名前10的企业申请人有效发明专利申请量为2 406件，占全省有效发明总量的15.95%。有效发明专利申请量排名第一的是华为云计算技术有限责任公司，为764件；排名第二的是贵州电网有限责任公司，为381件；排名第三的是贵阳铝镁设计研究院有限公司，为311件。

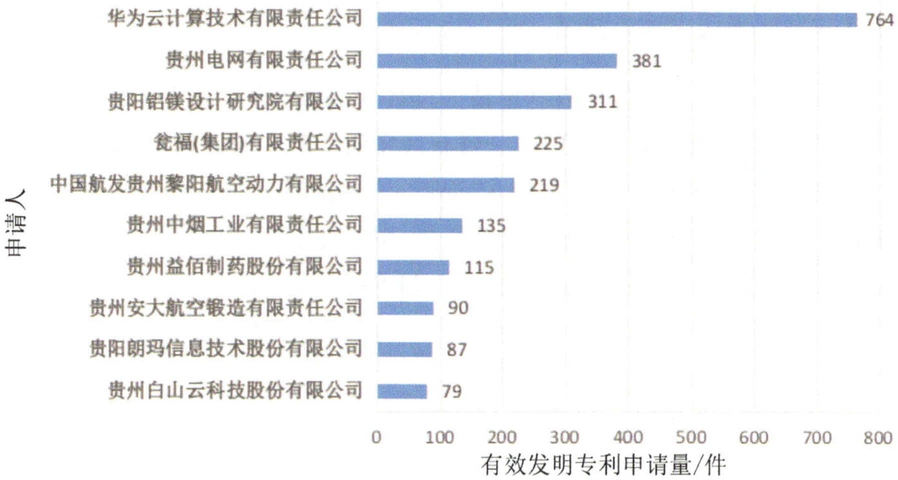

图 2－25　贵州有效发明专利企业申请人排名(前 10 位)

截至 2021 年底,贵州有效发明专利高校申请人排名情况见图 2－26,前 10 位包括贵阳高校 7 所,遵义高校 2 所,铜仁高校 1 所。作为专利申请人,排名前 10 的高校有效发明专利申请量为 1 960 件,占全省有效发明专利总量的 12.94%。有效发明专利申请量排名第一的是贵州大学,为 1 143 件;排名第二的是遵义医科大学,为 210 件;排名第三的是贵州中医药大学,为 95 件。

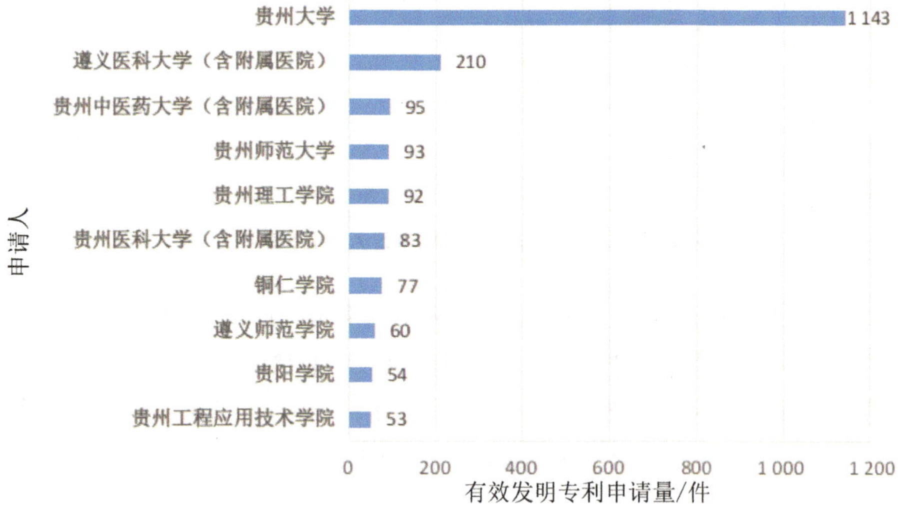

图 2－26　贵州有效发明专利高校申请人排名(前 10 位)

截至 2021 年底,贵州有效发明专利科研院所申请人排名情况如图 2－27 所示,前 10 位全部分布在贵阳市。作为专利申请人,排名前 10 的科研院所有效发明专利申请量为 643 件,占全省有效发明专利总量的 4.26%。有效发明专利申请量排名第一的是贵州电网有限责任公司电力科学研究院,为 169 件;排名第二的是中国科学院地球化学研究所,为 146 件;排名第三的是贵州省烟草科学研究院,为 79 件。

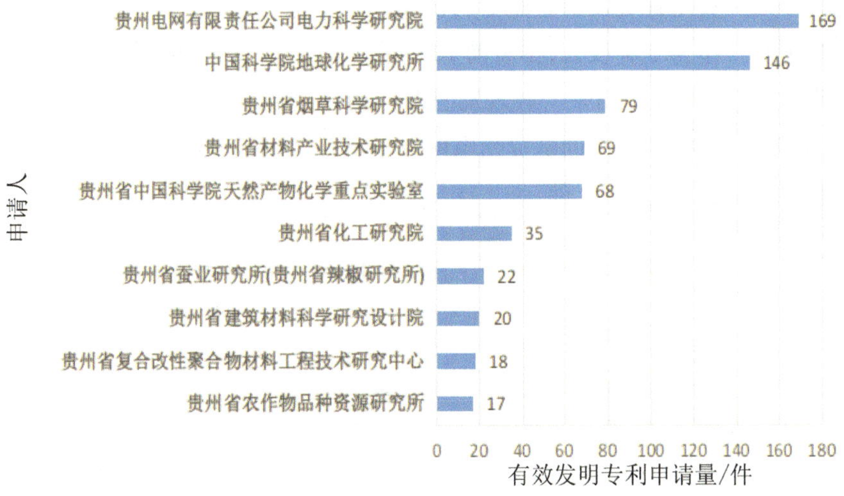

图 2－27　贵州有效发明专利科研院所申请人排名（前 10 位）

（5）有效发明专利权人排名

截至 2021 年底，贵州有效发明专利权人排名情况如图 2－28 所示。作为专利权人，排名前 20 的机构有效发明专利拥有量为 4 556 件，占全省有效发明专利总量的 30.20%。排名前 20 的机构包括 6 家高校、3 家科研院所及 11 家企业（其中包括 6 家国企及 5 家民营企业）。有效发明专利拥有量排名第一的是贵州大学，为 1 085 件，占全省有效发明专利总量的 7.19%；排名第二的是华为云计算技术有限责任公司，为 764 件，占 5.06%；排名第三的是贵州电网有限责任公司，为 431 件，占 2.86%。

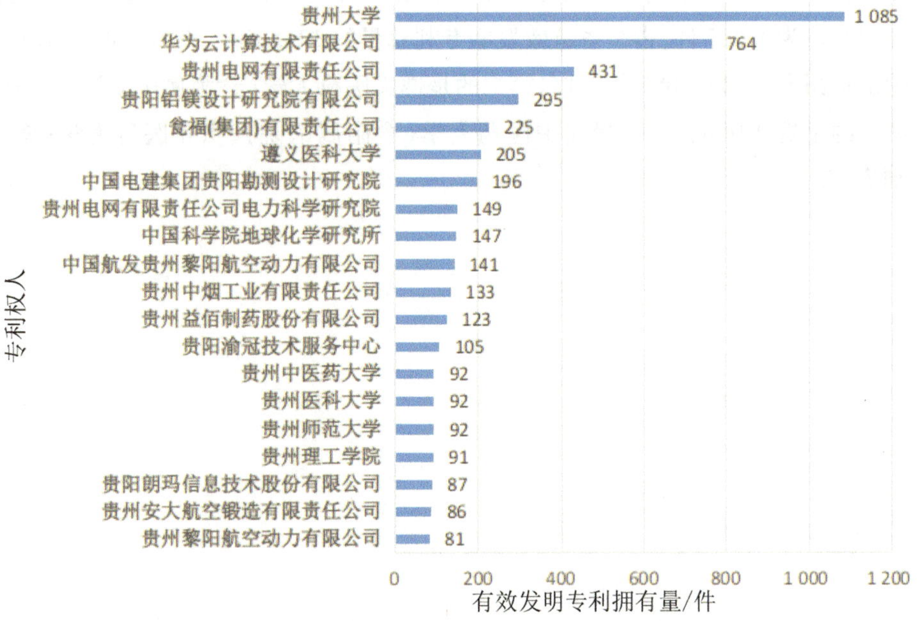

图 2－28　贵州有效发明专利权人排名（前 20 位）

截至 2021 年底，贵州有效发明企业专利权人排名情况见图 2 – 29，前 10 位包括 5 家国企和 5 家民营企业。作为专利权人，排名前 10 的企业有效发明专利拥有量为 2 500 件，约占全省有效发明专利总量的 22.73%。有效发明专利拥有量排名第一的是华为云计算技术有限责任公司，为 764 件；排名第二的是贵州电网有限责任公司，为 431 件；排名第三的是贵阳铝镁设计研究院有限公司，为 295 件。

图 2 – 29　贵州有效发明企业专利权人排名（前 10 位）

截至 2021 年底，贵州有效发明高校专利权人排名情况见图 2 – 30，前 10 位包括贵阳高校 6 家、遵义高校 2 家、毕节高校 1 家、铜仁高校 1 家。作为专利权人，排名前 10 的高校有效发明专利拥有量为 1 885 件，占全省有效发明专利总量的 12.50%。有效发明专利拥有量排名第一的是贵州大学，为 1 085 件；排名第二的是遵义医科大学（含附属医院），为 205 件；并列排名第三的是贵州师范大学、贵州中医药大学（含附属医院）、贵州医科大学（含附属医院），分别为 92 件。

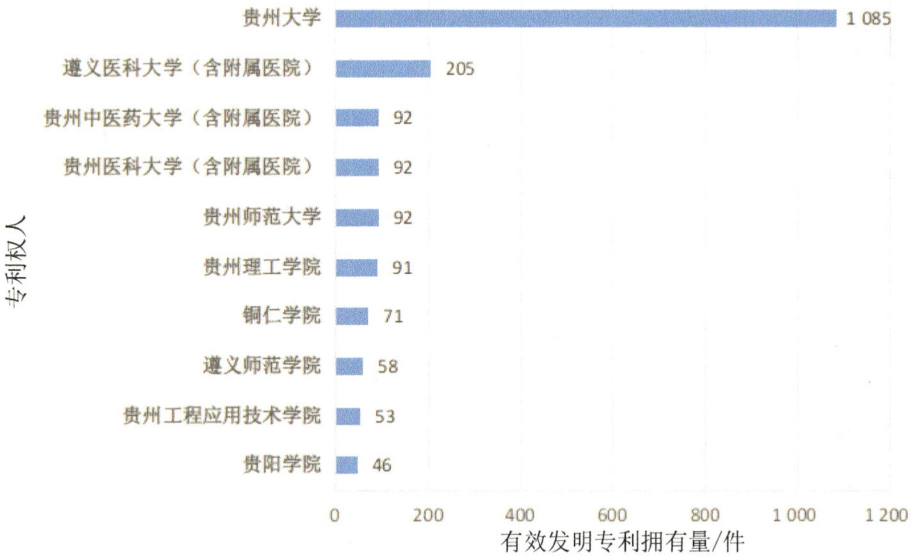

图 2－30　贵州有效发明高校专利权人排名(前 10 位)

截至 2021 年底,贵州有效发明科研院所专利权人排名情况如图 2－31 所示,前 10 位全部分布在贵阳市。作为专利权人,排名前 10 的科研院所有效发明专利拥有量为 652 件,占全省有效发明专利总量的 4.32%。有效发明专利拥有量排名第一的是贵州电网有限责任公司电力科学研究院,为 149 件;排名第二的是中国科学院地球化学研究所,为 147 件;排名第三的是贵州省烟草科学研究院,为 79 件。

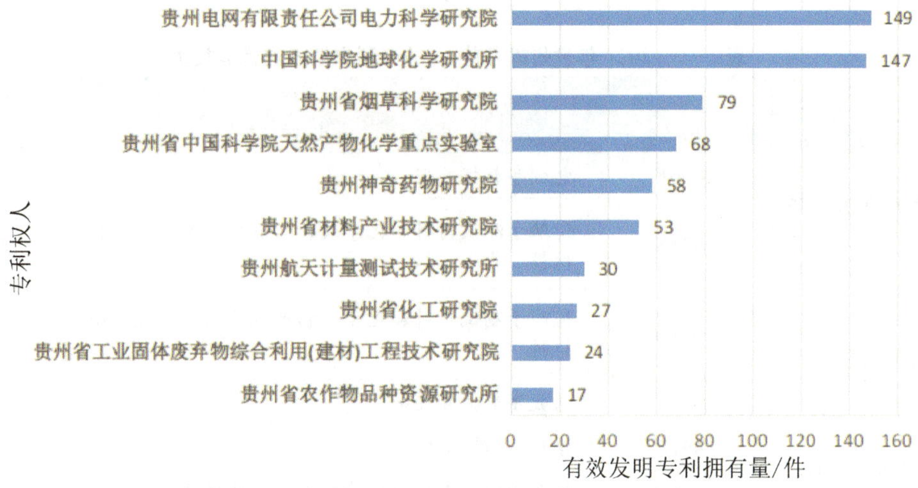

图 2－31　贵州有效发明科研院所专利权人排名(前 10 位)

3. 申请人专利优势技术

2021 年贵州排名前 10 的专利申请人技术特色明显，其专利技术构成数据如图 2－32、表 2－9 所示。

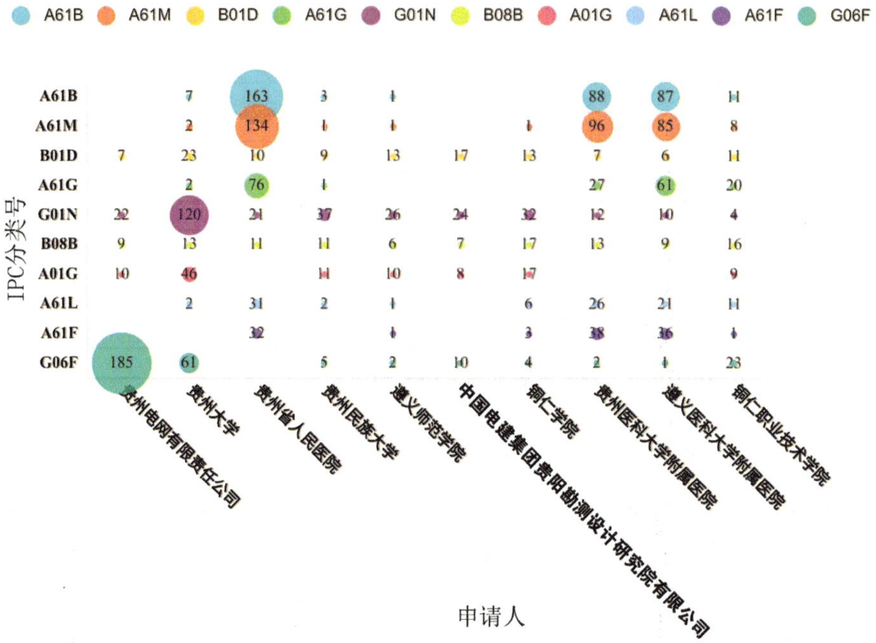

图 2－32　2021 年贵州排名前 10 的专利申请人的专利技术构成

表 2－9　2021 年贵州排名前 10 的专利申请人的优势技术

申请人	优势技术 IPC 分类号	释义	专利数量/件
贵州电网有限责任公司	G06F	电数字数据处理	185
	G01N	借助于测试材料和化学或物理性质来测试或分析材料	22
贵州大学	G01N	借助于测试材料和化学或物理性质来测试或分析材料	120
	G06F	电数字数据处理	61
贵州省人民医院	A61B	诊断、外科、鉴定	163
	A61M	将介质输入人体内或输到人体上的器械	134
贵州民族大学	G01N	借助于测试材料和化学或物理性质来测试或分析材料	37
	B08B	一般清洁；一般污垢的防除	11

续表

申请人	优势技术 IPC 分类号	释义	专利数量/件
遵义师范学院	G01N	借助于测试材料和化学或物理性质来测试或分析材料	26
	A01G	园艺;蔬菜、花卉、稻、果树、葡萄、啤酒花或海菜的栽培;林业;浇水	10
中国电建集团贵阳勘测设计研究院有限公司	G01N	借助于测试材料和化学或物理性质来测试或分析材料	24
	B01D	分离	10
铜仁学院	G01N	借助于测试材料和化学或物理性质来测试或分析材料	32
	A01G	园艺;蔬菜、花卉、稻、果树、葡萄、啤酒花或海菜的栽培;林业;浇水	17
贵州医科大学附属医院	A61M	将介质输入人体内或输到人体上的器械	96
	A61B	诊断、外科、鉴定	88
遵义医科大学附属医院	A61B	诊断、外科、鉴定	87
	A61M	将介质输入人体内或输到人体上的器械	85
铜仁职业技术学院	G06F	电数字数据处理	23
	A61G	专门适用于病人或残疾人的运输工具、专用运输工具或起居设施	20

注:IPC 分类号,即国际专利分类号。IPC 为 International Patent Classification 的首字母组合。

4. 申请人合作关系

（1）国内专利申请人合作关系

2021 年公开的贵州国内专利数据显示,贵州合作申请专利数量为 3 131 件,占比 6.18%。合作申请专利数量排名前 5 的申请人合作关系如图 2-33、表 2-10 所示。合作申请专利数量排名第一的是贵州大学,有 126 件,合作对象超过 50 个,包括省内外的高校、科研院所、企业等;排名第二的是中铁五局集团有限公司,有 109 件,合作对象有 26 个,主要是中铁集团内部的合作者,此外还有少量省内外高校、企业或建筑协会的合作者;排名第三的是中国电建集团贵阳勘测设计研究院有限公司,有 76 件,合作对象有 13 个;排名第四的是贵州电网有限责任公司,有 62 件,合作对象有 9 个;排名第五的是中国水电顾问集团贵阳勘测设计研究院岩土工程有限公司,有 59 件,合作对象有 2 个,主要是公司内部的专利合作。

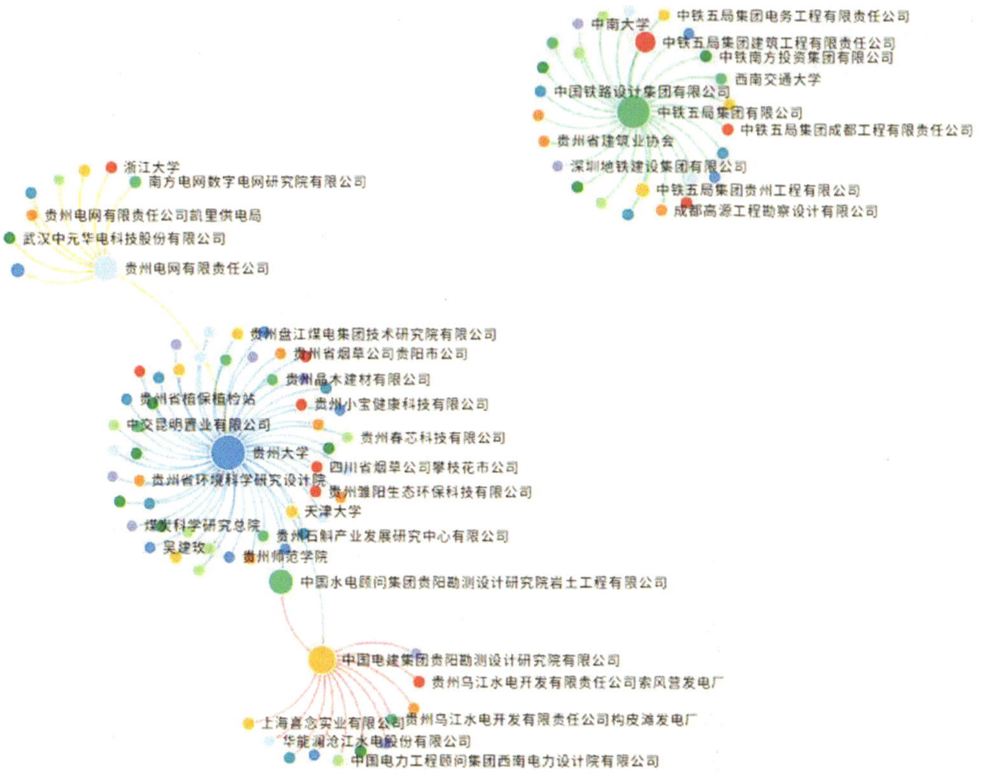

图 2-33　2021 年贵州国内专利申请人合作关系(合作申请数量排名前 5)

表 2-10　2021 年贵州国内专利的主要合作申请人情况

申请人	合作申请专利数量/件	主要合作者	合作次数/次
贵州大学	126	贵州晶木建材有限公司	8
		贵州小宝健康科技有限公司	6
		天津大学	5
		贵州春芯科技有限公司	5
		贵州省烟草公司毕节市公司	5
中铁五局集团有限公司	109	中铁五局集团建筑工程有限责任公司	42
		中铁五局集团贵州工程有限公司	22
		中铁五局集团第四工程有限责任公司	20
		中国铁路设计集团有限公司	7
		中铁南方投资集团有限公司	7

续表

申请人	合作申请专利数量/件	主要合作者	合作次数/次
中国电建集团贵阳勘测设计研究院有限公司	76	中国水电顾问集团贵阳勘测设计研究院岩土工程有限公司	59
		中电建生态环境设计研究有限公司	9
		华能澜沧江水电股份有限公司	2
		华能集团技术创新中心有限公司	2
		贵州乌江水电开发有限责任公司构皮滩发电厂	2
贵州电网有限责任公司	62	南方电网科学研究院有限责任公司	23
		南方电网数字电网研究院有限公司	20
		浙江大学	6
		中国南方电网有限责任公司	5
		贵州创星电力科学研究院有限责任公司	4
中国水电顾问集团贵阳勘测设计研究院岩土工程有限公司	59	中国电建集团贵阳勘测设计研究院有限公司	59
		贵州大学	1
中铁五局集团建筑工程有限责任公司	42	中铁五局集团有限公司	42
		中国铁路设计集团有限公司	6
		成都高源工程勘察设计有限公司	6
		哈尔滨工业大学深圳分校	2
		中铁贵州旅游文化发展有限公司	1
中国建筑第四工程局有限公司	41	中建四局第三建设有限公司	28
		贵州中建建筑科研设计院有限公司	5
		中建四局第五建筑工程有限公司	3
		中建四局贵州投资建设有限公司	3
		中建四局安装工程有限公司	2
中国移动通信集团有限公司	37	中国移动通信集团贵州有限公司	37
		中国移动通信集团设计院有限公司	1
		中国移动通信集团有限公司	37
		中国移动通信集团设计院有限公司	1
贵州盘江民爆有限公司	34	深圳市锐巽自动化设备有限公司	29
		长春汇维科技股份有限公司	5

（2）有效发明专利申请人合作关系

截至2021年底，贵州合作申请的有效发明专利数量为944件，约占贵州有效发明专利量的6.26%。合作申请数量排名前5的申请人合作关系如图2-34、表2-11所示。合作申请数量排名第一的是贵州大学，有74件，占贵州大学专利申请量的6.47%，合作对象有45个，包括省内外的高校、科研院所、企业等，其中与贵州大学合作申请专利数量最多的机构是瓮福（集团）有限责任公司，共合作申请15件专利；排名第二的是贵州电网有限责任公司电力科学研究院，有66件，合作对象有35个，其中大部分是省外的公司及高校；排名第三的是中铁五局集团有限公司，有52件，合作对象有16个，主要是集团内部合作；排名第四的是瓮福（集团）有限责任公司，有32件，合作对象有13个，包括省内部分高校、科研院所及省外的几所高校；排名第五的是个人申请者杜艳华，有30件，合作对象有2个，均为个人。

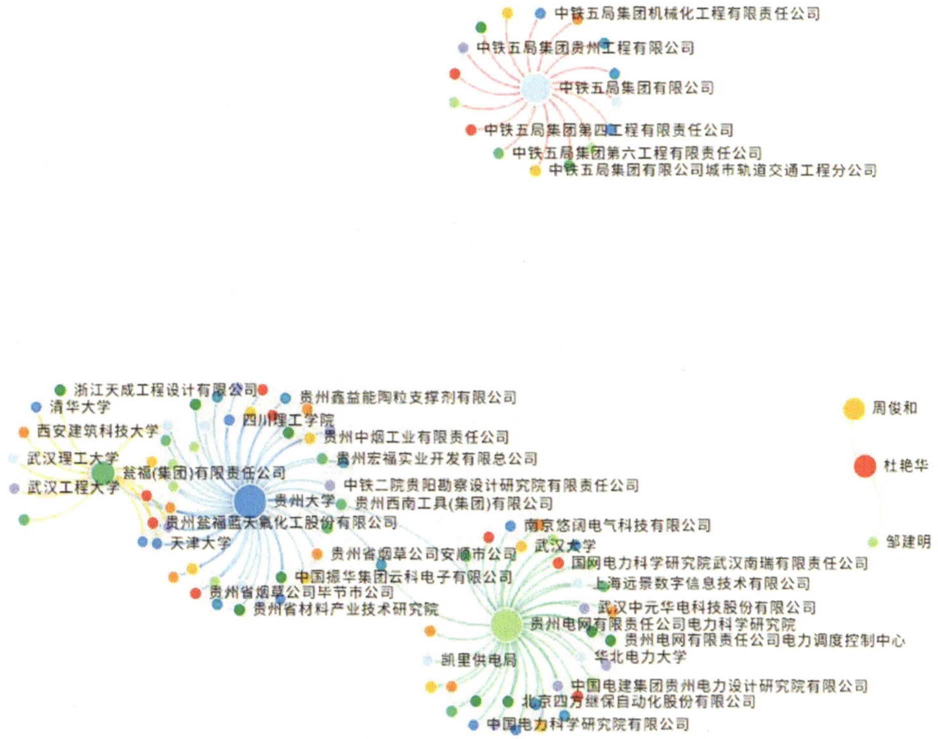

图2-34　贵州有效发明专利申请人合作关系（合作申请数量排名前5）

表2－11　贵州有效发明专利的主要合作申请人情况

申请人	合作申请专利数量/件	合作对象/个	主要合作者	合作次数/次
贵州大学	74	45	瓮福(集团)有限责任公司	15
			贵州省烟草公司毕节市公司	5
			贵州中烟工业有限责任公司	4
			贵州优联博睿科技有限公司	4
			贵州省烟草公司贵阳市公司	4
贵州电网有限责任公司电力科学研究院	66	35	北京四方继保自动化股份有限公司	8
			华中科技大学	5
			武汉中元华电科技股份有限公司	5
			上海远景数字信息技术有限公司	3
			中国电力科学研究院有限公司	3
			南京南瑞继保电气有限公司	3
			国网电力科学研究院武汉南瑞有限责任公司	3
			武汉大学	3
中铁五局集团有限公司	52	16	中铁五局集团机械化工程有限责任公司	10
			中铁五局集团第六工程有限责任公司	9
			中铁五局集团第四工程有限责任公司	6
			中铁五局集团建筑工程有限责任公司	5
			中铁五局集团第五工程有限责任公司	5
瓮福(集团)有限责任公司	32	13	贵州大学	15
			贵州瓮福蓝天氟化工股份有限公司	6
			国家复合改性聚合物材料工程技术研究中心	2
			天津大学	2
			浙江天成工程设计有限公司	2
			西安建筑科技大学	2
杜艳华	30	2	周俊和	28
			邹建明	2
贵州电网有限责任公司电力调度控制中心	30	20	北京四方继保自动化股份有限公司	8
			华北电力大学	4
			国电南瑞科技股份有限公司	4
			南瑞集团有限公司	3
			四川大学	3
			武汉大学	3

续表

申请人	合作申请专利数量/件	合作对象/个	主要合作者	合作次数/次
贵州电网有限责任公司	21	12	中国电建集团贵州电力设计研究院有限公司	6
			北京四方继保自动化股份有限公司	4
			上海交通大学	3
			华北电力大学(保定)	2
			南京悠阔电气科技有限公司	2
			贵州电网公司六盘水供电局	2

五、专利技术领域

1. 技术方向

(1)公开专利技术方向

表2-12列出了2021年公开的贵州国内专利技术方向排名情况。其中A61B(诊断、外科、鉴定)和A61M(将介质输入人体内或输到人体上的器械)两个技术方向的公开专利均超过2 000件,是贵州省的优势技术方向。

表2-12 2021年贵州国内专利技术方向排名(前10位)

排名	IPC分类号	IPC释义	专利数量/件	代表机构(专利数量/件)
1	A61B	诊断、外科、鉴定	2 821	贵州省人民医院(163)
				贵州医科大学附属医院(88)
2	A61M	将介质输入人体内或输到人体上的器械	2 437	贵州省人民医院(134)
				贵州医科大学附属医院(96)
3	B01D	一般的物理或化学的方法或装置(分离)	1 826	贵州大学(23)
				贵州荔波亿隆之家农业科技有限公司(18)
4	A61G	专门适用于病人或残疾人的运输工具、专用运输工具或起居设施	1 714	贵州省人民医院(76)
				遵义医科大学附属医院(61)
5	G01N	借助于测试材料和化学或物理性质来测试或分析材料	1 702	贵州大学(120)
				贵州民族大学(37)

续表

排名	IPC 分类号	IPC 释义	专利数量/件	代表机构(专利数量/件)
6	B08B	一般清洁;一般污垢的防除	1 421	铜仁学院(17) 铜仁职业技术学院(16)
7	A01G	园艺;蔬菜、花卉、稻、果树、葡萄、啤酒花或海菜的栽培;林业;浇水	1 171	贵州大学(46) 贵州师范大学(29)
8	A61L	专门适用于病人或残疾人的运输工具、专用运输工具或起居设施	1 134	贵州省人民医院(31) 贵州医科大学附属医院(26)
9	A61F	可植入血管内的滤器;假体;为人体管状结构提供开口或防止其塌陷的装置,例如支架	1 053	贵州卡布婴童用品有限责任公司(62) 贵州医科大学附属医院(38)
10	G06F	电数字数据处理	1 028	贵州电网有限责任公司(185) 贵州大学 (61)

(2)有效发明专利技术方向

表 2-13 列出了 2021 年贵州效发明专利技术方向排名情况。其中 A61K(医用、牙科用或梳妆用的配制品)和 A61P(化合物或药物制剂的特定治疗活性)两个技术方向的公开专利均超过 1 000 件,是贵州省的优势技术方向。

表 2-13 2021 年贵州有效发明专利技术方向排名(前 10 位)

排名	IPC 分类号	IPC 释义	专利数量/件	代表机构(专利数量/件)
1	A61K	医用、牙科用或梳妆用的配制品	1 178	贵州益佰制药股份有限公司(110) 遵义医科大学(50)
2	A61P	化合物或药物制剂的特定治疗活性	1 125	贵州益佰制药股份有限公司(95) 遵义医科大学(66)
3	G06F	电数字数据处理	729	华为云计算技术有限公司(348) 贵州电网有限责任公司(35)
4	G01N	借助于测定材料的化学或物理性质来测试或分析材料	693	贵州大学(105) 中国科学院地球化学研究所(67)
5	H04L	数字信息的传输,例如电报通信	668	华为云计算技术有限公司(400) 贵州白山云科技股份有限公司(68)
6	A01G	园艺;蔬菜、花卉、稻、果树、葡萄、啤酒花或海菜的栽培;林业;浇水	501	贵州大学(21) 贵州师范大学(16)
7	C01B	非金属元素;其化合物	368	瓮福(集团)有限责任公司(110) 贵州大学(39)

续表

排名	IPC 分类号	IPC 释义	专利数量/件	代表机构(专利数量/件)
8	C04B	石灰;氧化镁;矿渣;水泥;其组合物,例如砂浆、混凝土或类似的建筑材料;人造石;陶瓷	350	贵州大学(23)
				贵州省建筑材料科学研究设计院有限责任公司(18)
9	C07D	杂环化合物	294	贵州大学(130)
				遵义医科大学(50)
10	B01D	一般的物理或化学的方法或装置(分离)	282	沃顿科技股份有限公司(46)
				瓮福(集团)有限责任公司(22)

2. 各市(州)国内公开专利优势技术方向

(1)国内公开专利优势技术方向

2021 年贵州 9 个市(州)的国内公开专利中,IPC 分类排前 10 的技术方向的专利分布情况如表 2-14 所示。排名第一的是 A61B(诊断、外科、鉴定)技术,共有专利 2 821 件,是贵阳市和遵义市的优势产业;排名第二的是 A61M(将介质输入人体内或输到人体上的器械),共有专利 2 437 件,是贵阳市和遵义市的优势产业。

表 2-14　2021 年贵州各市(州)不同技术方向公开专利分布情况

市(州)	IPC 分类技术方向									
	A61B	A61M	B01D	A61G	G01N	B08B	A01G	A61L	A61F	G06F
贵阳市	1 035	915	899	507	1 056	604	457	422	344	807
遵义市	640	532	241	402	185	189	226	183	231	46
黔南州	177	169	172	127	72	109	80	77	126	12
铜仁市	147	150	97	130	72	108	81	98	64	42
黔东南州	196	129	81	122	42	88	77	85	62	29
毕节市	163	107	95	86	96	101	83	73	50	27
六盘水市	189	192	102	142	76	99	25	85	62	17
安顺市	116	111	58	90	53	60	67	45	48	30
黔西南州	158	132	81	108	50	63	75	66	66	18
合计	2 821	2 437	1 826	1 714	1 702	1 421	1 171	1 134	1 053	1 028

按地区分布来看,2021 年各市(州)公开专利优势技术如下:贵阳市的优势技术是 A61B(诊断、外科、鉴定)、G01N(借助于测试材料和化学或物理性质来测试或分析材料)、A61M

（将介质输入人体内或输到人体上的器械）；遵义市的优势技术是A61B、A61M、A61G（专门适用于病人或残疾人的运输工具、专用运输工具或起居设施）；黔南州的优势技术是A61B、B01D[一般的物理或化学的方法或装置（分离）]、A61M；铜仁市的优势技术是A61M、A61G、A61B；毕节市的优势技术是A61B、A61M、B08B（一般清洁；一般污垢的防除）；黔东南州、六盘水市、安顺市、黔西南州的优势技术是A61B、A61M、A61G。

（2）有效发明专利优势技术方向

截至2021年底，贵州省9个市（州）的有效发明专利中，IPC分类排前10的技术方向的专利分布情况如表2－15所示。有效发明专利量排名第一的是A61K（医用、牙科用或梳妆用的配制品），共有专利1 178件，是贵阳市和遵义市的优势产业；排名第二的是A61P（化合物或药物制剂的特定治疗活性），共有专利1 125件，是贵阳市和遵义市的优势产业。

表2－15　2021年贵州各市（州）不同技术方向有效发明专利分布情况

市（州）	IPC分类技术方向									
	A61K	A61P	G06F	H04L	G01N	C01B	C07D	C04B	A01G	B01D
贵阳市	837	802	680	645	545	258	224	211	191	188
遵义市	136	143	24	10	81	6	57	22	121	43
黔南州	40	36	—	—	18	59	1	34	13	12
安顺市	54	50	3	6	34	3	3	18	48	11
铜仁市	23	15	4	1	2	22	6	19	44	17
黔东南州	47	44	3	—	5	6	1	7	36	3
黔西南州	21	19	6	2	—	9	—	14	27	2
六盘水市	10	9	3	4	6	3	2	17	5	4
毕节市	10	7	6	—	2	2	—	8	16	2
合计	1 178	1 125	729	668	693	368	294	350	501	282

按地区分布来看，各市（州）有效发明专利优势技术如下：贵阳市的优势技术是A61K、A61P、G06F（电数字数据处理）；遵义市、安顺市、黔东南州、黔西南州的优势技术是A61K、A61P、A01G（园艺；蔬菜、花卉、稻、果树、葡萄、啤酒花或海菜的栽培；林业；浇水）；黔南州的优势技术是C01B（非金属元素；其化合物）、A61K、A61P；铜仁市的优势技术是A01G、A61K、C01B；毕节市的优势技术是A01G；六盘水市的优势技术是C04B（石灰；氧化镁；矿渣；水泥；其组合物，例如砂浆、混凝土或类似的建筑材料；人造石；陶瓷）。

（3）有效发明专利优势战略性新产业

贵州9个市（州）排名前10的战略性新兴产业有效发明专利分布情况如表2－16所示。

表2－16　2021年贵州各市(州)战略性新兴产业有效发明专利分布情况

市(州)	生物产业	新材料产业	新一代信息技术产业	新能源产业	高端装备制造产业	节能环保产业	数字创意产业	新能源汽车产业	相关服务业
贵阳市	1 920	1 771	1 588	670	663	647	552	260	193
遵义市	634	293	144	118	239	176	27	89	14
安顺市	140	175	22	18	134	31	—	22	3
铜仁市	141	133	9	9	41	108	5	51	1
黔南州	128	156	7	20	25	53	1	4	5
黔东南州	121	56	11	9	26	32	2	12	—
六盘水市	41	73	14	5	44	64	5	8	4
黔西南州	73	53	25	15	20	50	5	6	1
毕节市	72	28	11	6	18	39	1	8	1
合计	3 270	2 738	1 831	870	1 210	1 200	598	460	222

贵阳市的优势战略性新兴产业是生物产业、新材料产业、新一代信息技术产业。遵义市和安顺市的优势战略性新兴产业是生物产业、新材料产业、高端装备制造产业。六盘水市的优势战略性新兴产业是新材料产业、节能环保产业、高端装备制造产业。铜仁市、黔南州、黔东南州、黔西南州、毕节市的优势战略性新兴产业是生物产业、新材料产业、节能环保产业。

3. 行业专利技术

(1) 国民经济行业专利分析①

2021年贵州国内公开专利在国民经济行业门类中的分布情况如表2－17所示。从表中可以看出,制造业是贵州的优势产业,有国内公开专利49 431件,占贵州国内公开专利量的97.60%。

表2－17　2021年贵州国内公开专利在国民经济行业门类中的分布情况

行业	专利数量/件	占比/%
农、林、牧、渔业	2 273	4.49
采矿业	566	1.12
制造业	49 431	97.60

① (1)因一件专利可能被分在多个行业,所以每个行业专利存在重复统计情况。(2)占比计算公式:该行业专利数量/2021年贵州国内专利公开量(50 647),该行业有效发明专利数量/贵州有效发明专利量(15 084)。

续表

行业	专利数量/件	占比/%
电力、热力、燃气及水生产和供应业	1 774	3.50
建筑业	3 426	6.76
信息传输、软件和信息技术服务业	2 435	4.81
居民服务、修理和其他服务业	9 452	18.66

2021 年贵州国内公开专利在国民经济行业大类中的分布情况如图 2－35 所示。从图中可以看出，仪器仪表制造业是贵州优势产业，其国内公开专利量超过贵州国内公开专利量的一半，占 52.04%。此外还有专用设备制造业，其国内公开专利量占贵州国内公开专利量的 49.00%；金属制造、机械和设备修理业，其国内公开专利量占贵州国内专利公开量的 43.53%。

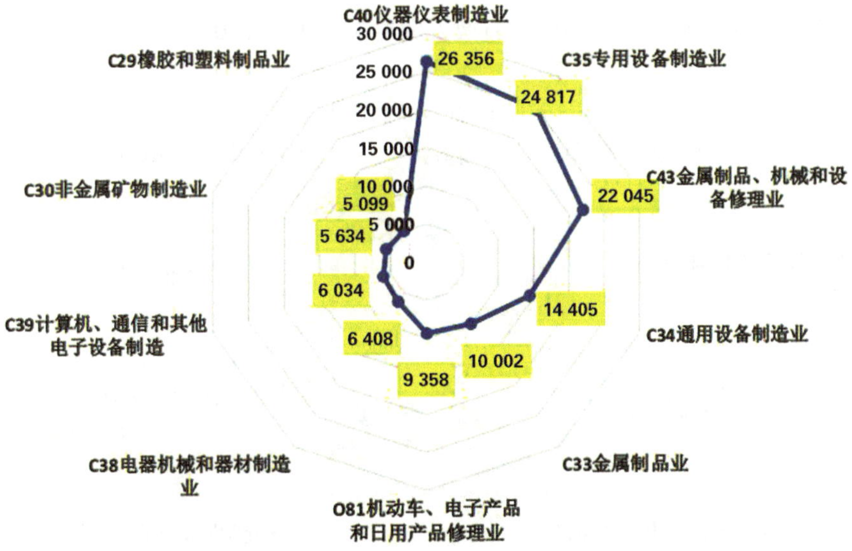

图 2－35 2021 年贵州国内公开专利在国民经济行业大类中的分布示意图

贵州有效发明专利在国民经济行业门类中的分布情况如表 2－18 所示。由表可知，制造业是贵州的优势产业，其有效发明专利量占贵州有效发明专利量的 94.71%。

表2－18　贵州有效发明专利在国民经济行业门类中的分布情况

行业	专利数量/件	占比/%
农、林、牧、渔业	913	6.05
采矿业	93	0.62
制造业	14 286	94.71
电力、热力、燃气及水生产和供应业	504	3.34
建筑业	860	5.70
信息传输、软件和信息技术服务业	1 343	8.90
居民服务、修理和其他服务业	1 756	11.64

贵州有效发明专利在国民经济行业大类中的分布情况如图2－36所示。由图可知，专用设备制造业是贵州的优势产业，其有效发明专利量占贵州有效发明专利量的46.23%，此外是仪器仪表制造业，其有效发明专利量占贵州国内有效发明专利量的27.16%，通用设备制造业，其有效发明专利量占贵州国内有效发明专利量的22.00%。

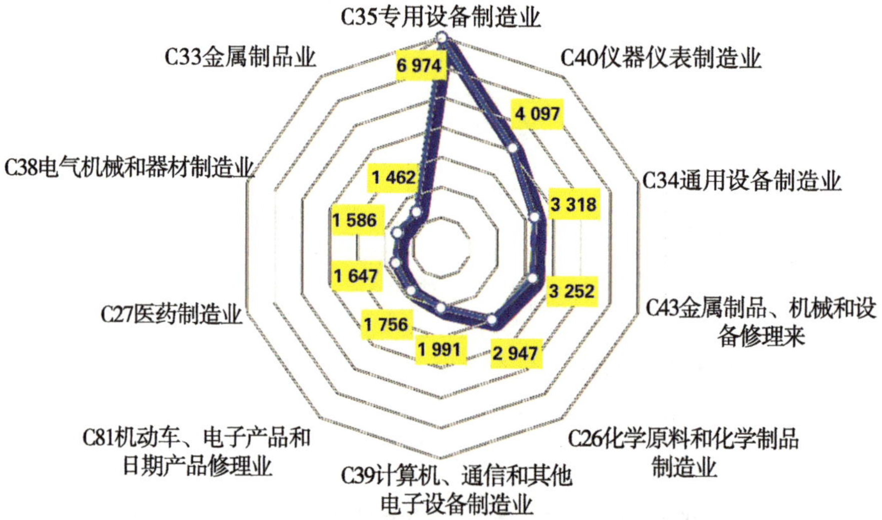

图2－36　贵州有效发明专利在国民经济行业大类中的分布情况

（2）战略性新兴产业专利分析②

2021年贵州战略性新兴产业国内公开专利数量及占比情况如图2－37所示，其中生物产业最具优势，有国内公开专利10 762件，占比21.25%；其次是节能环保产业，有国内公开

② （1）因一件专利可能被分在多个行业，所以每个行业专利存在重复统计情况。（2）占比计算公式：该产业专利数量/2021年贵州国内专利公开量（50 647），该产业有效发明专利数量/贵州有效发明专利量（15 084）。

专利 5 056 件，占比 9.98%；排名第三的是新材料产业，有国内公开专利 4 296 件专利，占比 8.48%。

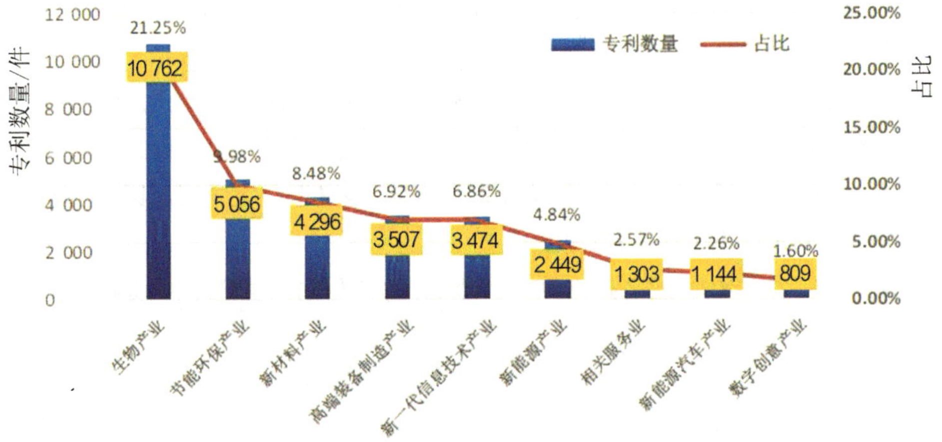

图 2－37　2021 年贵州战略性新兴产业国内公开专利数量及占比

截至 2021 年底，贵州有效发明专利中，属于战略新兴产业的专利共有 12 525 件，占比 83.04%。贵州战略性新兴产业有效发明专利数量及占比情况如图 2－38 所示，其中生物产业最具优势，拥有有效发明专利 3 316 件，占比 21.98%；其次是新材料产业，拥有有效发明专利 2 761 件，占比 18.30%；排名第三的是新一代信息技术产业，拥有有效发明专利专利 1 847 件，占比 12.24%。

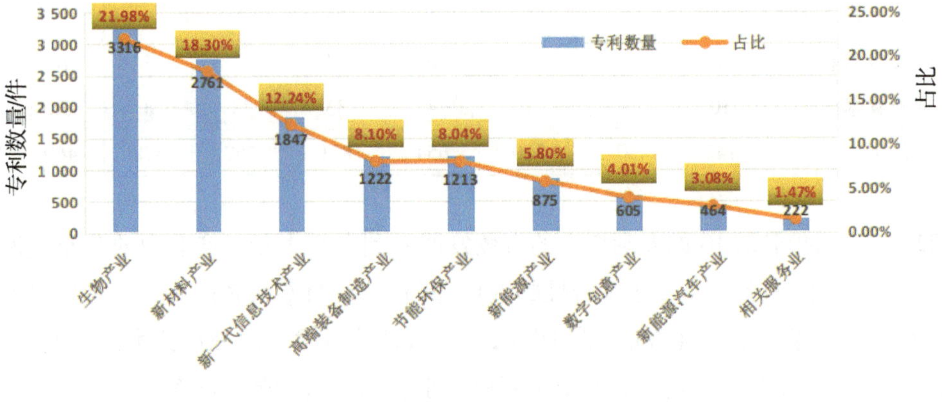

图 2－38　贵州战略性新兴产业有效发明专利数量及占比

（3）申请主体产业分析

2021 年贵州国内公开专利量排名前 10 的申请人的专利在 9 大新兴产业中的分布利情况如图表 2－19 所示。其中，贵州电网有限公司的公开专利中涉及新能源产业和新一代信息技术产业的专利最多，中国电建集团贵阳勘测设计研究院有限公司的公开专利中涉及新能源产业的专利最多，贵州大学、贵州民族大学、遵义师范学院的公开专利中涉及的新兴产业比较分散，贵州省人民医院、贵州医科大学附属医院、遵义医科大学附属医院、铜仁职业技术学院的公开专利主要集中在生物产业。

表 2－19　2021 年贵州排名前 10 的申请人的国内公开专利在新兴产业中的分布情况

申请人	国内公开专利量/件								
	数字创意产业	新能源汽车产业	相关服务业	新能源产业	新一代信息技术产业	高端装备制造产业	新材料产业	节能环保产业	生物产业
贵州电网有限责任公司	76	35	127	535	438	68	185	96	12
贵州大学	35	43	68	30	171	124	232	117	294
贵州省人民医院	2	1	14	0	37	4	5	25	352
贵州民族大学	5	5	22	5	43	22	39	44	31
遵义师范学院	6	0	20	10	20	11	25	42	32
中国电建集团贵阳勘测设计研究院有限公司	5	1	22	60	13	10	29	28	7
铜仁学院	3	8	17	9	19	16	42	54	45
贵州医科大学附属医院	0	0	6	1	25	1	6	17	232
遵义医科大学附属医院	1	0	7	0	22	0	7	10	233
铜仁职业技术学院	10	4	7	4	33	11	8	36	91
合　计	143	97	310	654	821	267	578	469	1 329

2021 年贵州排名前 10 的专利权人的有效发明专利在 9 大新兴产业中的分布情况如表 2－20 所示。其中，贵州大学属于综合性的院校，其有效发明专利囊括 9 大战略新兴产业的尤其在生物产业、新材料产业方面优势明显；华为云计算技术有限公司技术比较专业，在新一代信息技术产业、数字创意产业方面的发明专利遥遥领先；贵州电网有限责任公司及其电力科学研究院的发明专利涉及各个战略新兴产业，尤其在新能源产业和新一代信息技术产业方面优势明显。

表 2－20　2021 年贵州排名前 10 的专利权人的有效发明专利在新兴产业中的分布情况

专利权人	有效发明专利量/件								
	数字创意产业	相关服务业	新能源产业	新能源汽车产业	节能环保产业	高端装备制造产业	新一代信息技术产业	新材料产业	生物产业
贵州大学	12	22	23	26	59	78	81	266	298
华为云计算技术有限公司	301	9	0	0	0	2	554	0	0
贵州电网有限责任公司	21	34	221	10	9	13	82	42	1
贵州铝镁设计研究院有限公司	0	1	16	9	41	28	1	145	0
瓮福(集团)有限责任公司	0	0	4	1	37	5	0	125	25
遵义医科大学	0	0	0	0	0	2	5	8	130
贵州电网有限责任公司电力科学研究院	2	4	37	9	5	10	38	7	2
中国科学院地球化学研究所	0	14	6	1	15	6	5	38	40
中国电建集团贵阳勘测设计研究院有限公司	4	13	37	0	15	8	6	21	17
中国航发贵州黎阳航空动力有限公司	0	1	1	9	1	63	2	35	0
合计	340	98	345	65	182	215	774	687	513

六、专利状态

1. 专利法律状态

（1）国内专利法律状态

从当前法律状态[③]来看，2021 年贵州国内专利中有效专利 39 711 件，占比 78.41%，同比

③　当前法律状态所指检索时间是 2022 年 5 月 26 日。

增长29.38%，在全国排名第22位；审查中专利（公开、实质审查、撤回）10 773件，占比21.27%；失效专利（驳回、未缴年费）163件，占比0.32%（图2-39）。

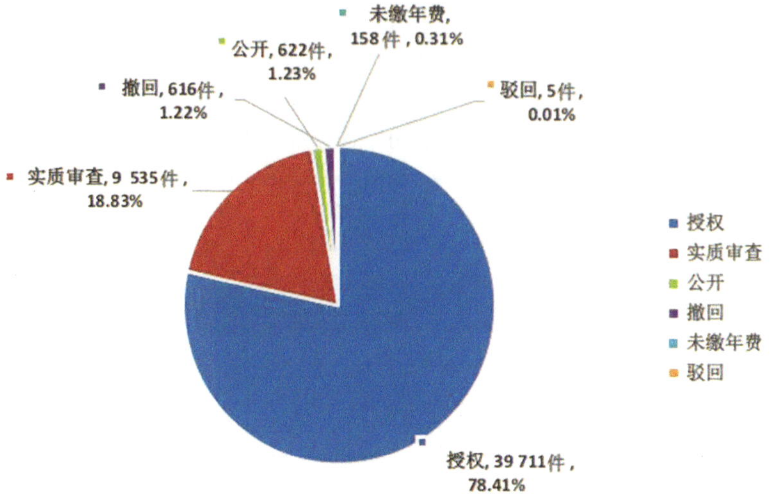

图2-39　2021年贵州国内专利法律状态

近十年来，贵州省专利转让数量整体呈逐年增长的趋势（图2-40）。2021年贵州专利转让数量达2 553件，其中转让的发明专利为1 456件，占比57.03%。

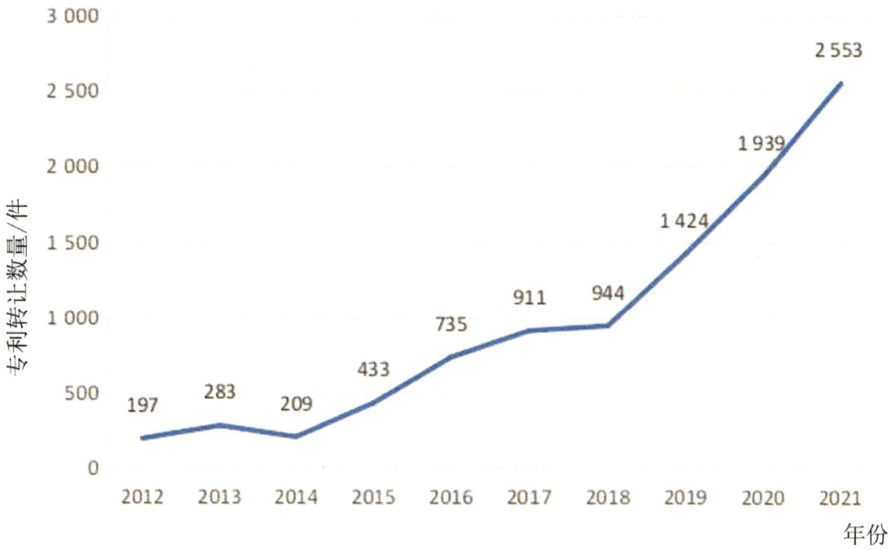

图2-40　2021年贵州国内专利转让数据

（2）有效发明专利法律事件统计

专利法律事件的多少在一定程度上可以反映专利的重要性。截至检索日期，贵州有效发明专利发生的法律事件如图 2－41 所示。贵州有效发明专利法律事件中发生转让的专利数量较多，有 3 453 件，占贵州有效发明专利总量的 22.89%；发生地址或专利权人变更等情况的专利有 2 508 件，占 16.63%；有质押的专利有 516 件，占 3.42%；此外有许可专利 167 件，保全专利 51 件，诉讼专利 10 件。

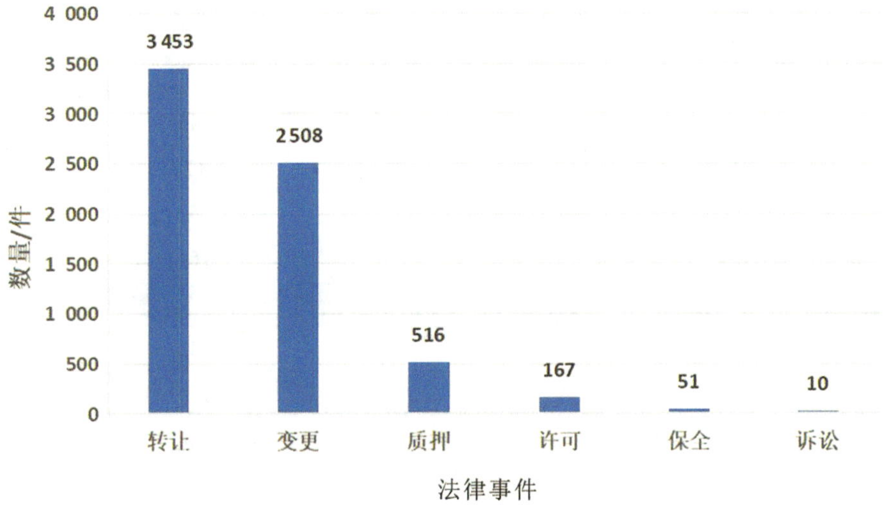

图 2－41　贵州有效发明专利法律事件

2. 专利转让、许可、质押情况

（1）专利转让、许可、质押次数统计

贵州有效发明专利的转让、许可、质押情况如表 2－21 所示。贵州有效发明专利中发生转让的专利有 3 453 件，其中发生 1 次转让的专利最多，有 2 818 件，占转让专利总量的 81.61%；发生 1 次以上转让的专利共 635 件，占 18.39%。

贵州有效发明专利中实施许可的有 167 件，占贵州有效发明专利总量的 1.11%，其中许可次数为 3 次的有 5 件，占许可专利总量的 2.99%。

贵州有效发明专利中发生质押的有 516 件，占贵州有效发明专利总量的 3.42%，其中许可次数≥6 次的有 8 件，占质押专利总量的 1.55%。

表 2 - 21　贵州有效发明专利的转让、许可、质押情况

转让次数/次	数量/件
1	2 818
2	419
3	101
4	52
5	50
≥6	13
合计	3 453
许可次数/次	数量/件
1	145
2	17
3	5
合计	167
质押次数/次	数量/件
1	332
2	120
3	40
4	11
5	5
≥6	8
合计	516

(2) 专利转让人排名

贵州有效发明专利转让人排名情况见表 2 - 22 所示。转让专利数量排名第一的是华为技术有限公司，共转让 727 件专利给位于贵安新区的华为云计算技术有限公司，属于企业内转让，专利权人未发生实质转变；排名第二的是贵阳铝镁设计研究院有限公司，转让专利 79 件，其中企业内转让 59 件，实质性转让(专利权人发生变更)19 件；排名第三的是贵州大学，转让专利 73 件，主要转让给贵州贝因特生物技术有限公司、康命源(贵州)科技发展有限公司、瓮福(集团)有限责任公司等公司。

表2－22　贵州有效发明专利转让人排名(前10位)

排名	转让人	转让专利数量/件	主要转让技术(转让专利数量/件)	主要受让人(受让专利数量/件)
1	华为技术有限公司	727	H04 电通信技术(422) G06 计算;推算或计数(297) G10 乐器;声学(5)	华为云计算技术有限公司(727)
2	贵阳铝镁设计研究院有限公司	79	C25 电解或电泳工艺;其所用设备(39) B01 一般的物理或化学的方法或装置(7) B65 输送;包装;贮存;搬运薄的或细丝状材料(4)	贵阳铝镁设计研究院有限公司(59) 贵州创新轻金属工艺装备工程技术研究中心有限公司(8) 中铝国际工程股份有限公司(5) 中铝国际技术发展有限公司(4) 遵义铝业股份有限公司(2)
3	贵州大学	73	G01 测量;测试(14) A23 其他类不包含的食品或食料及其处理(7) C01 无机化学(6)	贵州贝因特生物技术有限公司(5) 东兴华鸿光学科技有限公司(4) 康命源(贵州)科技发展有限公司(4) 瓮福(集团)有限责任公司(4) 贵州中孚科技有限公司(4)
4	贵州神奇集团控股有限公司	49	A61 医学或兽医学;卫生学(27) A23 其他类不包含的食品或食料;及其处理(20) G01 测量;测试(4)	贵州神奇药物研究院(36) 贵州神奇药业股份有限公司(13)
5	贵州电网有限责任公司电力科学研究院	36	G01 测量;测试(12) H02 发电、变电或配电(11) H04 电通信技术 (9)	贵州电网有限责任公司(20) 贵州电网有限责任公司电力科学研究院(16) 上海东土远景工业科技有限公司(3) 贵州电网有限责任公司信息中心(3) 北京四方继保自动化股份有限公司(2)
6	贵阳时代沃顿科技有限公司	25	B01 一般的物理或化学的方法或装置(19) C09 染料;涂料;抛光剂;天然树脂;黏合剂;其他类目不包含的组合物;其他类目不包含的材料的应用(3) C02 水、废水、污水或污泥的处理(2)	沃顿科技股份有限公司(25)

续表

排名	转让人	转让专利数量/件	主要转让技术(转让专利数量/件)	主要受让人(受让专利数量/件)
7	贵州电网有限责任公司	22	G06 计算;推算或计数(7) H02 发电、变电或配电(4) G01 测量;测试(3)	贵州电网有限责任公司(21) 中国电建集团贵州电力设计研究院有限公司(1)
8	贵州大自然科技有限公司	19	A47 家具;家庭用的物品或设备;咖啡磨;香料磨;一般吸尘器(5) D06 织物等的处理;洗涤;其他类不包括的柔性材料(5) D01 天然或化学的线或纤维;纺纱或纺丝(2)	贵州大自然科技有限公司(19)
9	中国科学院福建物质结构研究所	18	B01 一般的物理或化学的方法或装置(15) C01 无机化学(2)	贵州鑫醇科技发展有限公司(18)
10	天津富纳源创科技有限公司	18	G06 计算;推算或计数(16) H01 基本电气元件(2) H05 其他类目不包含的电技术(1)	贵州富纳源创科技有限公司 识骅科技股份有限公司(18)

(3)实施许可专利权人排名

贵州有效发明专利实施许可专利权人排名情况见表2－23所示。专利许可数量最多的是贵阳中医药大学和贵阳朗玛信息技术有限公司,两者分别许可专利18件,贵阳中医药大学全部许可给贵州中医药大学第一附属医院,贵阳朗玛信息技术股份有限公司许可给贵阳朗玛视讯科技有限公司15件专利,许可给贵阳叁玖互联网医疗有限公司3件专利;排名第二的是贵州安大航空锻造有限责任公司,共许可专利11件,许可给贵阳安大宇航材料工程有限公司10件专利,许可给江西景航航空锻铸有限公司1件专利;排名第一的是贵州大学,共许可专利8件,其许可许机构较为分散。

表2-23 贵州有效发明专利实施许可专利权人排名(前10位)

排名	专利权人	专利数量/件	受许可机构(受许可专利数量/件)
1	贵阳中医药大学	18	贵州中医药大学第一附属医院(18)
2	贵阳朗玛信息技术股份有限公司	18	贵阳朗玛视讯科技有限公司(15) 贵阳叁玖互联网医疗有限公司(3)
3	贵州安大航空锻造有限责任公司	11	贵阳安大宇航材料工程有限公司(10) 江西景航航空锻铸有限公司(1)
4	贵州大学	8	贵州大唐兴农农业科技发展有限公司(2) 贵州黔霖农业发展有限公司(1) 贵州蓝精灵生物科技有限公司、 贵州同益博源科技服务有限公司(1) 贵州珍酒酿酒有限公司(2) 贵州绿太阳制药有限公司(1) 贵州瓮福蓝天氟化工股份有限公司(1)
5	贵州红星发展股份有限公司	6	贵州红星发展大龙锰业有限责任公司(2) 重庆大足红蝶锶业有限公司(3) 重庆科昌科技有限公司(1)
6	贵阳铝镁设计研究院有限公司	4	贵阳振兴铝镁科技产业发展有限公司(2) 贵州创新轻金属工艺装备工程技术研究中心有限公司(2)
7	江苏昱众新材料科技有限公司	5	中子能源科技有限公司(4) 苏州伟源新材料科技有限公司(1)
8	贵州省果树科学研究所	4	罗甸县龙坪镇金顺火龙果种植专业合作社(2) 贵州火龙园艺科技有限责任公司(2)
9	贵州百灵企业集团制药股份有限公司	4	贵州百灵企业集团正鑫药业有限公司(3) 贵州百祥制药有限责任公司(1)
10	贵州神奇药业股份有限公司	4	贵州神奇药业有限公司(3) 贵州盛世龙方制药股份有限公司(1)

(4)质押专利权人排名

贵州有效发明专利质押专利权人排名情况见表2-24所示,全部属于企业。有效发明专利质押数量排名第一的是贵州航宇科技发展股份有限公司,共质押46件专利,占该公司有效发明专利数量的86.79%;排名第二的是贵州威门药业股份有限公司,共质押23件专利,占该公司有效发明专利数量的60.53%;排名第三的是贵州鑫醇科技发展有限公司,共质押18件专利,占该公司有效发明专利的100%。

表2-24　贵州省有效发明质押专利权人排名(前9位)

排名	质押专利权人	质押专利数量/件
1	贵州航宇科技发展股份有限公司	46
2	贵州威门药业股份有限公司	23
3	贵州鑫醇科技发展有限公司	18
4	贵州黄帝车辆净化器有限公司	18
5	贵州大龙汇成新材料有限公司	17
6	贵州雅光电子科技股份有限公司	14
7	贵州安达科技能源股份有限公司	13
8	贵州扬生医用器材有限公司	13
9	贵州景浩科技有限公司	11

3. 专利维持时间

有效专利的维持时间包括专利申请之日至今的时间范围。通常,专利维持时间越长,说明其重要性和经济效益越大,市场价值越高。贵州有效发明专利的维持时间如表2-25所示。贵州有效发明专利中,维持时间在15年以上的有431件,占比2.86%;维持时间在11~15年的有1 253件,占比8.31%;维持时间在5~10年的有8 804件,占比58.37%;维持时间在5年以下的有4 596件,占比30.47%。

表2-25　贵州有效发明专利维持时间

专利维持时间/年	专利数量/件	占比/%
20	1	0.01
19	116	0.77
18	43	0.29
17	104	0.69
16	167	1.11
15	116	0.77
14	182	1.21
13	253	1.68
12	278	1.84
11	424	2.81
10	820	5.44
9	1 130	7.49

续表

专利维持时间/年	专利数量/件	占比/%
8	1 428	9.47
7	1 688	11.19
6	1 895	12.56
5	1 843	12.22
4	1 996	13.23
3	1 556	10.32
2	897	5.95
1	147	0.97

七、专利质量

1. 高价值发明专利

根据国家知识产权局对高价值专利的认定方法，高价值发明专利指的是符合下列任一条件的有效发明专利：战略性新兴产业的发明专利；在海外有同族专利权的发明专利；维持年限超过 10 年的发明专利；实现质押融资金额的发明专利；获得国家科学技术奖或中国专利奖的发明专利。

贵州高价值发明专利情况见表 2－26 所示。贵州有效发明专利中，战略性新兴产业的发明专利有 10 847 件，占 71.91%；在海外有同族专利权的有 250 件，占 1.66%；维持年限超过 10 年的有 2 503 件，占 16.59%；实现质押融资金额的有 516 件，占 3.43%；获得中国专利奖的有 43 件，占 0.29%。通过统计去重以后，贵州高价值发明专利有 11 555 件；根据 2020 年末常住人口数据（3858 万人）计算，贵州每万人拥有的高价值发明专利量约为 3 件。

表 2－26　贵州高价值发明专利类别

高价值发明专利类别	数量/件
战略性新兴产业发明专利	10 847
在海外有同族专利权的发明专利	250
维持年限超过 10 年的发明专利	2 503
获得国家科学技术奖或中国专利奖的发明专利	43
实现质押融资金额的发明专利	516

2. 高被引专利

对贵州有效发明专利的被引用量进行统计汇总，结果如表2－27所示。贵州被引用的有效发明专利共1 522件，占贵州有效发明专利的10.09%。其中被引用6次以下的专利数量最多，共1 388件，占贵州有效发明专利的9.20%；被引用次数超过20次的专利共有21件。

表2－27　贵州有效发明专利被引用情况

被引用次数/次	数量/件
2～5	1 388
6～10	79
11～15	23
16～20	21
21～25	17
26～30	2
31～35	1
36～40	1
合计	1 522

贵州被引用次数超过20次的有效发明专利有21件，情况如表2－28所示。其中瓮福（集团）有限责任公司的专利（CN100345751C，从含碘磷矿石生产过程中产生的稀磷酸内提取碘的方法）被引用次数最多，共37次；贵州光浦森光电有限公司的高被引有效发明专利数量最多，共有13件，约占贵州高被引有效发明专利总量的62%。

表2－28　贵州高被引用有效发明专利（被引用次数超过20）

排序	专利标题	公开号	第一发明人	专利权人（当前）	申请人	被引用次数/次
1	从含碘磷矿石生产过程中产生的稀磷酸内提取碘的方法	CN100345751C	史连军	瓮福（集团）有限责任公司	贵州宏福实业开发有限总公司	37
2	银杏叶口腔崩解片及其制备方法	CN1237981C	蒋海松	贵州益佰制药股份有限公司	北京科信必成医药科技发展有限公司	33
3	治疗肿瘤的中药注射制剂及其制作方法	CN1237985C	叶湘武	贵州益佰制药股份有限公司	贵州益佰制药股份有限公司	30

续表

排序	专利标题	公开号	第一发明人	专利权人（当前）	申请人	被引用次数/次
4	一种预焙铝电解槽无残极产生的阳极炭块结构	CN105543894B	邹建明	贵州铝城铝业原材料研究发展有限公司	周俊和;杜艳华	27
5	通用型LED灯泡的构建方法及卡环结构方式的LED灯泡	CN102798005B	张继强	贵州光浦森光电有限公司	贵州光浦森光电有限公司	24
6	通用型LED灯泡的构建方法及法兰内卡环式的LED灯泡	CN102798009B	张继强	贵州光浦森光电有限公司	贵州光浦森光电有限公司	24
7	预焙阳极铝电解在线连接阳极的方法及结构	CN106676580B	邹建明	周俊和,杜艳华	周俊和,杜艳华	23
8	纤维弹性材料真空硫化方法及所用的硫化罐	CN101306563B	刘楚贤	贵州大自然科技有限公司	周俊和,杜艳华	22
9	互换性和通用性强的LED灯泡构成方法及法兰式支架LED灯泡	CN102777797B	张继强	贵州光浦森光电有限公司	贵州光浦森光电有限公司	22
10	通用型LED灯泡的构建方法及卡环透镜式的LED灯泡	CN102777799B	张继强	贵州光浦森光电有限公司	贵州光浦森光电有限公司	22
11	通用型LED灯泡的构建方法及法兰卡环式的LED灯泡	CN102798004B	张继强	贵州光浦森光电有限公司	贵州光浦森光电有限公司	22
12	一种液态散热方式的大型LED灯泡	CN103185249B	张继强	贵州光浦森光电有限公司	贵州光浦森光电有限公司	22
13	一种LED灯泡光机模组	CN103196064B	张继强	贵州光浦森光电有限公司	贵州光浦森光电有限公司	22
14	一种液态散热方式的小型LED灯泡	CN103196065B	张继强	贵州光浦森光电有限公司	贵州光浦森光电有限公司	22
15	一种LED灯泡的生产方法	CN103206636B	张继强	贵州光浦森光电有限公司	贵州光浦森光电有限公司	22
16	一种外延片式的LED灯泡光机模组	CN103206637B	张继强	贵州光浦森光电有限公司	贵州光浦森光电有限公司	22

续表

排序	专利标题	公开号	第一发明人	专利权人（当前）	申请人	被引用次数/次
17	一种LED照明灯的生产方法	CN103216757B	张继强	贵州光浦森光电有限公司	贵州光浦森光电有限公司	22
18	一种液态散热方式的中型LED灯泡	CN103225756B	张继强	贵州光浦森光电有限公司	贵州光浦森光电有限公司	22
19	一种透明基板的LED灯泡光机模组	CN103236434B	张继强	贵州光浦森光电有限公司	贵州光浦森光电有限公司	22
20	电解铝废料磁选方法	CN101811090B	邹建明	周俊和,杜艳华	贵州铝城铝业原材料研究发展有限公司	21
21	电解铝废料分离提纯方法	CN101818253B	邹建明	周俊和,杜艳华	贵州铝城铝业原材料研究发展有限公司	21

3. 同族专利

贵州有效发明专利同族数及同族国家统计如表2－29、表2－30所示。贵州有效发明专利中具有同族专利的共有722件，占4.79%。其中，具有同族专利数2~5件的较多，共550件，占贵州有效发明专利的3.65%；具有同族专利数21件及以上的有8件。其中同族国家数2个及以上的共有250件，占贵州有效发明专利的1.66%。

表2－29　贵州有效发明专利同族数统计

同族专利数/件	有效发明专利数量/件
2~5	550
6~10	112
12~15	39
16~20	13
21~25	3
≥26	5
合计	722

表 2－30　贵州有效发明专利同族国家数统计

同族国家数/个	有效发明专利数量/件
10	1
9	1
8	3
7	5
6	13
5	32
4	17
3	105
2	73
合计	250

（1）高同族国家或组织数专利

贵州有效发明专利中同族国家或组织数 6 个及以上的有 23 件，情况见表 2－31。表中拥有同族专利最多的是华为云计算技术有限公司，拥有 13 件。贵阳丽天苍泰科技有限公司的专利（CN103967972B，一种液力阻尼器）在中国、美国、日本、澳大利亚、加拿大、西班牙、法国、韩国、俄罗斯 9 个国家和欧洲专利局（EPO）部署了专利，同族国家或组织数最多。

表 2－31　贵州有效发明专利同族国家数（6 个国家以上）

序号	专利标题	公开号	第一专利权人（当前）	第一发明人	同族数量/件	同族国家或组织数/个
1	一种液力阻尼器	CN103967972B	贵阳丽天苍泰科技有限公司	李航越	20	10
2	成员资源的访问方法、群组服务器和成员设备	CN103200209B	华为云计算技术有限公司	张永靖	21	9
3	一种机器通信中群组管理的方法和装置	CN108769931B	华为云计算技术有限公司	高莹	22	8
4	一种机器通信中群组管理的方法和装置	CN104041086B	华为云计算技术有限公司	高莹	22	8
5	软件定义网络中数据转发的方法、设备和系统	CN107005462B	华为云计算技术有限公司	左少夫	17	8
6	设备管理方法、中间件及机器通信平台、设备和系统	CN102136933B	华为云计算技术有限公司	张永靖	15	7
7	直接免疫组织化学测定	CN106415269B	贵州美鑫达医疗科技有限公司	S·Q·赵	15	7

续表

序号	专利标题	公开号	第一专利权人（当前）	第一发明人	同族数量/件	同族国家或组织数/个
8	利用中低品位 MnO_2 矿进行烟气脱硫制备 $MnSO_2 \cdot H_2O$ 的方法	CN101723466B	贵州红星发展股份有限公司	姜志光	14	7
9	治疗播散性癌症的方法	CN101351546B	贵州生诺生物科技有限公司	奥拉·温克维斯特	14	7
10	一种生产湿法磷酸副产 α 半水石膏和高纯度高白度 α 半水石膏的方法	CN105217590B	贵州正磷科技有限公司	胡兆平	13	7
11	含有人环氧酶及天然阿霉素或类阿霉素的药用组合物、其制备方法及在制备多种药物的应用	CN102961440B	林秀英	林秀英	9	6
12	一种 M2M 中信息处理的方法和装置	CN110099369B	华为云计算技术有限公司	殷佳欣	21	6
13	一种 M2M 中信息处理的方法和装置	CN105052077B	华为云计算技术有限公司	殷佳欣	21	6
14	一种云应用的容灾方法、系统和装置	CN103843284B	华为云计算技术有限公司	吴向阳	19	6
15	订阅通知的实现方法和装置	CN106790676B	华为云计算技术有限公司	肖芳英	17	6
16	订阅通知的实现方法和装置	CN106603394B	华为云计算技术有限公司	肖芳英	17	6
17	订阅通知的实现方法和装置	CN103618800B	华为云计算技术有限公司	肖芳英	17	6
18	一种抑制血栓形成的药物	CN102038693B	贵州联盛药业有限公司	苏春华	15	6
19	分布式文件系统的多个集群的管理	CN109314721B	华为云计算技术有限公司	郭雷	14	6
20	一种大功率 LED 灯降温器件及其制作方法	CN103353098B	陈志明	陈志明	13	6
21	一种低光衰大功率 LED 路灯及其制作方法	CN103398358B	陈志明	陈志明	13	6
22	虚拟机的管理控制方法及装置、系统	CN103843303B	华为云计算技术有限公司	叶思海	12	6
23	耐氧化复合反渗透膜	CN100478056C	沃顿科技股份有限公司	赵小阳	10	6

（2）高同族数专利

同族专利数量的多少在一定程度上可以反映专利的价值，同族数量越多，该专利的价值就越高。贵州有效发明专利中同族数超过 20 的有 13 件，情况如表 2－32 所示。表中高同族有效发明专利数量最多的是华为云计算技术有限公司，拥有 5 件。同族数最多的专利是“CN105255135B”，是与 LED 灯布局相关的专利，该专利是由位于铜仁市的贵州恩纬西光电科技发展有限公司从省外机构受让的专利，其主要布局在国内。表中的贵阳渝冠技术服务中心拥有 4 件高同族数专利，均是从省外转让到贵州的专利；六盘水市的贵州西部环保科技股份有限公司、贵阳的贵州中晟泰科智能技术有限公司也分别从省外转让 1 件高同族专利。

表 2－32　贵州高同族数有效发明专利情况

序号	专利标题	发明人	公开号	申请人（机构）	专利权人（当前）	同族数量/件
1	一种复古 LED 落地蜡烛灯	王海鹰，张友芳，宋旺荣	CN105255135B	贵州恩纬西光电科技发展有限公司	贵州恩纬西光电科技发展有限公司	84
2	用于茯苓快速切丁的设备	白雪峰	CN104924344B	重庆凌云工具有限公司	贵阳渝冠技术服务中心	36
3	一种可用于茯苓快速切丁的设备	白雪峰	CN104985624B	重庆凌云工具有限公司	贵阳渝冠技术服务中心	36
4	一种快速切片的茯苓切片机	白雪峰	CN104908101B	重庆凌云工具有限公司	贵阳渝冠技术服务中心	32
5	能够对茯苓快速切片的设备	白雪峰	CN104942847B	重庆凌云工具有限公司	贵阳渝冠技术服务中心	32
6	处理污水中农药残留和重金属汞的方法	朱小明	CN105923917B	宁夏锐盛明杰知识产权咨询有限公司	贵州西部环保科技股份有限公司	24
7	一种机器通信中群组管理的方法和装置	高莹	CN108769931B	华为技术有限公司	华为云计算技术有限公司	22
8	一种机器通信中群组管理的方法和装置	高莹	CN104041086B	华为技术有限公司	华为云计算技术有限公司	22
9	成员资源的访问方法、群组服务器和成员设备	张永靖	CN103200209B	华为技术有限公司	华为云计算技术有限公司	21

续表

序号	专利标题	发明人	公开号	申请人（机构）	专利权人（当前）	同族数量/件
10	一种 M2M 中信息处理的方法和装置	殷佳欣	CN110099369B	华为技术有限公司	华为云计算技术有限公司	21
11	一种 M2M 中信息处理的方法和装置	殷佳欣	CN105052077B	华为技术有限公司	华为云计算技术有限公司	21
12	一种照明装置的定位系统及方法	郭成，胡洪，黄建梅，唐琴，张国旗	CN103825655B	常州市武进区半导体照明应用技术研究院	贵州中晟泰科智能技术有限公司	20
13	一种液力阻尼器	李航越，李天维	CN103967972B	李天维，李航越	贵阳丽天苍泰科技有限公司	20

4. 获奖专利

贵州有效发明专利获奖情况如表 2－33、表 2－34 所示。贵州有效发明专利中，获奖专利有 45 件，其中获中国专利奖优秀奖的有 43 件，获粤港澳大湾区高价值专利培育布局大赛（简称“湾高赛”）专利奖 50 强的有 1 件，获湾高赛专利奖 50 强核心专利的有 1 件。

表 2－33　贵州获奖有效发明专利统计

奖励等级	专利数量/件
“湾高赛”专利奖 50 强	1
“湾高赛”专利奖 50 强核心专利	1
中国专利奖优秀奖	43
合 计	44

表 2－34　贵州获奖有效发明专利详情

奖励届次	专利数量/件
第二十三届（2022 年）中国专利奖	2
第二十二届（2020 年）中国专利奖	4
第二十一届（2019 年）中国专利奖	6
第二十届（2018 年）中国专利奖	3
第十九届（2017 年）中国专利奖	4

续表

奖励届次	专利数量/件
第十八届(2016 年)中国专利奖	2
第十七届(2015 年)中国专利奖	6
第十六届(2014 年)中国专利奖	4
第十五届(2013 年)中国专利奖	3
第十四届(2012 年)中国专利奖	1
第十三届(2011 年)中国专利奖	1
第十二届(2010 年)中国专利奖	2
第十一届(2009 年)中国专利奖	2
第十届(2007 年)中国专利奖	2
第九届(2005 年)中国专利奖	1
第二届(2020 年)湾高赛专利奖	2

5. 高价值度专利

根据壹专利对贵州专利价值的评价结果，贵州价值度在 95 以上的有效发明专利见表 2－35。

表 2－35　贵州价值度在 95 分以上的有效发明专利(来源于壹专利评价)

专利标题	公开号	专利权人	专利维持期	战略性新兴产业	质押次数	转让次数	权利要求数	同族数量	同族国家数	专利价值度/分
远程应用程序运行的方法和装置	CN104598257B	华为云计算技术有限公司	8 年 11 月 11 日	1.1	0	1	24	7	3	98
一种数据处理方法和计算机系统	CN104798043B	华为云计算技术有限公司	8 年 3 月 14 日	1.4,1.5	0	1	24	7	3	96
一种图形数据的处理方法、装置及系统	CN104679486B	华为云计算技术有限公司	8 年 10 月 13 日	1.1,1.5,8.1	0	1	33	6	2	98
公交信息查询方法、收集方法与公交信息系统	CN103020104B	贵阳移动金融发展有限公司	10 年 0 月 14 日	1.1	0	2	9	5	1	97
一种数据处理的方法、相关设备及存储系统	CN107423301B	华为云计算技术有限公司	6 年 4 月 17 日	1.1,1.4,8.1	0	1	31	5	2	98

续表

专利标题	公开号	专利权人	专利维持期	战略性新兴产业	质押次数	转让次数	权利要求数	同族数量	同族国家数	专利价值度/分
数据处理方法和存储管理系统	CN108076090B	华为云计算技术有限公司	5年11月0日	1.2,1.5,8.1	0	1	25	3	1	96
控制器、服务节点和数据包转发方法	CN105519058B	华为云计算技术有限公司	7年11月1日	1.1	0	1	27	3	1	97
头端系统主设备切换的方法、网管设备和头端系统	CN103095480B	华为云计算技术有限公司	10年11月7日	1.1,8.2	0	2	17	2	1	96
中央处理器资源分配方法和计算节点	CN106126319B	华为云计算技术有限公司	10年1月11日	1.4,1.5	0	1	18	2	1	99
基于HTTP流的媒体内容动态插播方法、装置及系统	CN103747365B	华为云计算技术有限公司	12年0月24日	8.2	0	1	15	2	1	98
一种基于众包的数据采集及处理方法和系统	CN105468608B	廖飞	8年1月14日	1.1,8.1	0	0	16	2	1	99
大芯片在非绝缘导热基板上的布置方法	CN103953901B	贵州光浦森光电有限公司	8年4月21日	1.2,7.1	0	0	16	2	1	96
大芯片水平布置的LED光机模组	CN103968286B	贵州光浦森光电有限公司	8年4月21日	1.2,7.1	0	0	15	2	1	97
一种水溶性梳型聚合物及合成方法	CN103865005B	贵州石博士科技有限公司	8年8月21日	3.4,3.6	2	0	6	2	1	97
一种创建虚拟机的方法和装置	CN106055381B	华为云计算技术有限公司	8年11月18日	1.5	0	1	22	14	3	97
虚拟机的管理控制方法及装置、系统	CN103843303B	华为云计算技术有限公司	9年10月19日	1.3,1.5,8.1	0	1	30	12	6	97

续表

专利标题	公开号	专利权人	专利维持期	战略性新兴产业	质押次数	转让次数	权利要求数	同族数量	同族国家数	专利价值度/分
球形或类球形锂电池正极材料、电池及制法和应用	CN106532005B	贵州振华新材料有限公司、贵州振华义龙新材料有限公司、贵州振华新材料股份有限公司	5年9月25日	5.2	0	3	86	11	5	99
一种分布式存储复制系统和方法	CN106062717B	华为云计算技术有限公司	7年11月5日	1.4	0	1	36	11	5	99
一种处理授权的方法和设备	CN106714075B	华为云计算技术有限公司	7年2月1日	1.1,1.2	0	1	28	11	5	96
球形或类球形锂离子电池正极材料及制法和应用	CN106450155B	贵州振华新材料股份有限公司、贵州振华新材料有限公司、贵州振华义龙新材料有限公司	6年0月23日	5.2	0	3	66	10	5	96

八、区域专利信息

1. 区域专利数据总览

2021年贵州国内公开专利市(州)分布情况如表2－36所示。贵阳市在各个专利指标数据上优势明显,遵义市次之。

表2－36　2021年贵州国内公开专利市(州)分布数据

市(州)	公开专利		发明申请专利		发明授权专利		有效发明专利	
	数量/件	占比/%	数量/件	占比/%	数量/件	占比/%	数量/件	占比/%
贵阳市	24 089	47.56	6 674	58.73	1 816	63.90	9 359	62.05
遵义市	8 646	17.07	1 709	15.04	481	16.92	2 511	16.65
黔南州	3 310	6.54	509	4.48	73	2.57	702	4.65
铜仁市	2 718	5.37	462	4.07	138	4.86	559	3.71

续表

市(州)	公开专利		发明申请专利		发明授权专利		有效发明专利	
	数量/件	占比/%	数量/件	占比/%	数量/件	占比/%	数量/件	占比/%
黔东南州	2 684	5.30	348	3.06	63	2.22	397	2.63
毕节市	2 557	5.05	410	3.61	64	2.25	237	1.57
六盘水市	2 528	4.99	319	2.81	68	2.39	298	1.98
安顺市	2 221	4.39	521	4.59	68	2.39	752	4.99
黔西南州	1 894	3.74	411	3.62	71	2.50	269	1.78
合计	50 647		11 363		2 842		15 084	

2. 区域有效发明专利密度

截至2021年底,贵州9个市(州)有效发明专利量及有效发明专利密度情况如图2-42所示。贵阳市有效发明专利密度为15.62件/万人,约为贵州省有效发明专利密度平均水平(3.91件/万人)的4倍。其他市(州)中,遵义市排名第一,专利密度是3.80件/万人,接近全省平均值;其余市(州)均低于全省平均值。

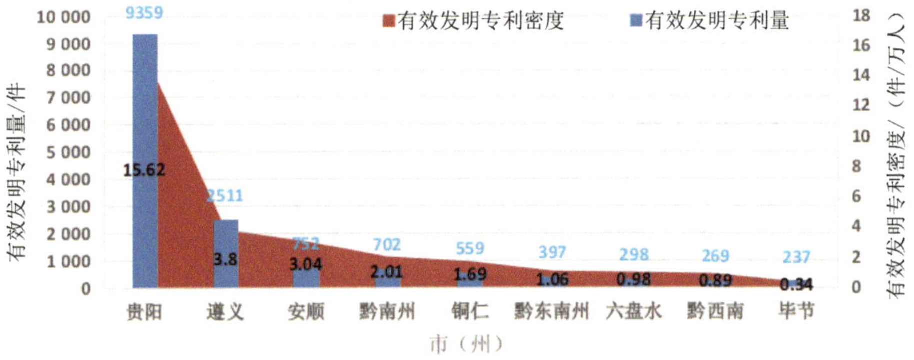

图2-42 贵州9个市(州)有效发明专利情况

截至2021年底,贵州9个市(州)个88个县(市、区)有效发明专利量及有效发明专利密度情况如表2-37所示。

表2－37　贵州省各市(州)及县(市、区)有效发明专利数据

市(州)	县(市、区)	有效发明专利量/件	2020年末人口/万人	有效发明专利密度/(件/万人)
贵阳市	花溪区	3 015	96.67	31.19
	观山湖区	2 168	64.29	33.72
	南明区	1 382	104.83	13.18
	云岩区	1 202	105.72	11.37
	白云区	708	45.65	15.51
	乌当区	545	33.66	16.19
	息烽县	143	21.99	6.50
	修文县	94	28.82	3.26
	清镇市	63	62.94	1.00
	开阳县	39	34.41	1.13
	合 计	9 359	598.98	15.62
遵义市	汇川区	801	62.82	12.75
	红花岗区	418	97.26	4.30
	播州区	257	76.21	3.37
	绥阳县	169	37.95	4.45
	道真自治县	131	24.36	5.38
	仁怀市	129	65.58	1.97
	凤冈县	108	30.4	3.55
	湄潭县	108	37.28	2.90
	务川自治县	92	30.84	2.98
	习水县	74	58.54	1.26
	桐梓县	70	52.94	1.32
	余庆县	57	22.39	2.55
	正安县	55	39.65	1.39
	赤水市	42	24.76	1.70
	合 计	2 511	660.98	3.80
安顺市	西秀区	413	87.08	4.74
	平坝区	219	34.73	6.31
	普定县	65	37.65	1.73
	镇宁自治县	39	29.98	1.30
	关岭自治县	11	28.36	0.39
	紫云自治县	5	29.38	0.17
	合 计	752	247.18	3.04

续表

市(州)	县(市、区)	有效发明专利量/件	2020年末人口/万人	有效发明专利密度/(件/万人)
黔南州	福泉市	334	30	11.13
	都匀市	92	53.35	1.72
	瓮安县	72	39.83	1.81
	龙里县	66	23.79	2.77
	独山县	52	26.62	1.95
	惠水县	37	39.87	0.93
	长顺县	16	20.3	0.79
	罗甸县	16	23.61	0.68
	贵定县	7	25.19	0.28
	平塘县	5	23.61	0.21
	荔波县	3	15.6	0.19
	三都自治县	2	27.83	0.07
	合计	702	349.6	2.01
铜仁市	碧江区	211	44.21	4.77
	玉屏自治县	119	15.05	7.91
	万山区	107	16.06	6.66
	松桃自治县	25	48.8	0.51
	石阡县	24	29.72	0.81
	思南县	19	45.85	0.41
	德江县	16	39.37	0.41
	沿河自治县	14	43.01	0.33
	印江自治县	13	29.45	0.44
	江口县	11	18.48	0.60
	合计	559	330	1.69

续表

市(州)	县(市、区)	有效发明专利量/件	2020年末人口/万人	有效发明专利密度/(件/万人)
黔东南州	凯里市	181	70.93	2.55
	丹寨县	27	13.87	1.95
	镇远县	27	18.98	1.42
	黄平县	23	24.42	0.94
	施秉县	20	12.56	1.59
	台江县	17	12.3	1.38
	黎平县	16	41.29	0.39
	锦屏县	13	15.53	0.84
	三穗县	13	16.29	0.80
	剑河县	11	18.86	0.58
	麻江县	10	13.12	0.76
	从江县	9	31.4	0.29
	雷山县	9	12.49	0.72
	天柱县	8	27.37	0.29
	岑巩县	7	16.85	0.42
	榕江县	6	29.77	0.20
	合 计	397	376.03	1.06
六盘水市	钟山区	164	79.54	2.06
	盘州市	73	107.46	0.68
	水城区	40	62.59	0.64
	六枝特区	21	53.71	0.39
	合 计	298	303.3	0.98
黔西南州	兴义市	149	100.43	1.48
	兴仁市	46	42.59	1.08
	贞丰县	30	30.75	0.98
	安龙县	19	37.6	0.51
	晴隆县	9	23.43	0.38
	册亨县	7	18.99	0.37
	普安县	7	24.31	0.29
	望谟县	2	23.54	0.08
	合 计	269	301.64	0.89

续表

市(州)	县(市、区)	有效发明专利量/件	2020 年末人口/万人	有效发明专利密度/(件/万人)
毕节市	七星关区	107	130.57	0.82
	金沙县	31	54.43	0.57
	大方县	28	85.8	0.33
	黔西市	27	73.23	0.37
	赫章县	16	64.88	0.25
	织金县	12	81.6	0.15
	纳雍县	9	71.7	0.13
	威宁自治县	7	128.07	0.05
	合计	237	690.28	0.34

3. 区域高价值发明专利密度

截至 2021 年底，贵州 9 个市(州)高价值发明专利数量及高价值发明专利密度情况如图 2-43 所示。贵阳市高价值发明专利数量为 7 386 件，高价值发明专利密度为 12.33 件/万人，比全省平均水平(2.99 件/万人)的 4 倍还多。其他市(州)中，遵义市排名第一，高价值发明专利为 1 670 件，高价值专利密度是 2.53 件/万人，略低于全省平均值；其余市(州)均低于全省平均值。

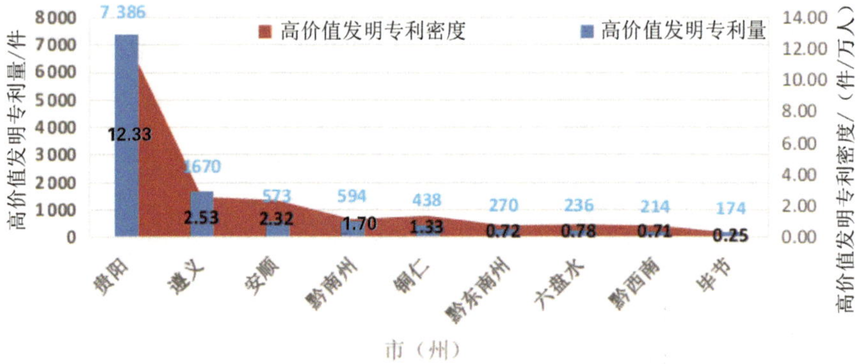

图 2-43　贵州 9 个市(州)高价值发明专利情况

截至 2021 年底，贵州省 9 个市(州)的 88 个县(市、区)高价值发明专利量及高价值发明专利密度情况如表 2-38 所示。

表2－38　贵州各县(市、区)高价值发明专利数据

市(州)	县(市、区)	高价值发明专利量/件	2020年末人口/万人	高价值发明专利密度/(件/万人)
贵阳市	花溪区	2 383	96.67	24.65
	观山湖区	1 690	64.29	26.29
	南明区	1 132	104.83	10.80
	云岩区	958	105.72	9.06
	白云区	517	45.65	11.33
	乌当区	470	33.66	13.96
	修文县	82	28.82	2.85
	息烽县	81	21.99	3.68
	清镇市	40	62.94	0.64
	开阳县	33	34.41	0.96
	合计	7 386	598.98	12.33
遵义市	汇川区	575	62.82	9.15
	红花岗区	306	97.26	3.15
	播州区	169	76.21	2.22
	道真自治县	103	24.36	4.23
	仁怀市	94	65.58	1.43
	绥阳县	88	37.95	2.32
	务川自治县	62	30.84	2.01
	湄潭县	56	37.28	1.50
	习水县	47	58.54	0.80
	凤冈县	44	30.4	1.45
	桐梓县	38	52.94	0.72
	余庆县	33	22.39	1.47
	赤水市	31	24.76	1.25
	正安县	24	39.65	0.61
	合计	1 670	660.98	2.53

续表

市(州)	县(市、区)	高价值发明专利量/件	2020年末人口/万人	高价值发明专利密度/(件/万人)
安顺市	西秀区	312	87.08	3.58
	平坝区	166	34.73	4.78
	普定县	44	37.65	1.17
	镇宁自治县	36	29.98	1.20
	关岭自治县	10	28.36	0.35
	紫云自治县	5	29.38	0.17
	合 计	573	247.18	2.32
黔南州	福泉市	303	30	10.10
	都匀市	68	53.35	1.27
	瓮安县	61	39.83	1.53
	龙里县	53	23.79	2.23
	独山县	38	26.62	1.43
	惠水县	32	39.87	0.80
	罗甸县	13	23.61	0.55
	长顺县	11	20.3	0.54
	贵定县	6	25.19	0.24
	平塘县	5	23.61	0.21
	荔波县	2	15.6	0.13
	三都自治县	2	27.83	0.07
	合 计	594	349.6	1.70
铜仁市	碧江区	164	44.21	3.71
	玉屏自治县	98	15.05	6.51
	万山区	80	16.06	4.98
	松桃自治县	24	48.8	0.49
	石阡县	18	29.72	0.61
	思南县	17	45.85	0.37
	德江县	12	39.37	0.30
	沿河自治县	10	43.01	0.23
	印江自治县	9	29.45	0.31
	江口县	6	18.48	0.32
	合 计	438	330	1.33

续表

市(州)	县(市、区)	高价值发明专利量/件	2020年末人口/万人	高价值发明专利密度/(件/万人)
黔东南州	凯里市	122	70.93	1.72
	丹寨县	22	13.87	1.59
	镇远县	20	18.98	1.05
	黄平县	18	24.42	0.74
	台江县	14	12.3	1.14
	施秉县	10	12.56	0.80
	黎平县	9	41.29	0.22
	剑河县	8	18.86	0.42
	锦屏县	8	15.53	0.52
	岑巩县	7	16.85	0.42
	从江县	7	13.12	0.53
	麻江县	7	31.4	0.22
	三穗县	6	16.29	0.37
	雷山县	5	12.49	0.40
	榕江县	5	29.77	0.17
	天柱县	2	27.37	0.07
	合 计	270	376.03	0.72
六盘水市	钟山区	136	79.54	1.71
	盘州市	46	107.46	0.43
	水城区	35	62.59	0.56
	六枝特区	19	53.71	0.35
	合 计	236	303.3	0.78
黔西南州	兴义市	123	100.43	1.22
	兴仁市	34	42.59	0.80
	贞丰县	24	30.75	0.78
	安龙县	17	37.6	0.45
	晴隆县	8	23.43	0.34
	普安县	4	24.31	0.16
	册亨县	2	18.99	0.11
	望谟县	2	23.54	0.08
	合 计	214	301.64	0.71

续表

市(州)	县(市、区)	高价值发明专利量/件	2020 年末人口/万人	高价值发明专利密度/(件/万人)
毕节市	七星关区	80	130.57	0.61
	金沙县	25	54.43	0.46
	大方县	24	85.8	0.28
	黔西市	17	73.23	0.23
	赫章县	8	64.88	0.12
	纳雍县	7	71.7	0.10
	织金县	7	81.6	0.09
	威宁自治县	6	128.07	0.05
	合 计	174	690.28	0.25

4. 贵州省各市（州）专利申请主体分析

（1）贵阳市

2021 年贵阳市发明专利申请量排名前 10 的申请人如图 2－44 所示。这 10 个申请人共申请发明专利 2 472 件，占贵阳市发明专利申请量的 37.04%。排名第一的是贵州电网有限责任公司，共申请发明专利 1 161 件，占全市发明专利申请量的 17.40%；排名第二的是贵州大学，共申请发明专利 613 件，占 9.18%；排名第三的是中国水利水电第九工程局有限公司，共申请发明专利 116 件，占 1.74%。

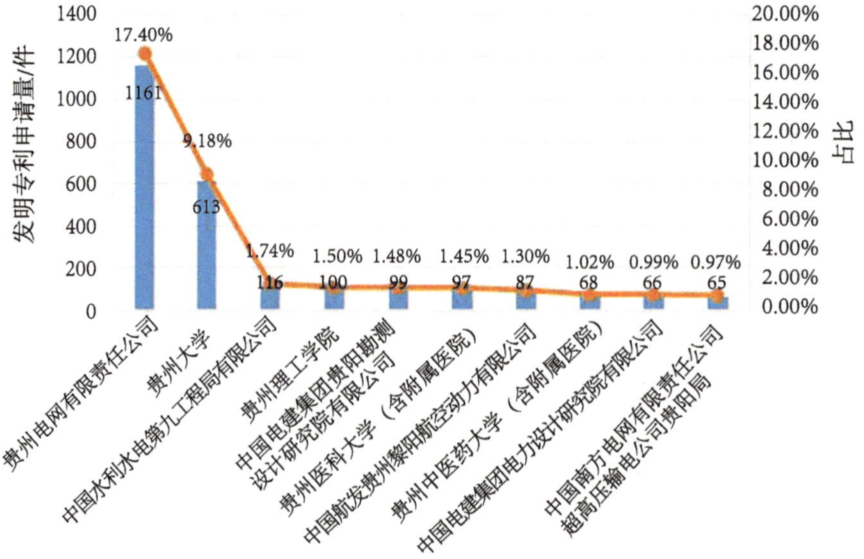

图 2－44　2021 年贵阳市发明专利申请量排名前 10 的申请人

贵阳市有效发明专利拥有量排名前 10 的第一专利权人如图 2－45 所示。

贵阳市有效发明专利第一专利权人有 1 246 个，其中有效发明专利拥有量排名前 10 的专利权人包括 1 家高校、2 家研究机构、7 家企业，共拥有有效发明专利 3 375 件，占全省有效发明专利量的 22.37%，占贵阳市有效发明专利量的 36.06%。排名第一的是贵州大学，拥有有效发明专利 1 050 件，其中高价值发明专利 727 件，占 69.24%；排名第二的是华为云计算技术有限公司，拥有有效发明专利 764 件，其中高价值发明专利 724 件，占 94.76%；排名第三的是贵州电网有限责任公司，拥有有效发明专利 427 件，其中高价值发明专利 358 件，占 83.89%。

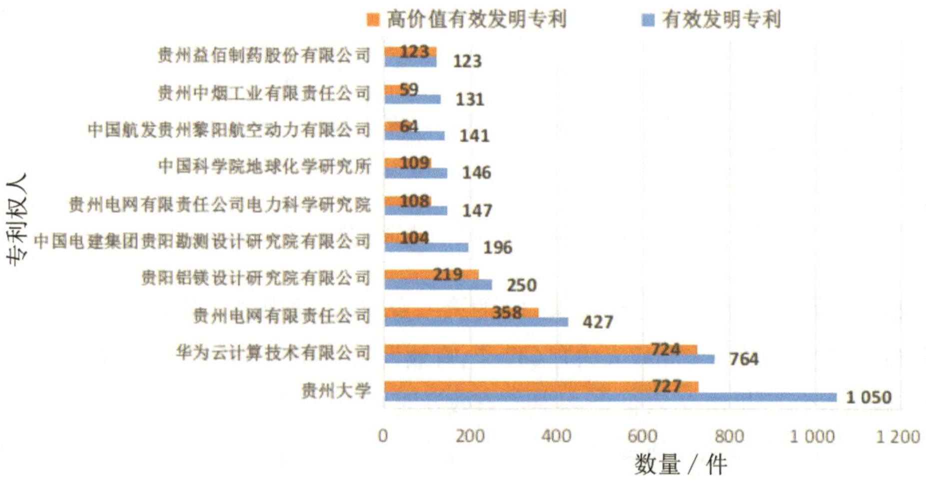

图 2－45　贵阳市有效发明专利拥有量排名前 10 的第一专利权人

（2）遵义市

2021 年遵义市发明专利申请量排名前 10 的申请人如图 2－46 所示。这 10 个申请人共申请发明专利 438 件，占遵义市发明专利申请量的 25.63%。排名第一的是遵义医科大学，共申请发明专利 103 件，占全市发明专利申请量的 6.03%；排名第二的是贵州航天天马机电科技有限公司，共申请发明专利 57 件，占 3.34%；排名第三的是茅台学院，共申请发明专利 50 件，占 2.93%。

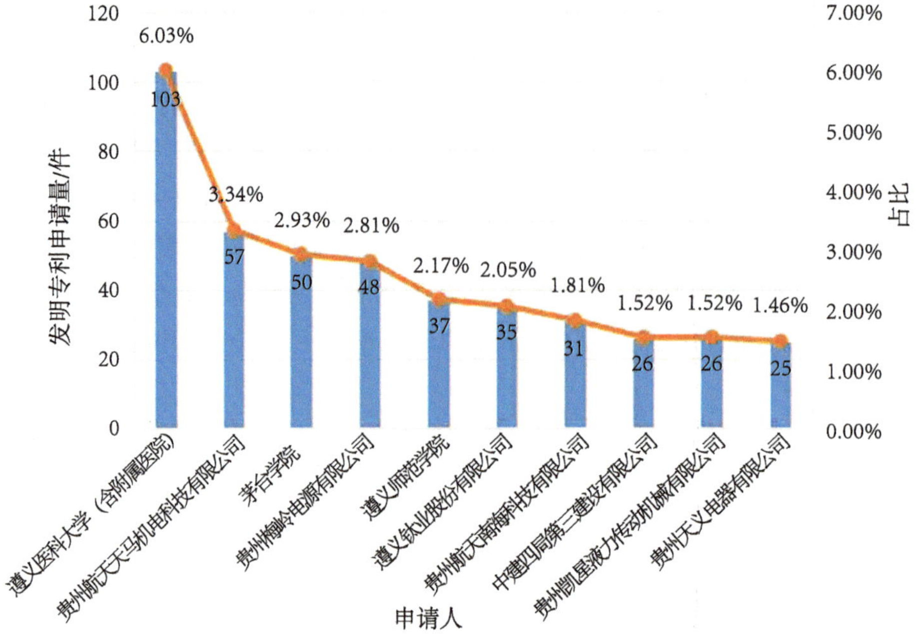

图2－46　2021年遵义市发明专利申请量排名前10的申请人

遵义市有效发明专利拥有量排名前10的第一专利权人如图2－47所示。

遵义市有效发明第一专利权人约有637个，有效发明专利拥有量排名前10的专利权人包括2家高校、1家医疗机构、7家企业，共拥有有效发明专利635件，约占全省有效发明专利量的4.21%，占遵义市有效发明专利量的25.29%。排名第一的是遵义医科大学，拥有有效发明专利159件，其中高价值发明专利138件，占86.79%；排名第二的是贵州航天天马机电科技有限公司，拥有有效发明专利75件，其中高价值发明专利49件，占65.33%；排名第三的是贵州航天精工制造有限公司，拥有有效发明专利67件，其中高价值发明专利48件，占71.64%。

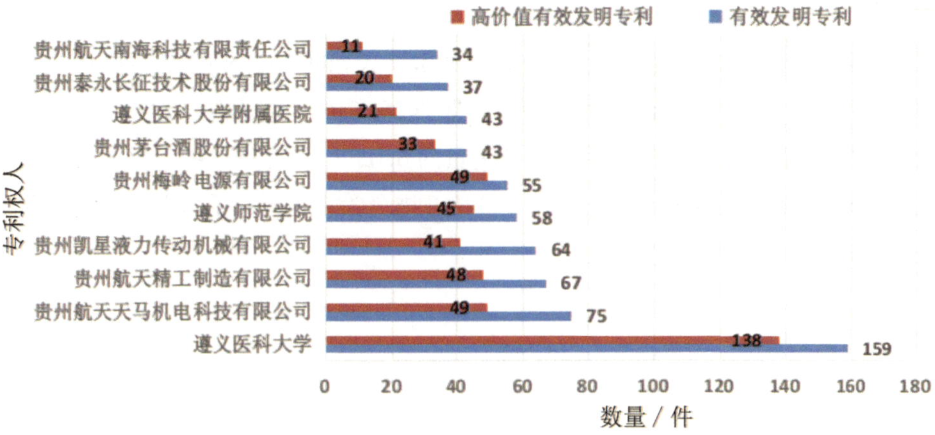

图2－47　遵义市有效发明专利拥有量排名前10的第一专利权人

（3）安顺市

2021 年安顺市发明专利申请量排名前 10 的申请人如图 2－48 所示。这 10 个申请人共申请发明专利 161 件，占安顺市发明专利申请量的 30.90%。排名并列第一的是中航贵州飞机有限责任公司和贵州新安航空机械有限责任公司，分别申请发明专利 27 件，各占全市发明专利申请量的 5.18%；排名第二的是贵州树精英教育科技公司，共申请发明专利 20 件，占 3.84%；排名第三的是贵州安吉航空精密铸造有限责任公司，2021 年共申请发明专利 18 件，占 3.45%。

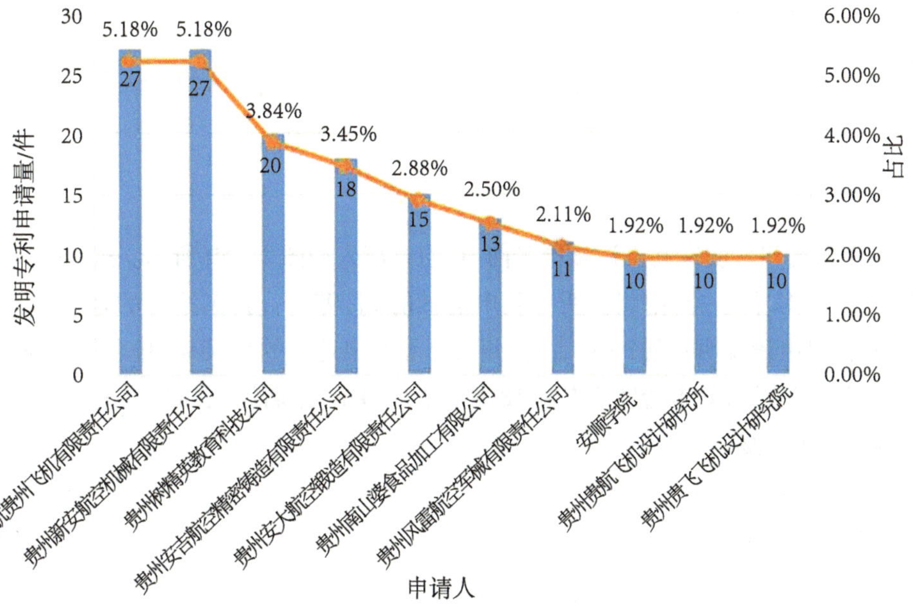

图 2－48　2021 年安顺市发明专利申请量排名前 10 的申请人

安顺市有效发明专利拥有量排名前 10 的第一专利权人如图 2－49 所示。

安顺市有效发明第一专利权人约有 175 个，有效发明专利拥有量排名前 10 的专利权人全是企业主体，共拥有有效发明专利 403 件，占全省有效发明专利量的 2.67%，占安顺市有效发明专利量的 53.59%。排名第一的是贵州安大航空锻造有限责任公司，拥有有效发明专利 86 件，其中高价值发明专利 71 件，占 82.56%；排名第二的是贵州黎阳航空动力有限公司，拥有有效发明专利 80 件，其中高价值发明专利 42 件，占 52.50%；排名第三的是贵州百灵企业集团制药股份有限公司，拥有有效发明专利 62 件，其中高价值发明专利 62 件，占 100%。

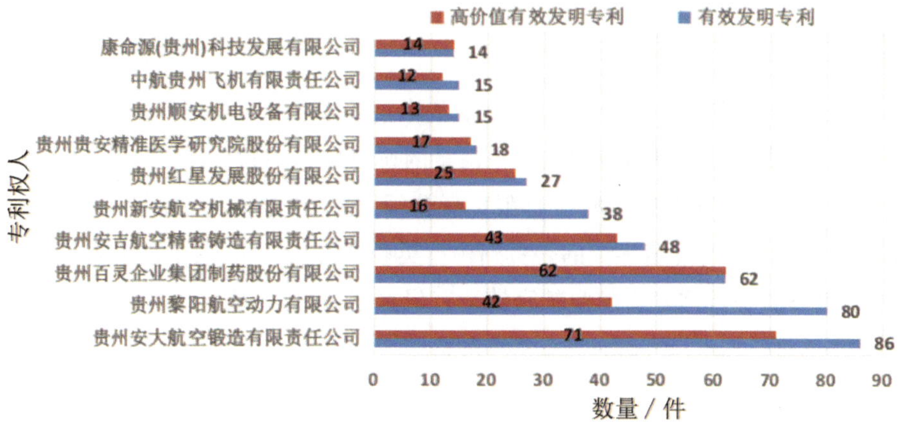

图 2－49　安顺市有效发明专利拥有量排名前 10 的第一专利权人

（4）黔南州

2021 年黔南州发明专利申请量排名前 10 的申请人如图 2－50 所示。这 10 个申请人共申请发明专利 142 件，占黔南州发明专利申请量的 27.90%。排名第一的是瓮福（集团）有限责任公司，共申请发明专利 35 件，占全州发明专利申请量的 6.88%；排名第二的是贵州芭田生态工程有限公司，共申请发明专利 18 件，占 3.54%；排名第三的是岑土秀，共申请发明专利 16 件，占 3.14%。

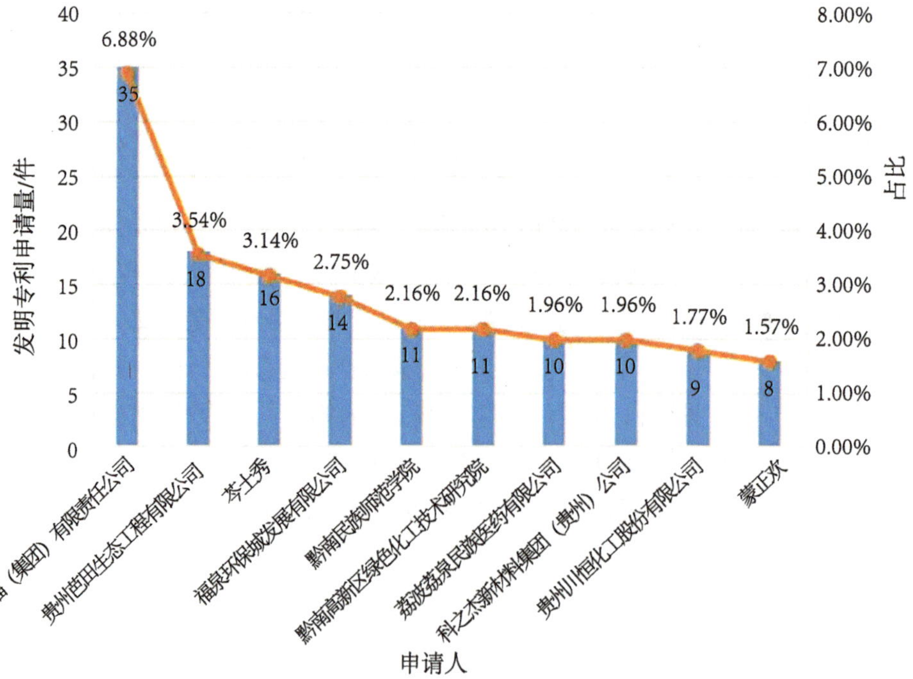

图 2－50　2021 年黔南州发明专利申请量排名前 10 的申请人

黔南州有效发明专利拥有量排名前 10 的第一专利权人如图 2－51 所示。

黔南州有效发明第一专利权人有 199 个，有效发明专利拥有量排名前 10 的专利权人包括 1 家高校及 9 家企业主体，共拥有有效发明专利 374 件，占全省有效发明专利量的 2.48%，占黔南州有效发明专利量的 53.28%。排名第一的是瓮福（集团）有限责任公司，拥有有效发明专利 223 件，其中高价值发明专利 212 件，占 95.07%；排名第二的是贵州川恒化工有限责任公司，拥有有效发明专利 47 件，其中高价值发明专利 43 件，占 91.49%；排名第三的是黔南民族师范学院，拥有有效发明专利 23 件，其中高价值发明专利 18 件，占 78.26%。

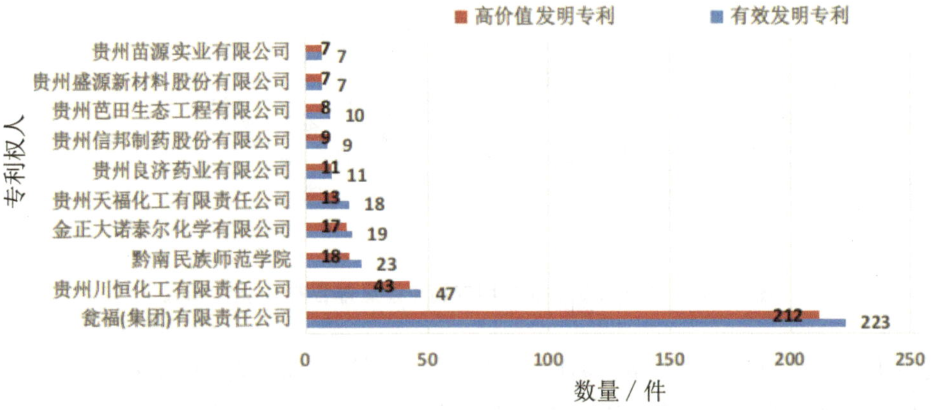

图 2－51　2021 年黔南州有效发明专利拥有量排名前 10 的第一专利权人

（5）铜仁市

2021 年铜仁市发明专利申请量排名前 10 的申请人如图 2－52 所示。这 10 个申请人共申请发明专利 151 件，占黔南州发明专利申请量的 32.68%。排名第一的是铜仁学院，共申请发明专利 69 件，占全市发明专利申请量的 14.94%；排名第二的是铜仁职业技术学院，共申请发明专利 22 件，占 4.76%；排名第三的是贵州中伟资源循环产业发展有限公司，共申请发明专利 12 件，占 2.60%。

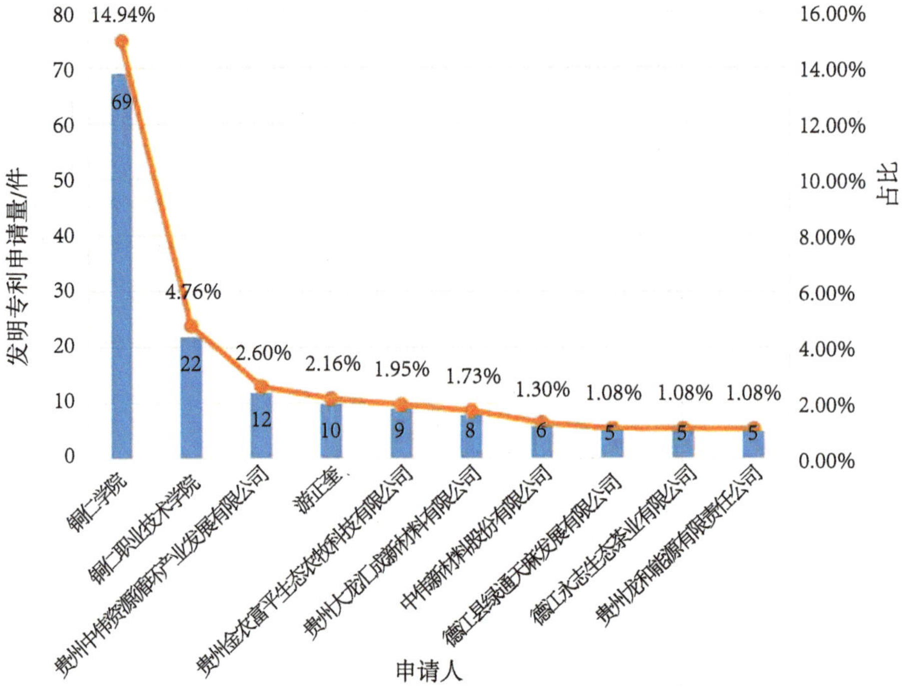

图 2－52　2021 年铜仁市发明专利申请量排名前 10 的申请人

铜仁市有效发明专利拥有量排名前 10 的第一专利权人如图 2－53 所示。

铜仁市有效发明第一专利权人有 175 个。有效发明专利拥有量排名前 10 的专利权人包括 1 家高校及 9 家企业主体，共拥有有效发明专利 216 件，占全省有效发明专利量的 1.43%，占铜仁市有效发明专利量的 38.64%。排名第一的是铜仁学院，拥有有效发明专利 69 件，其中高价值发明专利 52 件，占 75.36%；排名第二的是铜仁市万山区盛和矿业有限责任公司，拥有有效发明专利 22 件，其中高价值发明专利 16 件，占 72.73%；排名第三的是贵州山茶产业综合开发有限公司，拥有有效发明专利 18 件，其中高价值发明专利 15 件，占83.33%。

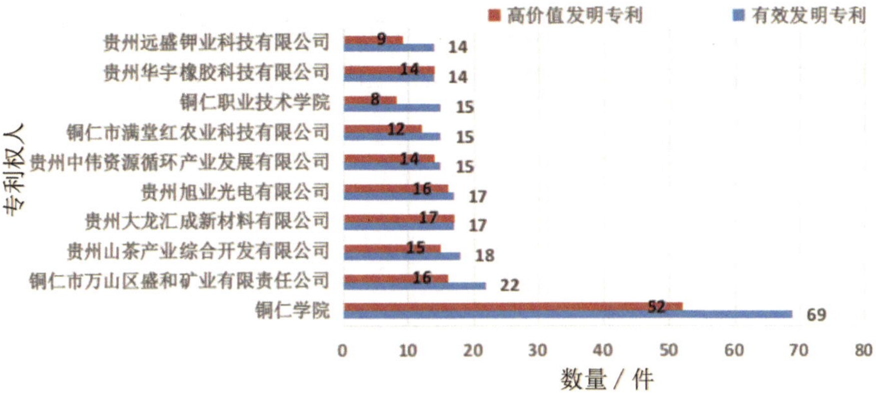

图 2－53　铜仁市有效发明专利拥有量排名前 10 的第一专利权人

（6）黔西南州

2021 年黔西南州发明专利申请量排名前 10 的申请人如图 2－54 所示。这 10 个申请人共申请发明专利 99 件，占黔西南州发明专利申请量的 24.09%。排名第一的是南方电网超高压输电公司天生桥局，共申请发明专利 26 件，占全州发明专利申请量 6.33%；排名第二的是草喜堂（贵州）生物科技有限公司，共申请发明专利 10 件，占 2.43%；排名第三的是南方电网调峰调频发电公司西部检修试验分公司，共申请发明专利 9 件，占 2.19%。

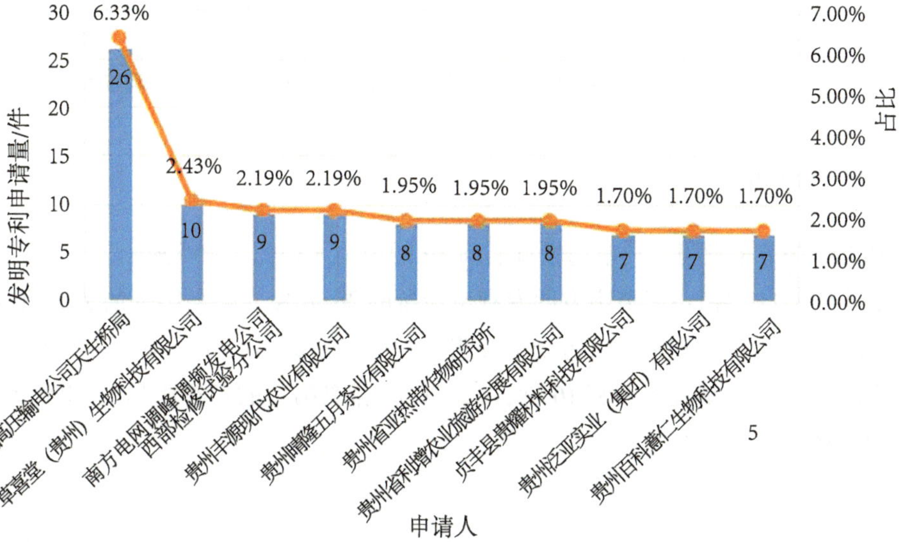

图 2－54　2021 年黔西南州发明专利申请量排名前 10 的申请人

黔西南州有效发明专利拥有量排名前 10 的第一专利权人如图 2－55 所示。

黔西南州有效发明第一专利权人有 114 个，有效发明专利拥有量排名前 10 的专利权人包括 1 家科研院所及 9 家企业主体，共拥有有效发明专利 107 件，占全省有效发明专利量的 0.71%，占黔西南州有效发明专利量的 39.78%。排名第一的是中国南方电网有限责任公司超高压输电公司天生桥局，拥有有效发明专利 23 件，其中高价值发明专利 19 件，占 82.61%；排名第二的是贵州鑫醇科技发展有限公司，拥有有效发明专利 18 件，其中高价值发明专利 18 件，占 100%；排名第三的是贵州宏达环保科技有限公司，拥有有效发明专利 14 件，其中高价值发明专利 13 件，占 92.86%。

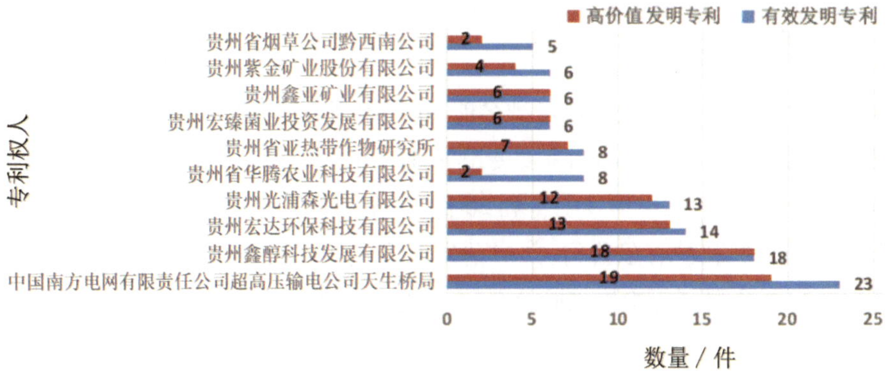

图 2－55　黔西南州有效发明专利拥有量排名前 10 的第一专利权人

（7）毕节市

2021 年毕节市发明专利申请量排名前 10 的申请人如图 2－56 所示。这 10 个申请人共申请发明专利 118 件，占毕节市发明专利申请量的 28.78%。排名第一的是贵州工程应用技术学院，共申请发明专利 45 件，占全市发明专利申请量的 10.98%；排名第二的是毕节市农业科学研究所，共申请发明专利 16 件，占 3.90%；排名第三的是谷成林，共申请发明专利 12 件，占 2.93%。

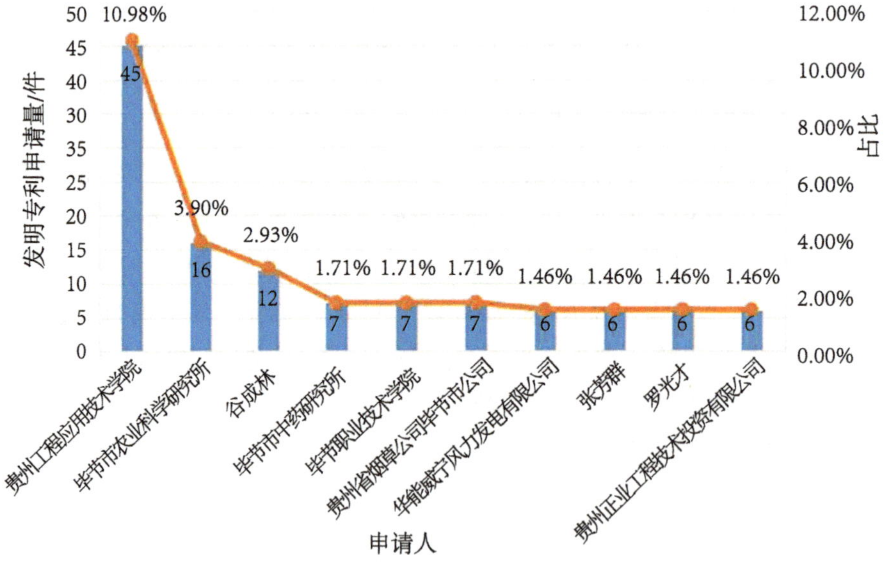

图 2－56　2021 年毕节市发明专利申请量排名前 10 的申请人

毕节市有效发明专利拥有量排名前10的第一专利权人如图2－57所示。

毕节市有效发明第一专利权人有101个，有效发明专利拥有量排名前10的专利权人包括1家高校、2名个人及7家企业主体，共拥有有效发明专利110件，占全省有效发明专利量的0.73%，占毕节市有效发明专利量的46.41%。排名第一的是贵州工程应用技术学院，拥有有效发明专利53件，其中高价值发明专利34件，占64.15%；排名第二的是贵州鸿德中药开发有限公司，拥有有效发明专利16件，其中高价值发明专利16件，占100%；排名第三的是贵州群之英科技铸造有限公司，拥有有效发明专利6件，其中无高价值发明专利。

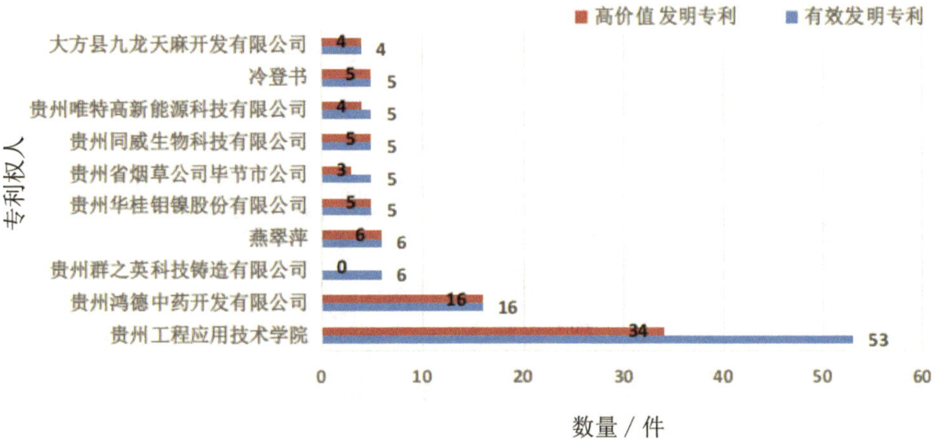

图2－57　毕节市有效发明专利拥有量排名前10的第一专利权人

（8）黔东南州

2021年黔东南州发明专利申请量排名前10的申请人如图2－58所示。这10个申请人共申请发明专利73件，占黔东南州发明专利申请量的28.98%。排名第一的是贵州乔盛生物科技有限公司，共申请发明专利17件，占全州发明专利申请量的4.89%；排名第二的是黔东南农业科学院，共申请发明专利11件，占3.16%；排名第三的是凯里学院，共申请发明专利8件，占2.30%。

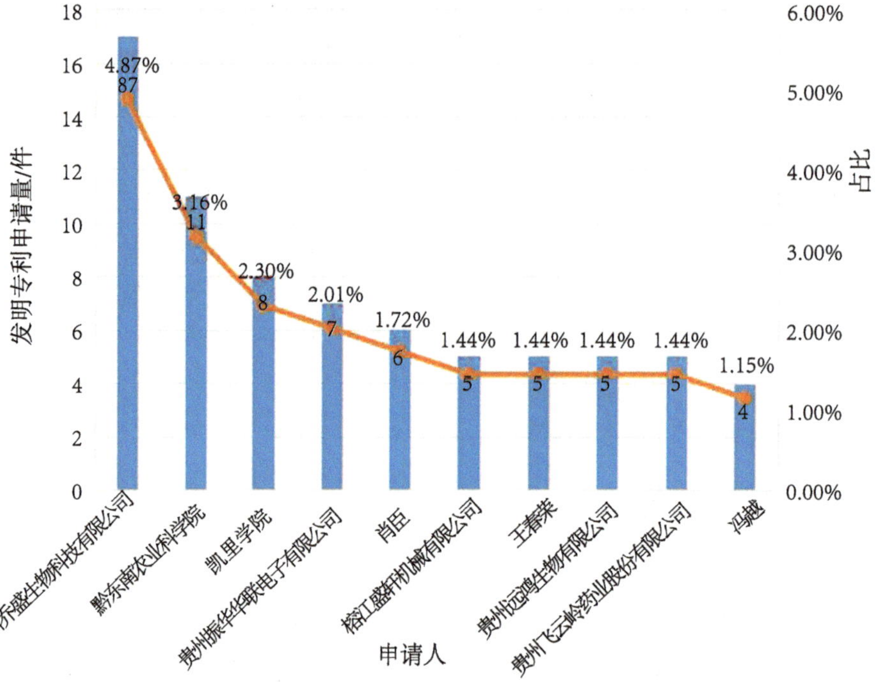

图 2－58　2021 年黔东南州发明专利申量排名前 10 的申请

黔东南州有效发明专利拥有量排名前 10 的第一专利权人如图 2－59 所示。

黔东南州有效发明第一专利权人有 197 个，有效发明专利拥有量排名前 10 的专利权人全是企业主体，共拥有有效发明专利 104 件，占全省有效发明专利量的 0.69%，占黔东南州有效发明专利量的 26.20%。排名第一的是贵州振华华联电子有限公司，拥有有效发明专利 31 件，其中高价值发明专利 8 件，占 25.81%；排名第二的是贵州黄帝车辆净化器有限公司，拥有有效发明专利 25 件，全为高价值发明专利；排名第三的是贵州凯里经济开发区鑫田民族服饰工艺品发展有限公司，拥有有效发明专利 7 件，其中高价值发明专利 2 件，占 28.57%。

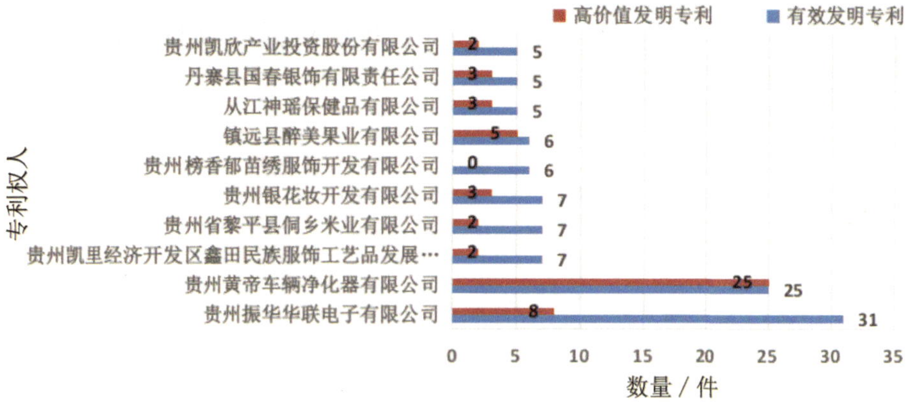

图 2－59　黔东南州有效发明专利拥有量排名前 10 的第一专利权人

（9）六盘水市

2021 年六盘水市发明专利申请量排名前 10 的申请人如图 12－60 所示。这 10 个申请人共申请发明专利 164 件，占六盘水市发明专利申请量的 51.41%。排名第一的是六盘水师范学院，共申请发明专利 36 件，占全市发明专利申请量的 11.29%；排名第二的是首钢水城钢铁（集团），共申请发明专利 28 件，占 8.78%；排名第三的是贵州华亿绿色纺织产业科技公司，共申请发明专利 23 件，占 7.21%。

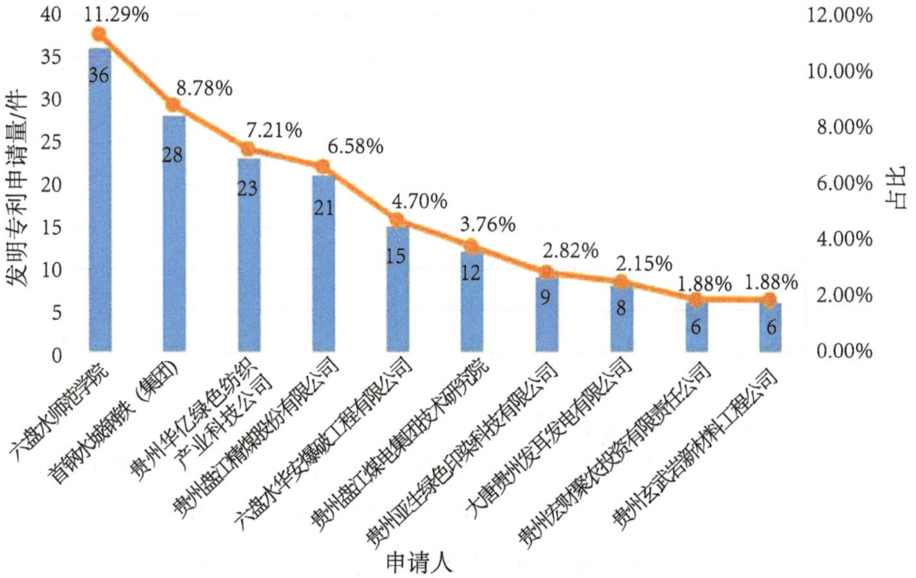

图 2－60　2021 年六盘水市发明专利申请量排名前 10 的申请人

六盘水市有效发明专利拥有量排名前 10 的第一专利权人如图 2－61 所示。

六盘水市有效发明专利权人有 96 个，有效发明专利拥有量排名前 10 的专利权人全是企业主体，共拥有有效发明专利 160 件，占贵州有效发明专利量的 1.06%，占六盘水市有效发明专利量的 53.69%。排名第一的是六盘水师范学院，拥有有效发明专利 31 件，其中高价值发明专利 24 件，占 77.42%；排名第二的是首钢水城钢铁（集团）有限责任公司，拥有有效发明专利 30 件，其中高价值发明专利 26 件，占 86.67%；排名第三的是首钢水城钢铁（集团）赛德建设有限公司，拥有有效发明专利 20 件，其中高价值有效发明专利 18 件，占 90.00%。

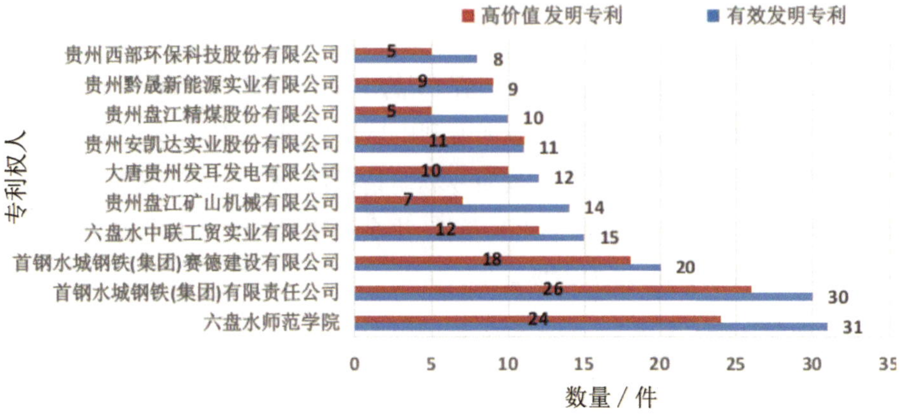

图2-61　六盘水市有效发明专利拥有量排名前10的第一专利权人

九、人才及团队

1. 有效发明专利发明人分析

贵州有效发明专利发明人排名及专利权属情况如图2-62,表2-39所示。贵州有效发明专利排名第一的发明人是张芝庭,其发明的有效发明专利最多,共111件,属于贵州神奇集团、贵州金桥药业有限公司的职务发明;排名第二的发明人是秦舒浩,发明有效发明专利85件,属于贵州省材料产业技术研究院、瓮福(集团)有限责任公司、康命源(贵州)科技发展有限公司、贵州凯科特材料有限公司等企业的职务发明;排名第三的是薛伟,发明有效发明专利85件,属于贵州大学的职务发明。

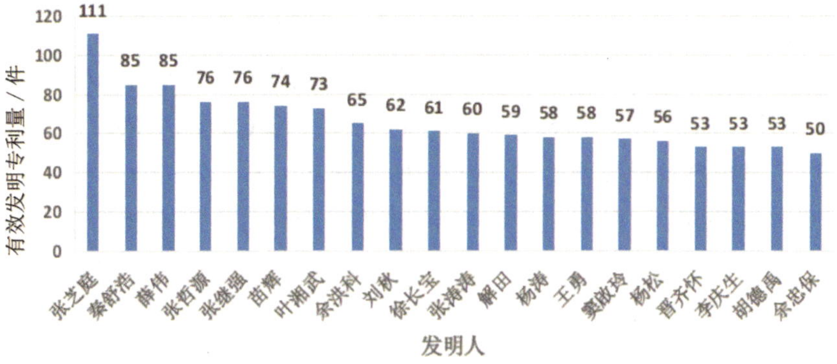

图2-62　贵州有效发明专利发明人排名

表2－39　贵州有效发明专利发明人专利权属情况

发明人	有效发明专利数量/件	专利权属	
		机构	数量/件
张芝庭	111	贵州神奇集团	1
		贵州神奇集团控股有限公司	2
		贵州神奇投资有限公司	4
		贵州神奇药业有限公司	9
		贵州金桥药业有限公司	12
		贵州神奇药业股份有限公司	27
		贵州神奇药物研究院	56
秦舒浩	85	瓮福(集团)有限责任公司	2
		贵州大学	3
		贵州省材料技术创新基地	5
		贵州国塑科技管业有限责任公司	6
		国家复合改性聚合物材料工程技术研究中心	6
		贵州省复合改性聚合物材料工程技术研究中心	8
		江林(贵州)高科发展股份有限公司	8
		贵州凯科特材料有限公司	10
		康命源(贵州)科技发展有限公司	12
		贵州省材料产业技术研究院	30
薛伟	85	贵州大学	85
张哲源	76	贵州光浦森光电有限公司	76
张继强	76	贵州光浦森光电有限公司	76
苗辉	74	贵州白山云科技股份有限公司	74
叶湘武	73	贵州益佰制药股份公司	1
		贵州益佰制药股份有限公司	1
		贵州景诚制药有限公司	1
		贵州景峰注射剂有限公司	10
		贵州益佰制药股份有限公司	60
余洪科	65	云侠科技(苏州)有限公司	1
		遵义仁科信息技术有限公司	5
		习水县西科电脑科技有限公司	5
		仁怀市云侠网络科技有限公司	10
		贵州省仁怀市西科电脑科技有限公司	19
		贵州云侠科技有限公司	25

续表

发明人	有效发明专利数量/件	专利权属	
		机构	数量/件
刘秋	61	遵义仁科信息技术有限公司	5
		习水县西科电脑科技有限公司	5
		仁怀市云侠网络科技有限公司	10
		贵州省仁怀市西科电脑科技有限公司	16
		贵州云侠科技有限公司	25
徐长宝	61	贵州电网有限责任公司贵阳供电局	2
		贵州电网有限责任公司电力科学研究院	25
		贵州电网有限责任公司	34

2. 有效发明专利发明人合作关系分析

按照有效发明专利中合作专利数量的多少，贵州省排名前10的发明人重点合作对象情况如图2-63、表2-40所示。合作专利数量排名并列第一的是秦舒浩、薛伟，秦舒浩的主要合作对象是于杰、何敏、张道海、郭建兵、张凯舟，薛伟的主要合作对象是杨松、胡德禹、宋宝安、金林红、贺鸣；合作专利数量排名并列第三的是张哲源、张继强、张芝庭，前两者主要是互相合作，另有一名合作对象朱晓冬，张芝庭的主要合作对象是张涛涛、荷莉华、郭宗华、雷蕾、杨勇。

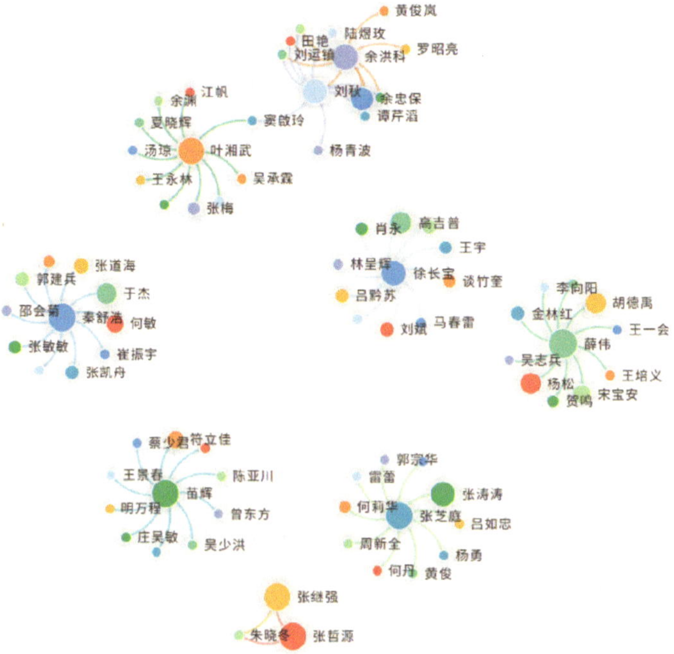

图2-63　贵州有效发明专利发明人合作关系

表2-40　贵州有效发明专利发明人合作者信息

发明人	合作专利数量/件	主要合作者数量/个	主要合作者及合作次数	
			合作者	合作次数/次
秦舒浩	85	5	于杰	41
			何敏	31
			张道海	25
			郭建兵	21
			张凯舟	20
薛伟	85	5	杨松	43
			胡德禹	41
			宋宝安	33
			金林红	20
			贺鸣	16
张哲源	76	2	张继强	76
			朱晓冬	7
张继强	76	2	张哲源	76
			朱晓冬	7
张芝庭	76	5	张涛涛	57
			何莉华	16
			郭宗华	11
			雷蕾	11
			杨勇	5
苗辉	74	5	符立佳	28
			曾东方	8
			王景春	4
			蔡少君	4
			吴少洪	3
叶湘武	70	5	张梅	18
			王泽坤	14
			汤琼	8
			夏晓辉	6
			江帆	5

续表

发明人	合作专利数量/件	主要合作者数量/个	主要合作者及合作次数	
			合作者	合作次数/次
余洪科	65	5	刘秋	61
			余忠保	50
			刘运镇	8
			田艳	7
			罗昭亮	4
刘秋	62	5	余洪科	61
			余忠保	46
			刘运镇	8
			田艳	7
			刘洋铭	1
徐长宝	61	5	高吉普	45
			刘斌	20
			吕黔苏	19
			徐玉韬	19
			王宇	18

3. 行业领军人才

按照有效发明专利中的战略性新兴产业专利数量来看，贵州排名第一的发明人张芝庭发明的专利中有91件属于生物产业；排名第二的秦舒浩发明的专利中有80件属于新材料产业；排名第三的张哲源、张继强发明的专利中有73件属于节能环保产业和新一代信息技术产业（表2-41）。

表2－41　贵州主要发明人的有效发明专利的产业归属情况

产业	有效发明专利数量/件									
	张芝庭	泰舒浩	张哲源	张继强	苗辉	叶湘舞	薛伟	余洪科	刘秋	徐长宝
新能源产业								5	3	35
高端装备制造产业								11	11	2
数字创意产业					39			7	7	1
新一代信息技术产业			73	73	61			36	36	16
新能源汽车产业		3						1	1	
节能环保产业		7	73	73				2	2	
相关服务业	1				1					6
新材料产业	6	80				1	10	8	7	
生物产业	91	5				73	59		1	

第三章

贵州国外专利数据分析

一、近 20 年贵州国外专利数据

1. 专利总量

截至检索日期(2022 年 10 月 27 日),贵州共有国外公开专利 1 035 件。从公开年份来看,贵州国外公开专利量呈逐年上升的趋势(图 3-1)。

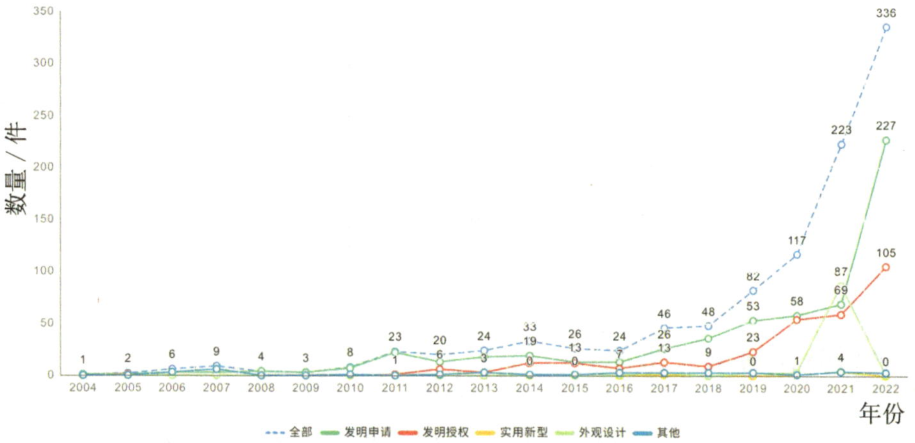

图 3-1　贵州近 20 年国外公开专利量

从专利类型来看,贵州近 20 年的国外公开专利包括发明申请 589 件,占比 56.91%;发明授权 305 件,占比 29.47%;实用新型 6 件,占比 0.58%;外观设计 99 件,占比 9.57%。各年数据详见表 3-1。

表 3-1　贵州近 20 年国外公开专利数据

单位:件

公开年份	发明申请	发明授权	实用新型	外观设计	其他	全部
2004	1	0	0	0	0	1
2005	1	1	0	0	0	2
2006	3	0	0	0	3	6
2007	3	0	0	0	6	9
2008	4	0	0	0	0	4
2009	3	0	0	0	0	3
2010	7	0	0	0	1	8

续表

公开年份	发明申请	发明授权	实用新型	外观设计	其他	全部
2011	22	1	0	0	0	23
2012	13	6	0	0	1	20
2013	18	3	0	0	3	24
2014	19	12	0	1	1	33
2015	13	12	0	0	1	26
2016	13	7	0	1	3	24
2017	26	13	1	3	3	46
2018	36	9	0	0	3	48
2019	53	23	0	3	3	82
2020	58	54	1	3	1	117
2021	69	59	4	87	4	223
2022	227	105	0	1	3	336
合计	589	305	6	99	36	1 035

2. 专利公开国家或组织

贵州近20年申请的国外专利主要布局在美国、英国、世界知识产权组织(WIPO)、欧洲专利局(EPO)等24个国家和组织，见表3－2。其中WTPO专利公开量最多，为433件，占贵州所有国外专利的41.84%；其次是美国专利，为105件，占比10.14%；澳大利亚专利102件，占比9.86%；南非专利100件，占比9.66%；英国专利76件，占比7.34%。

表3－2　贵州国外专利公开国家或组织情况

公开国家/组织	专利数量/件	占比/%
WIPO	433	41.84
美国	105	10.14
澳大利亚	102	9.86
南非	100	9.66
英国	76	7.34
EPO	50	4.83
印度	28	2.71
韩国	25	2.42
欧盟	22	2.13

续表

公开国家/组织	专利数量/件	占比/%
日本	18	1.74
加拿大	16	1.55
德国	12	1.16
新加坡	12	1.16
荷兰	10	0.97
卢森堡	8	0.77
巴西	4	0.39
俄罗斯	3	0.29
越南	3	0.29
欧亚专利局(EAPO)	3	0.29
墨西哥	1	0.10
马来西亚	1	0.10
瑞典	1	0.10
捷克	1	0.10
菲律宾	1	0.10
合计	1 035	100%

3. 专利权人

（1）专利权人排名

贵州国外公开专利的专利权人排名情况如图 3－2 所示。贵州近 20 年累计国外公开专利量超过 12 件的专利权人有 21 个，包含 10 家企业、3 家高校、2 家科研院所及 6 名个人，共有国外公开专利 676 件。排名第一的是华为云计算技术有限公司，有国外公开专利 142 件，占贵州国外公开专利量的 13.72%；排名第二的是贵州白山云科技股份有限公司，有国外公开专利 76 件，占 7.34%；排名第三的是贵州大学，有国外公开专利 69 件，占 6.67%。

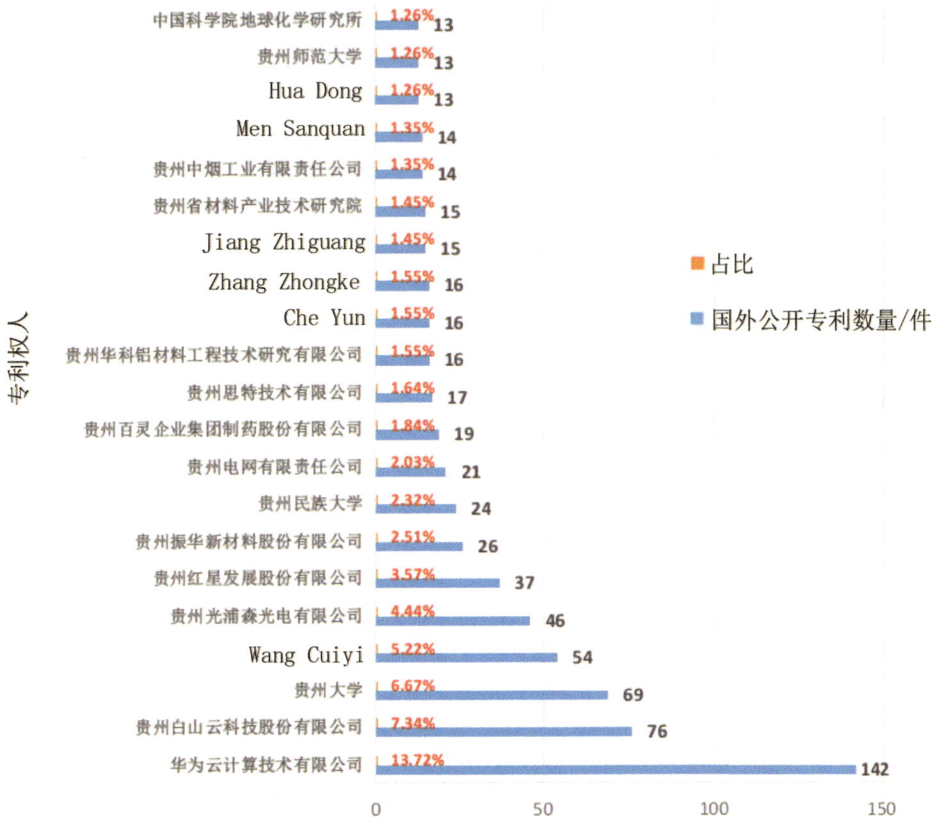

图 3－2　贵州国外公开专利的专利权人(12 件以上)排名

(2)高等院校专利权人排名

贵州国外公开专利高校专利权人排名情况如表 3－3 所示,包含 15 家高等院校,近 20 年累计有国外公开专利 144 件。排名第一的是贵州大学,有国外公开专利 71 件,占贵州国外公开专利量的 6.67%;排名第二的是贵州民族大学,有国外公开专利 24 件,占 2.32%;排名第三的是贵州师范大学,有国外公开专利 13 件,占 1.26%。

表 3－3　贵州国外公开专利高等院校专利权人排名

排名	专利权人	专利数量/件	占比/%
1	贵州大学	71	6.67
2	贵州民族大学	24	2.32
3	贵州师范大学	13	1.26
4	贵州医科大学	8	0.77
5	遵义师范学院	6	0.58

续表

排名	专利权人	专利数量/件	占比/%
6	贵州科学院	4	0.39
7	贵州师范学院	4	0.39
8	贵州工程应用技术学院	3	0.29
9	贵州理工学院	3	0.29
10	茅台学院	2	0.19
11	黔南民族师范学院	2	0.19
12	贵州工业职业技术学院	1	0.10
13	贵州轻工业学院	1	0.10
14	铜仁学院	1	0.10
15	遵义职业技术学院	1	0.10

（3）企业专利权人排名

贵州国外公开专利企业专利权人排名情况如表 3－4 所示。近 20 年累计国外公开专利量超过 4 件的企业有 23 家，共有国外公开专利 507 件。排名第一的是华为云计算技术有限公司，有国外公开专利 142 件，占贵州国外公开专利量的 13.72%；排名第二的是贵州白山云科技股份有限公司，有国外公开专利 74 件，占 7.15%；排名第三的是贵州光浦森光电有限公司，有国外公开专利 46 件，占 4.44%。

表 3－4 贵州国外公开专利企业专利权人排名（4 件以上）

排名	专利权人	专利数量/件	占比/%
1	华为云计算技术有限公司	142	13.72
2	贵州白山云科技股份有限公司	74	7.15
3	贵州光浦森光电有限公司	46	4.44
4	贵州红星发展股份有限公司	37	3.57
5	贵州振华新材料股份有限公司	26	2.51
6	贵州电网有限责任公司	22	2.13
7	贵州百灵企业集团制药股份有限公司	19	1.84
8	贵州思特技术有限公司	17	1.64
9	贵州华科铝材料工程技术研究有限公司	16	1.55
10	贵州中烟工业有限责任公司	14	1.35
11	贵州益佰制药股份有限公司	12	1.16
12	贵阳时代沃顿科技有限公司	10	0.97
13	贵州智慧能源科技有限公司	10	0.97

续表

排名	专利权人	国外公开专利数量/件	占比/%
14	贵州航天林泉电机有限公司	8	0.77
15	中国电力建设集团贵阳勘测设计院有限公司	8	0.77
1	贵州高速路集团	8	0.77
16	贵阳阳光洁能科技有限公司	6	0.58
17	贵州安大航空锻造有限责任公司	6	0.58
18	贵州振华义龙新材料有限公司	6	0.58
19	贵阳高原矿山机械有限公司	5	0.48
20	贵州东方世纪科技股份有限公司	5	0.48
21	贵州黄帝车辆净化器有限公司	5	0.48
22	贵州联盛药业有限公司	5	0.48
23	中铁五局集团有限公司	5	0.48%

（4）科研院所专利权人排名

贵州国外公开专利科研院所专利权人排名情况如表3－5所示，包含16家科研院所，近20年累计有国外公开专利90件。排名第一的是中国科学院天然产物化学重点实验室地球化学研究所，有国外公开专利16件，占贵州国外专利量的1.55%；排名第二的是贵州省材料产业技术研究院，有国外公开专利15件，占1.45%。

表3－5　贵州国外公开专利科研院所专利权人排名

排名	专利权人	专利数量/件	占比/%
1	中国科学院天然产物化学重点实验室地球化学研究所	16	1.55
2	贵州省材料产业技术研究院	15	1.45
3	贵州省草业研究所	13	1.26
4	贵州省生物研究所	9	0.87
5	贵州省园艺研究所	7	0.68
6	贵州省烟草科学研究所	6	0.58
7	贵州省茶叶研究所	5	0.48
8	贵州省新材料研究开发基地	4	0.39
9	贵州省畜牧兽医研究所	4	0.39
10	贵州亚热带作物研究所	3	0.29
11	贵州蚕业研究所（贵州辣椒研究所）	3	0.29
12	贵州省分析测试研究院	1	0.10
13	贵州省农业科学院植物保护研究所	1	0.10

续表

排名	专利权人	专利数量/件	占比/%
14	贵州省山地资源研究所	1	0.10
15	贵州现代农业发展研究所	1	0.10
16	贵州植物保护研究所	1	0.10

（5）机关团体和医疗机构专利权人排名

贵州国外公开专利机关团体和医疗机构专利权人排名情况如表3－6所示，包含13家机构，近20年累计有国外公开专利20件。

表3－6　贵州国外公开专利机关团体和医疗机构专利权人排名

排名	专利权人	专利数量/件	占比/%
1	贵安新区公路管理局	2	0.19
2	贵阳公路局	2	0.19
3	贵州地震局	2	0.19
4	贵州省产品质量监督检验院	2	0.19
5	贵州省植物园	2	0.19
6	铜仁公路局	2	0.19
7	贵阳市妇幼保健院	2	0.19
8	贵安新区公路管理局	1	0.10
9	贵州出入境检验检疫局	1	0.10
10	贵州省农业科技发展中心	1	0.10
11	贵州省农业生态与资源保护站	1	0.10
12	贵州省疾病预防控制中心	1	0.10
13	贵州省人民医院	1	0.10

二、2021年贵州国外专利数据

1. 专利总量

2021年贵州国外公开专利有223件，占贵州历年国外公开专利总量的21.55%。2021

年贵州的国外公开专利中，英国专利最多，达71件，占比达31.84%；其次是WIPO专利，有46件，占比达20.63%。具体数据详见表3－7。

表3－7　2021年贵州申请的国外专利公开国家或组织情况

公开国家/组织	专利数量/件	占比/%
英国	71	31.84
WIPO	46	20.63
澳大利亚	41	18.39
欧盟	20	8.97
美国	16	7.17
德国	7	3.14
南非	5	2.24
新加坡	5	2.24
印度	4	1.79
EPO	4	1.79
加拿大	4	1.79
日本	3	1.35
荷兰	3	1.35
卢森堡	2	0.90
EAPO	1	0.45
合计	223	100.00

从专利的类型来看，2021年贵州的国外公开专利类型有发明申请、发明授权、实用新型、外观设计及部分检索报告，如表3－8所示。其中发明申请69件，占比30.94%；发明授权59件，占比26.46%；实用新型4件，占比1.79%；外观设计87件，占比39.01%。

表3－8　2021年贵州国外公开专利类型

专利类型	专利数量/件	占比/%
发明申请	69	30.94
发明授权	59	26.46
实用新型	4	1.79
外观设计	87	39.01
其他	6	1.79
合计	223	100.00

2. 发明授权专利权人

2021 年贵州国外发明授权专利有 59 件，占 2021 年贵州国外公开专利量的 26.46%。2021 年贵州国外发明授权专利权人排名情况如表 3－9 所示。

2021 年贵州国外发明授权专利权人有 32 个。其中，高校专利权人 7 个，获得国外发明授权专利 25 件，占比 42.37%；企业专利权人 12 个，获得国外发明授权专利 17 件，占比 28.81%；科研院所专利权人 8 个，获得国外发明授权专利 12 件，占比 20.34%。

表 3－9 2021 年贵州国外发明授权专利权人排名

排名	专利权人	专利数量/件	占比/%
1	贵州大学	9	3.88
2	贵州师范大学	6	2.59
3	遵义师范学院	5	2.16
4	贵阳高原机械有限公司	4	1.72
5	贵州草业研究所	3	1.29
6	贵州省材料产业技术研究院	3	1.29
7	贵州百灵集团医药有限公司	2	0.86
8	贵州省金黔果生物科技有限责任公司	2	0.86
9	茅台学院	2	0.86
10	He Hui, Yu Jianping	1	0.43
11	Lan Jie, Ma Chaoyuehao, Shen Yusen, Zhou Jialu	1	0.43
12	Zhang Xiaojun	1	0.43
13	Zhou Qian	1	0.43
14	贵州白山云科技股份有限公司	1	0.43
15	贵州电网有限责任公司	1	0.43
16	贵州工程应用技术学院	1	0.43
17	贵州木仁绿农电商销售有限公司	1	0.43
18	贵州轻工职业技术学院	1	0.43
19	贵州省畜牧兽医研究所	1	0.43
20	贵州省分析测试研究院	1	0.43
21	贵州省疾病预防控制中心	1	0.43
22	贵州省烟草公司毕节市分公司、贵州省烟草科学研究院	1	0.43
23	贵州省园艺研究所	1	0.43
24	贵州省园艺研究所（贵州省园艺工程技术研究中心）	1	0.43

续表

序号	专利权人	专利数量/件	占比/%
25	贵州伊诺其尼科技有限公司	1	0.43
26	贵州医科大学	1	0.43
27	贵州振华新材料股份有限公司	1	0.43
28	贵州中检海澳思酒业有限公司	1	0.43
29	金正大诺泰尔化学有限公司	1	0.43
30	食品安全与营养(贵州)信息科技有限公司	1	0.43
31	越秀联合(贵州)新材料有限公司	1	0.43
32	中国科学院地球化学研究所	1	0.43
合计		59	100.00

3. 产业领域

2021年贵州国外公开专利中属于战略性新兴产业的专利有102件，分布情况如图3－3所示。生物产业、新一代信息技术产业、新材料产业是2021年贵州国际专利布局重点产业。

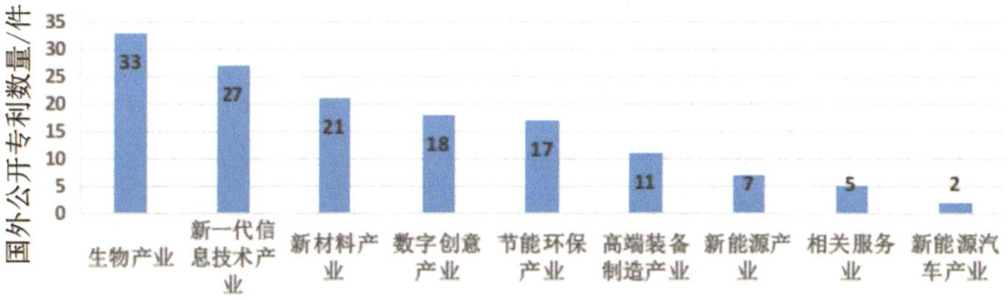

图3－3 2021年贵州国外公开专利产业分布

三、贵州国外有效发明专利数据

1. 专利总量

截至2021年底，贵州共有国外发明授权专利303件，从最新法律状态上来看，其中有效专利275件，失效专利28件。

2. 专利权人

（1）专利权人排名

贵州国外有效发明专利权人排名情况如图 3-4 所示。贵州国外有效发明专利拥有量超过 3 件的专利权人有 20 个，包含 10 家企业、4 家高校、5 家科研院所及 1 家机关团体，共拥有国外有效发明专利 190 件。国外有效发明专利拥有量排名第一的是贵州大学，有 46 件，占全省国外有效发明专利量的 16.73%；排名第二的是贵州民族大学，有 17 件，占 6.18%；排名第三的是贵州光浦森光电有限公司，有 14 件，占 5.09%。

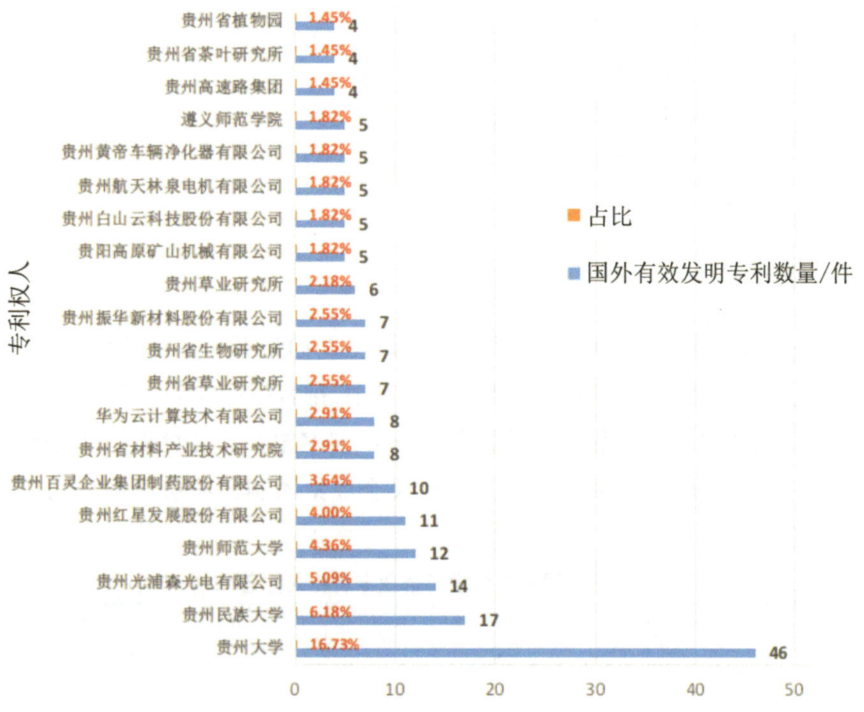

图 3-4　贵州国外有效发明专利权人排名(3 件以上)

（2）高等院校专利权人排名

贵州国外有效发明高校专利权人排名情况如表 3-10 所示。贵州有 13 家高等院校拥有国外有效发明专利，合计 96 件。国外有效发明专利拥有量排名第一的是贵州大学，有 46 件，占全省国外有效发明专利量的 16.73%；排名第二的是贵州民族大学，有 17 件，占 6.18%；排名第三的贵州师范大学，有 12 件，占 4.36%。

表3－10　贵州国外有效发明高等院校专利权人排名

排名	专利权人	专利数量/件	占比/%
1	贵州大学	46	16.73
2	贵州民族大学	17	6.18
3	贵州师范大学	12	4.36
4	遵义师范学院	5	1.82
5	贵州工程应用技术学院	3	1.09
6	贵州医科大学	3	1.09
7	贵州师范学院	2	0.73
8	茅台学院	2	0.73
9	贵州理工学院	2	0.73
10	贵州工业职业技术学院	1	0.36
11	贵州民族大学	1	0.36
12	贵州医科大学	1	0.36
13	贵州轻工职业学院	1	0.36%

（3）企业专利权人排名

贵州国外有效发明企业专利权人排名情况如表3－11所示。贵州有22家企业拥有2件或2件以上国外有效发明专利，合计101件。其中，排名第一的是贵州光浦森光电有限公司，有14件，占全省国外有效发明专利量的5.09%；排名第二的是贵州红星发展股份有限公司，有11件，占4.00%；排名第三的是贵州百灵企业集团制药股份有限公司，有10件，占3.64%。

表3－11　贵州国外有效发明企业专利权人排名(2件以上)

排名	专利权人	专利数量/件	占比/%
1	贵州光浦森光电有限公司	14	5.09
2	贵州红星发展股份有限公司	11	4.00
3	贵州百灵企业集团制药股份有限公司	10	3.64
4	华为云计算技术有限公司	8	2.91
5	贵州振华新材料股份有限公司	7	2.55
6	贵阳高原矿山机械有限公司	5	1.82
7	贵州白山云科技股份有限公司	5	1.82

续表

排名	专利权人	专利数量/件	占比/%
8	贵州航天林泉电机有限公司	5	1.82
9	贵州黄帝车辆净化器有限公司	5	1.82
10	贵州高速公路集团	4	1.45
11	贵州联盛药业有限公司	3	1.09
12	贵州益佰制药股份有限公司	3	1.09
13	贵州振华新材料股份有限公司	3	1.09
14	贵阳阳光洁能科技有限公司	2	0.73
15	贵州贝斯生物科技有限公司	2	0.73
16	贵州盘江煤电集团有限公司	2	0.73
17	贵州卓成规划设计有限公司	2	0.73
18	贵州华科铝材料工程技术研究有限公司	2	0.73
19	贵州黔金生物科技有限公司	2	0.73
20	贵州伊诺其尼科技有限公司	2	0.73
21	贵州易鲸捷信息技术有限公司	2	0.73
22	贵州铝厂	2	0.73

（4）科研院所专利权人排名

贵州国外有效发明科研院所专利权人排名情况如表 3－12 所示。贵州有 19 家科研院所拥有国外有效发明专利，共 69 件。国外有效发明专利拥有量排名第一的是贵州省草业研究所，有 15 件，占全省国外有效发明专利量的 5.45%；排名第二的是贵州省材料产业技术研究院，有 8 件，占 2.91%；排名第三的是贵州省生物研究所，有 7 件，占 2.55%。

表 3－12　贵州国外有效发明科研院所专利权人排名

排名	专利权人	专利数量/件	占比/%
1	贵州省草业研究所	15	5.45
2	贵州省材料产业技术研究院	8	2.91
3	贵州省生物研究所	7	2.55
4	贵州省茶叶研究所	5	1.82
5	中国科学院天然产物化学重点实验室地球化学研究所	5	1.82
6	贵州省园艺研究所	4	1.45
7	贵州畜牧兽医研究所	3	1.09
8	贵州亚热带作物研究所	3	1.09

续表

排名	专利权人	专利数量/件	占比/%
9	贵州省烟草科学研究所	3	1.09
10	贵州蚕业研究所(贵州辣椒研究所)	3	1.09
11	贵州省新材料研究开发基地	2	0.73
12	中国科学院地球化学研究所	2	0.73
13	贵州科学院	2	0.73
14	贵州省油料研究所	2	0.73
15	贵州省分析测试研究院	1	0.36
16	贵州省农业科学院植物保护研究所	1	0.36
17	贵州省山地资源研究所	1	0.36
18	贵州现代农业发展研究所	1	0.36
19	贵州植物保护研究所	1	0.36

(5)机关团体和医疗机构专利权人排名

贵州国外有效发明机关团体和医疗机构专利权人排名情况如表3－13所示。贵州有11家机关团体和医疗机构拥有国外有效发明专利,共22件。

表3－13　贵州国外有效发明机关团体和医疗机构专利权人排名

排名	专利权人	专利数量/件	占比/%
1	贵州省植物园	7	2.55
2	贵州地震局	2	0.73
3	贵安新区公路管理局	3	1.09
4	铜仁公路局	2	0.73
5	贵阳公路局	2	0.73
6	贵州省产品质量监督检验所	1	0.36
7	贵州省疾病预防控制中心	1	0.36
8	贵阳市妇幼保健院	1	0.36
9	贵州出入境检验检疫局	1	0.36
10	贵州省农业科技发展中心	1	0.36
11	贵州省农业生态与资源保护站	1	0.36

3. 产业领域

贵州国外有效发明专利中，属于战略性新兴产业的专利有156件，分布情况如图3－5所示。生物产业、新一代信息技术产业、新材料产业是贵州国外专利布局重点产业。

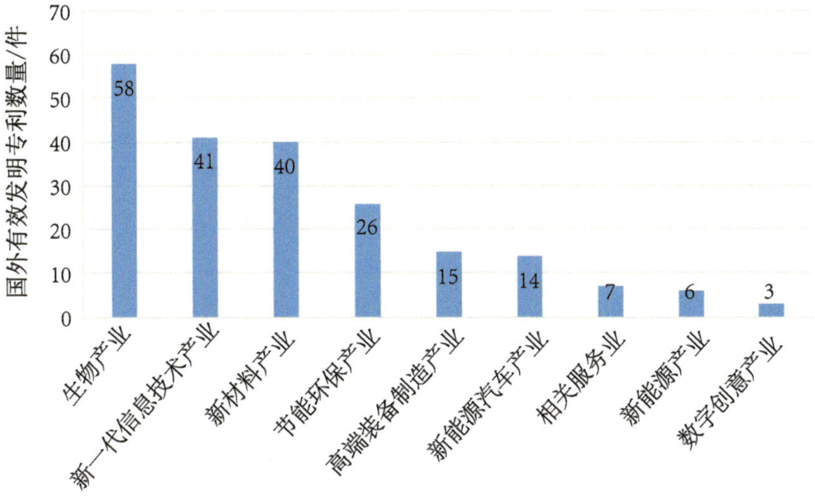

图3－5　贵州国外有效发明专利在战略性新兴产业中的分布

第四章

贵州部分战略性新兴产业专利分析

以国家知识产权局办公室印发的《战略性新兴产业分类与国际专利分类参照关系表(2021)(试行)》为标准,对2021年国内外公开的贵州发明申请专利、发明授权专利以及截至检索日期的贵州有效发明专利数据进行战略性新兴产业标引,筛选出贵州新能源汽车产业、新一代信息技术产业、高端装备制造产业的专利数据。

一、新能源汽车产业

(一)国内专利数据分析

1. 专利总量分析

2021年公开的贵州新能源汽车产业国内专利有1 144件,其中发明申请专利411件,全国排名第23位;发明授权专利93件,全国排名第23位;有效发明专利542件,全国排名第24位。如表4-1所示。

表4-1　2021年贵州新能源汽车产业国内专利数据总览

数据来源	专利类型	专利数量/件	在全国排名
国内数据	发明申请	411	23
	发明授权	93	23
	有效发明	542	24

(1)发明申请专利

贵州新能源汽车产业国内发明申请专利截至2021年底累计公开量为2 842件,位居全国第23位,与山西、云南属于同一梯队;2021年公开量为411件,在全国排名第23位,与云南、山西等属于同一梯队。见图4-1。

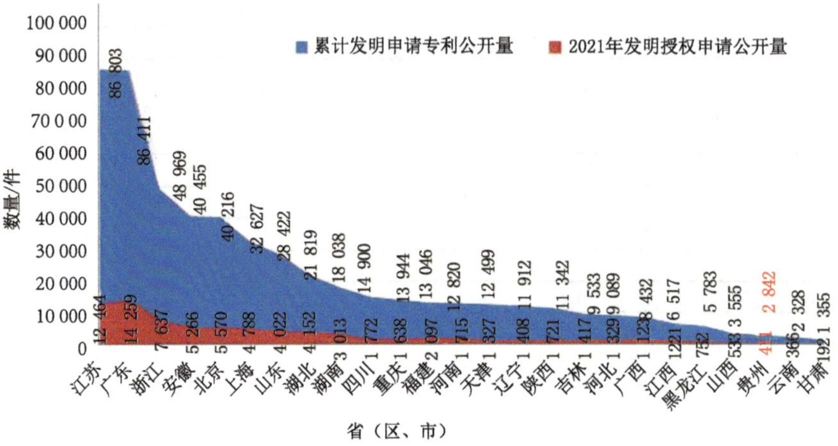

图 4-1　部分省（区、市）新能源汽车产业国内发明申请专利数据

（2）发明授权专利

贵州新能源汽车产业国内发明授权专利截至 2021 年底累计公开量为 673 件，位居全国第 23 位，与云南属于同一梯队，数量约为山西的 1/2；2021 年公开量为 93 件，在全国排名第 23 位，与云南、内蒙古属于同一梯队，数量约为广西的 1/2。见图 4-2。

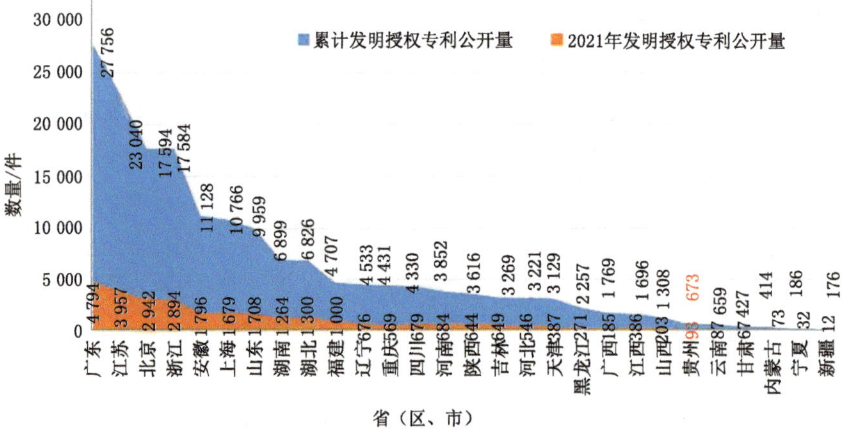

图 4-2　部分省（区、市）新能源汽车产业国内发明授权专利数据

（3）有效发明专利

截至检索日期，贵州新能源汽车产业国内有效发明专利有 542 件，在全国排名第 23 位。见图 4-3。

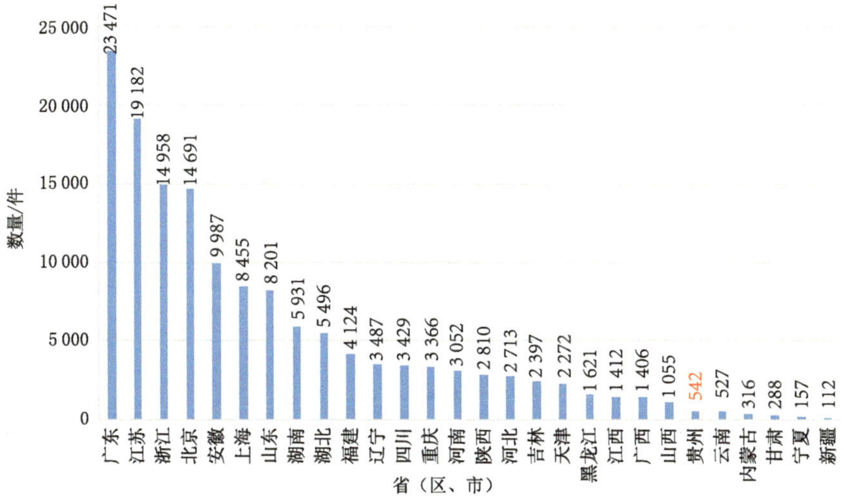

图 4－3　部分省(区、市)新能源汽车产业国内有效发明专利数据

2. 全国主要申请主体分析

表 4－2、表 4－3 统计了 2021 年新能源汽车产业国内发明专利申请人、授权主体排名情况。其中表现卓越的主要是全球的大型汽车企业，日本、德国、美国企业在新能源汽车领域的中国专利布局优势明显。

表 4－2　2021 年新能源汽车产业国内发明专利申请人排名(前 30 位)

排名	申请人	专利数量/件
1	丰田自动车株式会社	1 016
2	本田技研工业株式会社	749
3	比亚迪股份有限公司	729
4	现代自动车株式会社	536
5	起亚自动车株式会社	531
6	罗伯特博世有限公司	517
7	东风汽车集团股份有限公司	493
8	中国第一汽车股份有限公司	469
9	珠海格力电器股份有限公司	441
10	浙江吉利控股集团有限公司	428
11	福特全球技术公司	426
12	广州汽车集团股份有限公司	399
13	国家电网有限公司	377
14	珠海冠宇电池股份有限公司	372
15	宁德新能源科技有限公司	360

续表

排名	申请人	专利数量/件
16	潍柴动力股份有限公司	359
17	蜂巢能源科技有限公司	333
18	华为技术有限公司	309
19	北京理工大学	306
20	安徽江淮汽车集团股份有限公司	299
21	北京新能源汽车股份有限公司	296
22	吉林大学	284
23	中南大学	260
24	株式会社 LG 新能源	250
25	清华大学	250
26	东风汽车集团有限公司	249
27	合肥国轩高科动力能源有限公司	246
28	广西玉柴机器股份有限公司	231
29	中国科学院大连化学物理研究所	227
30	松下知识产权经营株式会社	226

表4－3　2021年新能源汽车产业国内发明授权主体排名（前30位）

排名	授权主体	专利数量/件
1	丰田自动车株式会社	716
2	比亚迪股份有限公司	499
3	现代自动车株式会社	401
4	本田技研工业株式会社	367
5	罗伯特 博世有限公司	312
6	株式会社 LG 新能源	305
7	宁德时代新能源科技股份有限公司	293
8	浙江吉利控股集团有限公司	268
9	福特全球技术公司	264
10	中国第一汽车股份有限公司	260
11	潍柴动力股份有限公司	238
12	清华大学	237
13	通用汽车环球科技运作有限责任公司	234
14	中南大学	232
15	中国科学院大连化学物理研究所	229
16	东风汽车集团有限公司	226
17	江苏大学	211
18	北京理工大学	196

续表

排名	授权主体	专利数量/件
19	吉林大学	192
20	安徽江淮汽车集团股份有限公司	171
21	长城汽车股份有限公司	159
22	上海汽车集团股份有限公司	151
23	武汉理工大学	143
24	珠海格力电器股份有限公司	142
25	电装株式会社	140
26	西安交通大学	138
27	南京航空航天大学	134
28	宁德新能源科技有限公司	129
29	福特环球技术公司	121
30	起亚自动车株式会社	121

3. 贵州主要申请主体分析

（1）发明申请专利

2021 年，贵州申请新能源汽车产业发明专利 5 件以上的申请人有 14 个，共申请新能源汽车产业发明专利 153 件，占全省新能源汽车产业发明专利申请量的 37.23%，如图 4－4 所示。

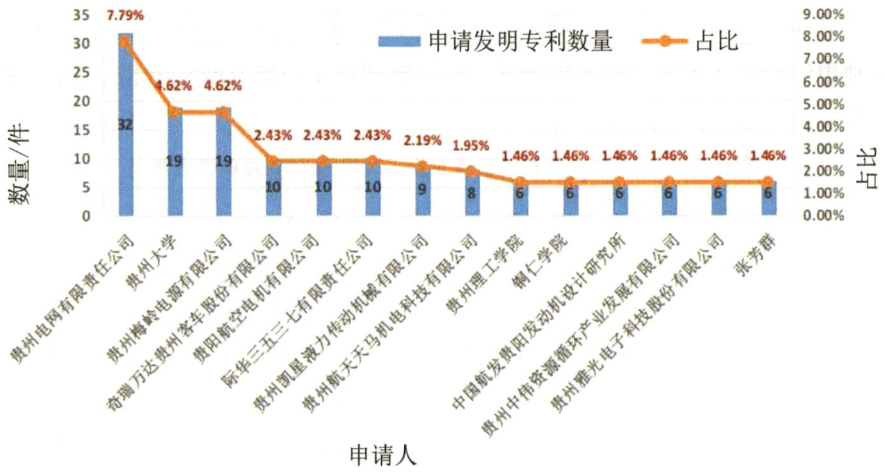

图 4－4　2021 年贵州新能源汽车产业发明专利申请人排名（5 件以上）

2021 年贵州新能源汽车产业发明专利申请人有企业、高校、科研院所、机关团体、个人等五种类型,合计207个申请人。其中企业最多,有122家;个人次之,有62名。

2021年贵州新能源汽车产业发明专利企业申请人排名情况如表4-4所示。企业申请人中,排名第一的是贵州电网有限责任公司,共申请新能源汽车产业发明专利32件,占全省新能源汽车产业发明专利申请量的7.79%;排名第二的是贵州梅岭电源有限公司,共申请新能源汽车产业发明专利19件,占4.62%;排名并列第三的是奇瑞万达贵州客车股份有限公司、贵阳航空电机有限公司、际华三五三七有限责任公司,各申请新能源汽车产业发明专利10件,各占2.43%。

表4-4 2021年贵州新能源汽车产业发明专利企业申请人排名(前10位)

排名	申请人	申请专利数量/件	占比/%
1	贵州电网有限责任公司	32	7.79
2	贵州梅岭电源有限公司	19	4.62
3	奇瑞万达贵州客车股份有限公司	10	2.43
4	贵阳航空电机有限公司	10	2.43
5	际华三五三七有限责任公司	10	2.43
6	贵州凯星液力传动机械有限公司	9	2.19
7	贵州航天天马机电科技有限公司	8	1.95
8	贵州中伟资源循环产业发展有限公司	6	1.46
9	贵州雅光电子科技股份有限公司	6	1.46
10	贵州轮胎股份有限公司	5	1.22

2021年贵州新能源汽车产业发明专利高校申请人排名情况如表4-5所示。高校申请人中,排名第一的是贵州大学,共申请新能源汽车产业发明专利19件,占全省新能源汽车产业发明专利申请量的4.62%;排名并列第二的是贵州理工学院和铜仁学院,各申请新能源汽车产业发明专利6件,各占1.46%。

表4-5 2021年贵州新能源汽车产业发明专利高校申请人排名

排名	申请人	申请专利数量/件	占比/%
1	贵州大学	19	4.62
2	贵州理工学院	6	1.46
3	铜仁学院	6	1.46
4	茅台学院	4	0.97
5	贵州轻工职业技术学院	4	0.97
6	贵州民族大学	3	0.73

续表

排名	申请人	申请专利数量/件	占比/%
7	西安交通大学	2	0.49
8	六盘水师范学院	1	0.24
9	贵州交通职业技术学院	1	0.24
10	贵州工程应用技术学院	1	0.24
11	贵州师范大学	1	0.24
12	贵阳职业技术学院	1	0.24
13	贵州航天工业学校	1	0.24

2021 年贵州新能源汽车产业发明专利科研院所申请人排名情况如表 4－6 所示。科研院所申请人中，排名第一的是中国航发贵阳发动机设计研究所，共申请新能源汽车产业发明专利 6 件，占全省新能源汽车产业发明专利申请量的 1.46%；排名第二的是贵州省材料产业技术研究院，共申请新能源汽车产业发明专利 3 件，占 0.73%；排名并列第三的是贵州中联氢能能源设计研究院和贵阳铝镁设计研究院有限公司，各申请新能源汽车产业发明专利 2 件，各占 0.49%。

表 4－6　2021 年贵州新能源汽车产业发明专利科研院所申请人排名

排名	申请人	申请专利数量/件	占比/%
1	中国航发贵阳发动机设计研究所	6	1.46
2	贵州省材料产业技术研究院	3	0.73
3	贵州中联氢能能源设计研究院	2	0.49
4	贵阳铝镁设计研究院有限公司	2	0.49
5	贵州省冶金化工研究所	1	0.24
6	贵州省水稻研究所	1	0.24
7	贵州省生物研究所	1	0.24
8	贵州航天计量测试技术研究所	1	0.24
9	中国电建集团贵州电力设计研究院有限公司	1	0.24
10	贵州省交通规划勘察设计研究院股份有限公司	1	0.24

（2）发明授权专利

2021 年贵州获得新能源汽车产业发明授权专利 1 件以上的主体有 12 个，如图 4－5 所示。这 12 个主体 2021 年共获得新能源汽车产业发明授权专利 49 件，占全省新能源汽车产业发明授权专利量的 52.69%。

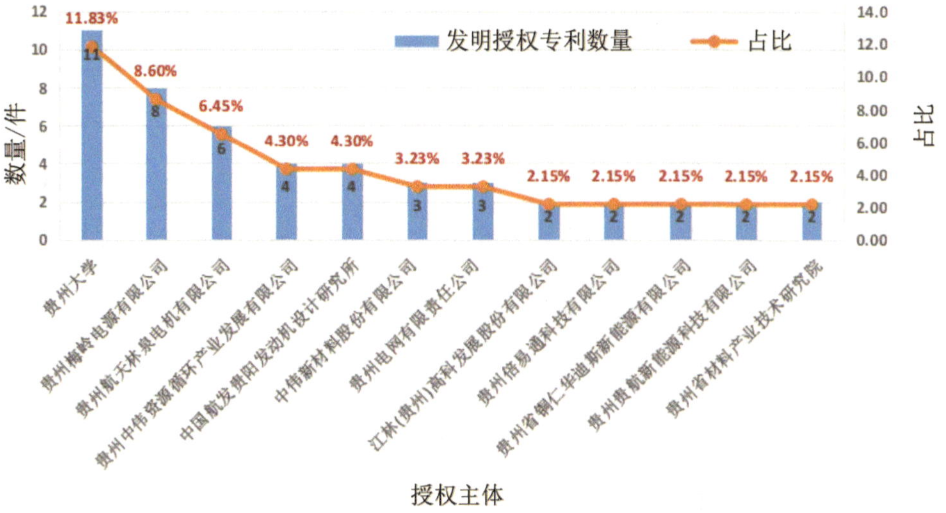

图 4 -5　2021 年贵州新能源汽车产业发明授权主体排名(1 件以上)

2021 年贵州新能源汽车产业发明授权主体有企业、高校、科研院所、机关团体、个人等五种类型,合计 66 个,其中企业最多,有 51 家;高校次之,有 6 家。

2021 年贵州新能源汽车产业发明授权专利企业授权主体排名情况如表 4 -7 所示。企业授权主体中,排名第一的是贵州梅岭电源有限公司,有新能源汽车产业发明授权专利 8 件,占全省新能源汽车产业发明授权专利量的 8.60%;排名第二的是贵州航天林泉电机有限公司,有新能源汽车产业发明授权专利 6 件,占 6.45%;排名第三的是贵州中伟资源循环产业发展有限公司,有新能源汽车产业发明授权专利 4 件,占 4.30%。

表 4 -7　2021 年贵州新能源汽车产业发明授权专利企业授权主体排名(前 10 位)

排名	授权主体	专利数量/件	占比/%
1	贵州梅岭电源有限公司	8	8.60
2	贵州航天林泉电机有限公司	6	6.45
3	贵州中伟资源循环产业发展有限公司	4	4.30
4	中伟新材料股份有限公司	3	3.23
5	贵州电网有限责任公司	3	3.23
6	江林(贵州)高科发展股份有限公司	2	2.15
7	贵州倍易通科技有限公司	2	2.15
8	贵州省铜仁华迪斯新能源有限公司	2	2.15
9	贵州贵航新能源科技有限公司	2	2.15
10	中国南方电网有限责任公司超高压输电公司天生桥局	1	1.08

2021 年贵州新能源汽车产业发明授权专利高校授权主体排名情况如表 4－8 所示。高校授权主体中，排名第一的是贵州大学，有新能源汽车发明授权专利 11 件，占全省新能源洗车产业发明授权专利量的 11.83%；其他 5 家高校主体分别有新能源汽车产业发明授权专利 1 件，各占 1.08%。

表 4－8　2021 年贵州新能源汽车产业发明授权专利高校授权主体排名

排名	授权主体	专利数量	占比
1	贵州大学	11	11.83%
2	贵州师范大学	1	1.08%
3	贵州民族大学	1	1.08%
4	贵州理工学院	1	1.08%
5	铜仁学院	1	1.08%
6	铜仁职业技术学院	1	1.08%

2021 年贵州新能源汽车产业发明授权专利科研院所授权主体排名情况如表 4－9 所示。科研院所授权主体中，排名第一的是中国航发贵阳发动机设计研究所，有新能源汽车产业发明授权专利 4 件，占全省新能源汽车产业发明授权专利量的 4.30%；排名第二的是贵州省材料产业技术研究院，有新能源汽车产业发明授权专利 2 件，占 2.15%；排名并列第三的是中国科学院地球化学研究所和贵州航天计量测试技术研究所，各有新能源汽车产业发明授权专利 1 件，各占 1.08%。

表 4－9　2021 年贵州新能源汽车产业发明授权专利科研院所授权主体排名

排名	授权主体	专利数量	占比/%
1	中国航发贵阳发动机设计研究所	4	4.30
2	贵州省材料产业技术研究院	2	2.15
3	中国科学院地球化学研究所	1	1.08
4	贵州航天计量测试技术研究所	1	1.08

（3）有效发明专利

截至 2021 年底，贵州拥有新能源汽车产业有效发明专利 6 件以上的专利权人有 13 个，如图 4－6 所示。这 13 个专利权人共拥有贵州新能源汽车产业有效发明专利 207 件，占全省新能源汽车产业有效发明专利量的 38.19%。

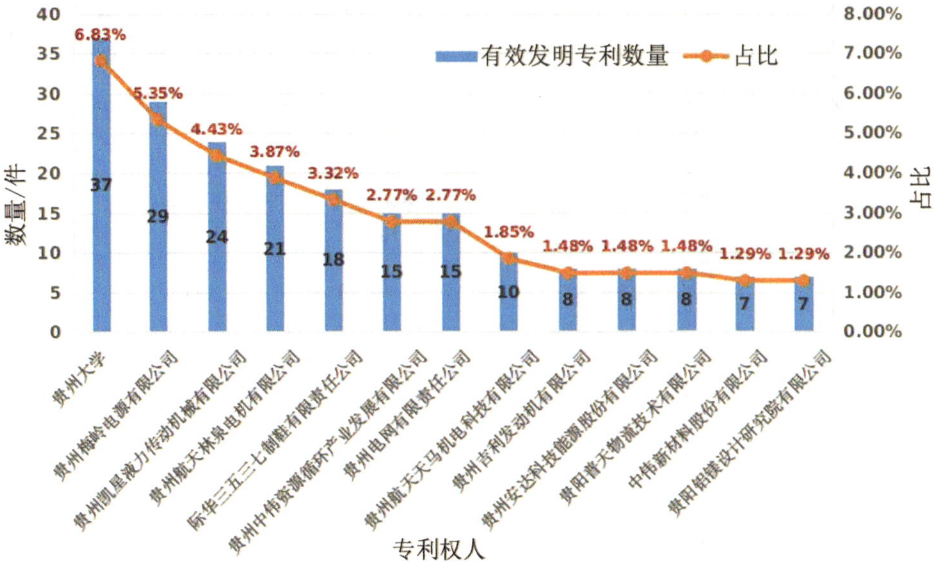

图4-6　贵州新能源汽车产业有效发明专利权人排名(6件以上)

贵州新能源汽车产业有效发明专利权人有企业、高校、科研院所、机关团体、个人等五种类型,合计232个。其中企业最多,有190家,共拥有该领域有效发明专利379件,占全省新能源汽车产业有效发明专利量的69.93%;高校次之,有12家。

贵州新能源汽车产业有效发明企业专利权人排名情况如表4-10所示。企业专利权人中,排名第一的是贵州梅岭电源有限公司,共拥有新能源汽车产业有效发明专利29件,占全省新能源汽车产业有效发明专利量的5.35%;排名第二的是贵州凯星液力传动机械有限公司,共拥有新能源汽车产业有效发明专利24件,占4.43%;排名第三的是贵州航天林泉电机有限公司,共拥有新能源汽车产业有效发明专利22件,占4.06%。

表4-10　贵州新能源汽车产业有效发明企业专利权人排名(前10位)

排名	专利权人	专利数量	占比/%
1	贵州梅岭电源有限公司	29	5.35
2	贵州凯星液力传动机械有限公司	24	4.43
3	贵州航天林泉电机有限公司	22	4.06
4	际华三五三七制鞋有限责任公司	18	3.32
5	贵州中伟资源循环产业发展有限公司	15	2.77
6	贵州电网有限责任公司	15	2.77
7	贵州航天天马机电科技有限公司	10	1.85
8	贵州吉利发动机有限公司	8	1.48
9	贵州安达科技能源股份有限公司	8	1.48
10	贵阳普天物流技术有限公司	8	1.48

贵州新能源汽车产业有效发明高校专利权人排名情况如表4-11所示。高校专利权人中,排名第一的是贵州大学,共拥有新能源汽车产业有效发明专利37件,占全省新能源汽车产业有效发明专利量的6.83%;排名第二的是贵州理工学院,共拥有新能源汽车产业有效发明专利5件,占0.92%;排名第三的是铜仁学院,共拥有新能源汽车产业有效发明专利3件,占0.55%。

表4-11　贵州新能源汽车产业有效发明高校专利权人排名

排名	专利权人	专利数量	占比/%
1	贵州大学	37	6.83
2	贵州理工学院	5	0.92
3	铜仁学院	3	0.55
4	遵义师范学院	2	0.37
5	贵州师范大学	1	0.18
6	贵州师范学院	1	0.18
7	贵州民族大学	1	0.18
8	贵州财经大学	1	0.18
9	贵州轻工职业技术学院	1	0.18
10	贵阳学院	1	0.18
11	遵义医学院	1	0.18
12	铜仁职业技术学院	1	0.18

贵州新能源汽车产业有效发明科研院所专利权人排名情况如表4-12所示。科研院所专利权人中,排名并列第一的是贵阳铝镁设计研究院和贵州电网有限责任公司电力科学研究院,各拥有新能源汽车产业有效发明专利10件,各占全省新能源汽车产业有效发明专利量的1.85%;排名第三的是中国航发贵阳发动机设计研究所,拥有新能源汽车产业有效发明专利6件,占1.11%。

表4-12　贵州新能源汽车产业有效发明科研院所专利权人排名

排名	专利权人	专利数量	占比/%
1	贵阳铝镁设计研究院	10	1.85
2	贵州电网有限责任公司电力科学研究院	10	1.85
3	中国航发贵阳发动机设计研究所	6	1.11
4	贵州省材料产业技术研究院	5	0.92
5	贵州航天计量测试技术研究所	2	0.37
6	中国科学院地球化学研究所	1	0.18
7	南方电网科学研究院有限责任公司	1	0.18
8	贵州电力设计研究院	1	0.18

4. 专利市（州）分布

（1）发明申请专利

2021年贵州新能源汽车产业发明申请专利在9个市(州)的分布情况如表4－13所示。发明专利申请量最高的是贵阳市，共申请该行业发明专利224件，占比54.50%，区域排名前三的申请人有贵州电网有限责任公司、贵州大学、奇瑞万达贵州客车股份有限公司；其次是遵义市，共申请该行业发明专利70件，占比17.03%，区域排名前三的申请人有贵州梅岭电源有限公司、贵州凯星液力传动机械有限公司、贵州航天天马机电科技有限公司；排名第三的是铜仁市，共申请该行业发明专利36件，占比8.76%，区域排名前三的申请人有贵州中伟资源循环产业发展有限公司、铜仁学院、中伟新材料股份有限公司。

表4－13　2021年贵州新能源汽车产业发明申请专利市(州)分布

序号	市(州)	专利数量/件	占比/%	重要申请人(专利数量/件)
1	贵阳市	224	54.50	贵州电网有限责任公司(32)
				贵州大学(19)
				奇瑞万达贵州客车股份有限公司(10)
				贵阳航空电机有限公司(10)
				际华三五三七有限责任公司(6)
				中国航发贵阳发动机设计研究所(6)
				贵州理工学院(6)
2	遵义市	70	17.03	贵州梅岭电源有限公司(19)
				贵州凯星液力传动机械有限公司(9)
				贵州航天天马机电科技有限公司(8)
3	铜仁市	36	8.76	贵州中伟资源循环产业发展有限公司(6)
				铜仁学院(6)
				中伟新材料股份有限公司(4)
4	毕节市	22	5.35	张芳群(6)
				贵州丕丕丕电子科技有限公司(2)
				贵州贵航新能源科技有限公司(2)
5	六盘水市	16	3.89	顾朝文(3)
				贵州华气动力有限责任公司(2)
				首钢水城钢铁(集团)有限责任公司(2)

续表

序号	市(州)	专利数量/件	占比/%	重要申请人(专利数量/件)
6	黔西南州	12	2.92	贵州扬德新能源科技有限公司(2) 南方电网调峰调频发电有限公司西部检修试验分公司(1) 贵州北盘江电力股份有限公司光照分公司(1) 贵州建隆新能源汽车有限责任公司(1)
7	黔东南州	11	2.68	蔡方兴(2) 贵州兴锂新能源科技有限公司(2) 贵州凯晟电子技术有限公司(1)
8	黔南州	11	2.68	瓮福(集团)有限责任公司(4) 贵州安达科技能源股份有限公司(2) 科之杰新材料集团(贵州)有限公司(1)
9	安顺市	9	2.19	贵州黔峰实业有限公司(2) 贵州国塑科技管业有限责任公司(1) 贵州天马虹山轴承有限公司(1)

(2)发明授权专利

2021年贵州新能源汽车产业发明授权专利在9个市(州)的分布情况如表4-14所示。发明授权专利量最高的是贵阳市,有该行业发明授权专利44件,占比47.31%,区域排名前三的授权主体有贵州大学、贵州航天林泉电机有限公司、中国航发贵阳发动机设计研究所;其次是遵义市,有该行业发明授权专利19件,占比20.43%,区域排名前三的授权主体有贵州梅岭电源有限公司、贵州容百锂电材料有限公司、贵州凯星液力传动机械有限公司;排名第三的是铜仁市,有该行业发明授权专利13件,占比13.98%,区域排名前三的授权主体有中伟新材料股份有限公司、贵州中伟资源循环产业发展有限公司、贵州倍易通科技有限公司。

表4-14　2021年贵州新能源汽车产业发明授权专利市(州)分布

序号	市(州)	专利数量/件	占比/%	重要授权主体(专利数量/件)
1	贵阳市	44	47.31	贵州大学(11) 贵州航天林泉电机有限公司(6) 中国航发贵阳发动机设计研究所(4)
2	遵义市	19	20.43	贵州梅岭电源有限公司(8) 贵州容百锂电材料有限公司(1) 贵州凯星液力传动机械有限公司(1)
3	铜仁市	13	13.98	中伟新材料股份有限公司(3) 贵州中伟资源循环产业发展有限公司(2) 贵州倍易通科技有限公司(2)

续表

序号	市(州)	专利数量/件	占比/%	重要授权主体(专利数量/件)
4	安顺市	5	5.38	江林(贵州)高科发展股份有限公司(2) 贵州众信云信息技术有限公司(1) 贵州新安航空机械有限责任公司(1)
5	黔东南苗族侗族自治州	4	4.30	贵州格瑞特新材料有限公司(1) 贵州聚能世纪科技有限责任公司(1)
6	毕节市	3	3.23	贵州贵航新能源科技有限公司(2) 贵州唯特高新能源科技有限公司(1)
7	黔西南布依族苗族自治州	3	3.23	中国南方电网有限责任公司超高压输电公司天生桥局(1) 贵州锦兴轻合金装备制造有限公司(1)
8	六盘水市	1	1.08	贵州中鼎高精铜箔制造有限公司(1)
9	黔南布依族苗族自治州	1	1.08	贵州安达科技能源股份有限公司(1)

（3）有效发明专利

贵州新能源汽车产业有效发明专利在9个市(州)的分布情况如表3－15所示。有效发明专利拥有量最高的是贵阳市,共拥有该行业有效发明专利302件,占比55.72%,区域排名前三的专利权人有贵州大学、贵州航天林泉电机有限公司、际华三五三七制鞋有限责任公司;其次是遵义市,共拥有该行业有效发明专利115件,占比21.22%,区域排名前三的专利权人有贵州梅岭电源有限公司、贵州凯星液力传动机械有限公司、贵州航天天马机电科技有限公司;排名第三的是铜仁市,共拥有该行业有效发明专利43件,占比7.93%,区域排名前三的专利权人有贵州中伟资源循环产业发展有限公司、中伟新材料股份有限公司、贵州省铜仁华迪斯新能源有限公司。

表4－15　2021年贵州新能源汽车产业有效发明专利市(州)分布

序号	市(州)	专利数量/件	占比/%	重要专利权人(专利数量/件)
1	贵阳市	302	55.72	贵州大学(37) 贵州航天林泉电机有限公司(22) 际华三五三七制鞋有限责任公司(18) 贵州电网有限责任公司(15) 贵州吉利发动机有限公司(8) 贵阳普天物流技术有限公司(8)
2	遵义市	115	21.22	贵州梅岭电源有限公司(29) 贵州凯星液力传动机械有限公司(24) 贵州航天天马机电科技有限公司(10) 杨成元(5) 绥阳县华丰电器有限公司(5)

续表

序号	所属市（州）	专利数量/件	占比/%	重要专利权人（专利数量/件）
3	铜仁市	43	7.93	贵州中伟资源循环产业发展有限公司(15) 中伟新材料股份有限公司(7) 贵州省铜仁华迪斯新能源有限公司(6) 贵州红星电子材料有限公司(5) 贵州中伟正源新材料有限公司(3)
4	安顺市	23	4.24	贵州新安航空机械有限责任公司(6) 贵州黎阳航空动力有限公司(5) 贵州顺安机电设备有限公司(3) 普定县银丰农业科技发展有限公司(2) 江林(贵州)高科发展股份有限公司(2)
5	黔东南州	21	3.87	贵州宏宇金属电源科技有限公司(4) 贵州群华九九特种陶瓷科技有限公司(3) 贵州岑祥资源科技有限责任公司(2)
6	六盘水市	15	2.77	张道勤(4) 贵州华气动力有限责任公司(2) 六盘水中联工贸实业有限公司(1)
7	黔西南州	9	1.66	晖阳(贵州)新能源材料有限公司(5) 中国南方电网有限责任公司超高压输电公司天生桥局(1) 贵州锦兴轻合金装备制造有限公司(1)
8	毕节市	8	1.48	贵州贵航新能源科技有限公司(2) 毕节市力帆骏马振兴车辆有限公司(1) 毕节添钰动力科技股份有限公司(1)
9	黔南州	15	2.77	贵州安达科技能源股份有限公司(2) 贵州大龙汇成新材料有限公司(1) 贵州宏洋橡胶制品有限公司(1) 瓮福(集团)有限责任公司(1)

5. 专利技术构成

（1）发明申请专利

根据专利所属的 IPC 分类统计情况，2021 年贵州新能源汽车产业发明申请专利技术构成情况如表 4－16 所示，涉及新能源电池研究、运输和贮存装置、电机、动力装置等技术。发明申请专利量排名第一的技术是 H01M，即用于直接转变化学能为电能的方法或装置，例如电池组，共有发明申请专利 109 件；排名第二的技术是 B65G，即运输或贮存装置，例如装载或倾卸用输送机、车间输送机系统或气动管道输送机，共有发明申请专利 53 件；排名第三的技术是 G01M，即机器或结构部件的静或动平衡的测试和其他类目中不包括的结构部件或设备的测试，共有发明申请专利 45 件。

表 4-16 2021 年贵州新能源汽车产业发明申请专利技术构成（前 10 种）

排名	IPC 分类号（小类）	IPC 释义	专利数量/件
1	H01M	用于直接转变化学能为电能的方法或装置，例如电池组	109
2	B65G	运输或贮存装置，例如装载或倾卸用输送机、车间输送机系统或气动管道输送机	53
3	G01M	机器或结构部件的静或动平衡的测试；其他类目中不包括的结构部件或设备的测试	45
4	H02K	电机	45
5	C08K	使用无机物或非高分子有机物作为配料	34
6	B60L	电动车辆动力装置	33
7	H02J	供电或配电的电路装置或系统；电能存储系统	33
8	C08L	高分子化合物的组合物	31
9	F16H	传动装置	21
10	B23K	钎焊或脱焊；焊接；用钎焊或焊接方法包覆或镀敷；局部加热切割，如火焰切割；用激光束加工	19

2021 年贵州新能源汽车产业主要发明申请人的优势技术如表 4-17 所示。贵州大学、贵州梅岭电源有限公司、奇瑞万达贵州客车股份有限公司、贵州理工学院、张芳群的优势技术是电池、电动车辆动力装置等方面的技术；贵阳航空电机有限公司、贵州雅光电子科技股份有限公司的优势技术是新能源汽车电机等方面的技术；贵州电网有限责任公司的优势技术是电能存储系统、测量电变量等方面的技术；际华三五三七有限责任公司的优势技术是高分子化合物的组合物例如橡胶等方面的技术。

表 4-17 2021 年贵州新能源汽车产业主要发明申请人优势技术

序号	申请人	专利数量/件	优势技术（专利数量/件）
1	贵州电网有限责任公司	32	H02J 供电或配电的电路装置或系统；电能存储系统（9） G01R 测量电变量；测量磁变量（4） H02G 电缆或电线的安装，或光电组合电缆或电线的安装（4）
2	贵州大学	19	H01M 电池组（7） B65G 运输或贮存装置（2） G06K 图形数据读取（1）

续表

序号	申请人	专利数量/件	优势技术(专利数量/件)
3	贵州梅岭电源有限公司	19	H01M 电池组(17) H02J 供电或配电的电路装置或系统;电能存储系统(2)
4	奇瑞万达贵州客车股份有限公司	10	B60L 电动车辆动力装置(3) B60K 车辆动力装置或传动装置的布置或安装(3) B60G 车辆悬架装置的配置(2)
5	贵阳航空电机有限公司	10	H02K 电机(10)
6	际华三五三七有限责任公司	10	C08L 高分子化合物的组合物(10)
7	贵州凯星液力传动机械有限公司	9	F16H 传动装置(6) G01M 机器或结构部件的静或动平衡的测试(1)
8	贵州航天天马机电科技有限公司	8	G01M 机器或结构部件的静或动平衡的测试(3) B65G 运输或贮存装置(3) F17C 盛装或贮存压缩的、液化的或固化的气体容器(1)
9	贵州理工学院	6	H01M 电池组(4) C01G 金属的化合物(1) B62D 机动车;挂车(1)
10	铜仁学院	6	C01B 非金属元素;其化合物(4) C01G 金属的化合物(1)
11	中国航发贵阳发动机设计研究所	7	G01M 机器或结构部件的静或动平衡的测试(4) G01N 借助于测定材料的化学或物理性质来测试或分析材料(1)
12	贵州中伟资源循环产业发展有限公司	8	C22B 金属的生产或精炼(6)
13	贵州雅光电子科技股份有限公司	9	H02K 电机(6)
14	张芳群	10	H01M 电池组(6)

对 2021 年贵州新能源汽车产业发明申请专利技术内容进行分析,对关键词进行聚类得到图 4－7。由图可知,2021 年该产业发明申请专利的技术内容主要集中在电动汽车充电桩、充电电源、电池、发动机及汽车各种性能提升方面。

图4-7　2021年贵州新能源汽车产业发明申请专利技术内容聚类分子云图

（2）发明授权专利

根据专利所属的IPC分类统计情况，2021年贵州省新能源汽车产业发明授权专利技术构成情况如表4-18所示，涉及新能源电池研究、机器或结构部件的静或动平衡的测试、电机、车辆制动控制系统或其部件等技术。专利量排名第一的技术是H01M，即用于直接转变化学能为电能的方法或装置，例如电池组，共有发明授权专利33件；排名第二的技术是G01M，即机器或结构部件的静或动平衡的测试和其他类目中不包括的结构部件或设备的测试，共有发明授权专利14件；排名第三的技术是C08K，即使用无机物或非高分子有机物作为配料，共有发明授权专利9件。

表4-18　2021年贵州新能源汽车产业发明授权专利技术构成

排名	IPC分类号(小类)	IPC释义	专利数量/件
1	H01M	用于直接转变化学能为电能的方法或装置，例如电池组	33
2	G01M	机器或结构部件的静或动平衡的测试；其他类目中不包括的结构部件或设备的测试	14
3	C08K	使用无机物或非高分子有机物作为配料	9
4	C08L	高分子化合物的组合物	9

续表

排名	IPC 分类号(小类)	IPC 释义	专利数量/件
5	B65G	运输或贮存装置,例如装载或倾卸用输送机、车间输送机系统或气动管道输送机	8
6	H02K	电机	7
7	H02J	供电或配电的电路装置或系统;电能存储系统	5
8	B23K	钎焊或脱焊;焊接;用钎焊或焊接方法包覆或镀敷;局部加热切割,如火焰切割;用激光束加工	4
9	B60T	车辆制动控制系统或其部件	4
10	B82Y	纳米结构的特定用途或应用;纳米结构的测量或分析	4

2021 年贵州省新能源汽车产业发明授权专利主要授权主体的优势技术如表 4－19 所示。贵州大学、贵州梅岭电源有限公司、贵州省铜仁华迪斯新能源有限公司、贵州贵航新能源科技有限公司、贵州中伟资源循环产业发展有限公司的优势技术是电池、电能存储系统等方面的技术;贵州航天林泉电机有限公司的优势技术是新能源汽车电机等方面的技术;贵州电网有限责任公司、中国航发贵阳发动机设计研究所的优势技术是机器或结构部件的静或动平衡的测试等方面的技术;中伟新材料股份有限公司、贵州省材料产业技术研究院、江林(贵州)高科发展股份有限公司的优势技术是高分子化合物的组合物等方面的技术。

表 4－19　2021 年贵州新能源汽车产业发明授权专利主要授权主体的优势技术(1 件以上)

序号	授权主体	专利数量/件	优势技术(专利数量/件)
1	贵州大学	11	H01M 用于直接转变化学能为电能的方法或装置,例如电池组(4) G01M 机器或结构部件的静或动平衡的测试(3) B23K 钎焊或脱焊;焊接;用钎焊或焊接方法包覆或镀敷(2)
2	贵州梅岭电源有限公司	8	H01M 用于直接转变化学能为电能的方法或装置,例如电池组(7) H02J 供电或配电的电路装置或系统;电能存储系统(1)
3	贵州航天林泉电机有限公司	6	H02K 电机(2) G01M 机器或结构部件的静或动平衡的测试;其他类目中不包括的结构部件或设备的测试(1) G01R 测量电变量;测量磁变量(1)
4	贵州中伟资源循环产业发展有限公司	4	H01M 用于直接转变化学能为电能的方法或装置,例如电池组(4)

续表

序号	授权主体	专利数量/件	优势技术(专利数量/件)
5	中国航发贵阳发动机设计研究所	4	G01M 机器或结构部件的静或动平衡的测试;其他类目中不包括的结构部件或设备的测试(4)
6	中伟新材料股份有限公司	3	C01G 金属的化合物(2) H01M 用于直接转变化学能为电能的方法或装置,例如电池组(1)
7	贵州电网有限责任公司	3	G01M 机器或结构部件的静或动平衡的测试;其他类目中不包括的结构部件或设备的测试(1) H02J 供电或配电的电路装置或系统;电能存储系统(1)
8	江林(贵州)高科发展股份有限公司	2	C08L 高分子化合物的组合物(2)
9	贵州倍易通科技有限公司	2	B65G 运输或贮存装置(1) G01M 机器或结构部件的静或动平衡的测试;其他类目中不包括的结构部件或设备的测试(1)
10	贵州省铜仁华迪斯新能源有限公司	2	H01M 用于直接转变化学能为电能的方法或装置,例如电池组(2)
11	贵州贵航新能源科技有限公司	2	H01M 用于直接转变化学能为电能的方法或装置,例如电池组(2)
12	贵州省材料产业技术研究院	2	C08L 高分子化合物的组合物(2)

对2021年贵州省新能源汽车产业发明授权专利技术内容进行分析,对关键词进行聚类得到图4-8。由图可知,2021年该产业发明授权专利的技术内容主要集中在锂离子电池、电机、发动机及新能源汽车制动系统诊断方面。

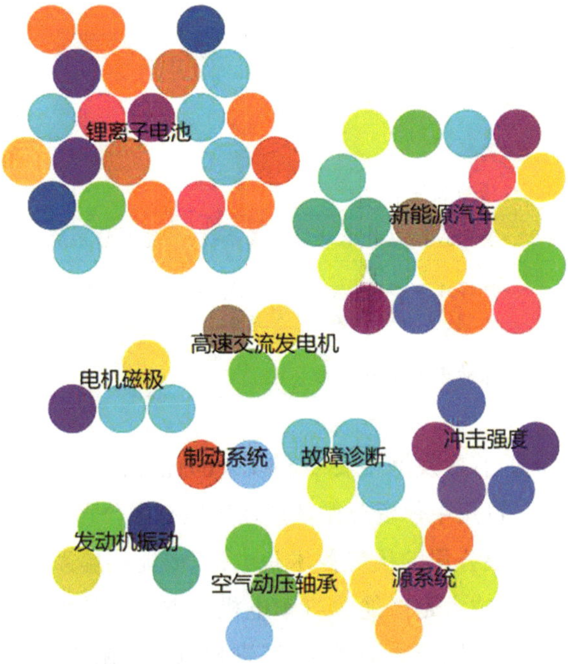

图 4－8　2021 年贵州新能源汽车产业发明授权专利技术内容聚类分子云图

（3）有效发明专利

根据专利所属的 IPC 分类统计情况，贵州新能源汽车产业有效发明专利技术构成情况如表 4－20 所示，涉及新能源电池研究、机器或结构部件的静或动平衡的测试、电机、传动装置、电动车辆动力装置等技术。有效发明专利量排名第一的技术是 H01M，即用于直接转变化学能为电能的方法或装置，共有有效发明专利 157 件；排名第二的技术是 B65G，即运输或贮存装置，共有有效发明专利 72 件；排名第三的技术是 G01M，即机器或结构部件的静或动平衡的测试和其他类目中不包括的结构部件或设备的测试，共有有效发明专利 60 件。

表 4－20　贵州新能源汽车产业有效发明专利技术构成

序号	IPC 分类号（小类）	IPC 释义	专利数量
1	H01M	用于直接转变化学能为电能的方法或装置，例如电池组	157
2	B65G	运输或贮存装置，例如装载或倾卸用输送机、车间输送机系统或气动管道输送机	72
3	G01M	机器或结构部件的静或动平衡的测试；其他类目中不包括的结构部件或设备的测试	60
4	C08K	使用无机物或非高分子有机物作为配料	56

续表

序号	IPC分类号(小类)	IPC释义	专利数量
5	C08L	高分子化合物的组合物	55
6	H02K	电机	34
7	F16H	传动装置	31
8	H02J	供电或配电的电路装置或系统;电能存储系统	25
9	B23K	钎焊或脱焊;焊接;用钎焊或焊接方法包覆或镀敷;局部加热切割,如火焰切割;用激光束加工	22
10	B60L	电动车辆动力装置	19

贵州新能源汽车产业有效发明主要专利权人的优势技术如表4-21所示。贵州大学、贵州梅岭电源有限公司、贵州中伟资源循环产业发展有限公司、贵州安达科技能源股份有限公司、中伟新材料股份有限公司的优势技术是电池、电能存储系统等方面的技术;贵州航天林泉电机有限公司的优势技术是新能源汽车电机等方面的技术;贵州凯星液力传动机械有限公司的优势技术是传动装置等方面的技术;贵州电网有限责任公司的优势技术是机器或结构部件的静或动平衡的测试等方面的技术;贵阳铝镁设计研究院有限公司的优势技术是运输或贮存装置等方面的技术;贵州吉利发动机有限公司的优势技术是电动车辆动力装置、内燃机等方面的技术。

表4-21 贵州新能源汽车有效发明主要专利权人的优势技术(6件以上)

序号	专利权人	专利数量/件	优势技术(专利数量/件)
1	贵州大学	37	H01M 用于直接转变化学能为电能的方法或装置,例如电池组(16) G01M 机器或结构部件的静或动平衡的测试(5) B65G 运输或贮存装置(4) C08K 使用无机物或非高分子有机物作为配料(3)
2	贵州梅岭电源有限公司	29	H01M 用于直接转变化学能为电能的方法或装置,例如电池组(26) H02J 供电或配电的电路装置或系统;电能存储系统(2)
3	贵州凯星液力传动机械有限公司	24	F16H 传动装置(22) G01M 机器或结构部件的静或动平衡的测试(1) B60T 车辆制动控制系统或其部件(1)
4	贵州航天林泉电机有限公司	21	H02K 电机(18) G01M 机器或结构部件的静或动平衡的测试(3) G01R 测量电变量;测量磁变量(3)
5	际华三五三七制鞋有限责任公司	18	C08K 使用无机物或非高分子有机物作为配料(18)

续表

序号	专利权人	专利数量/件	优势技术(专利数量/件)
6	贵州中伟资源循环产业发展有限公司	15	H01M 用于直接转变化学能为电能的方法或装置,例如电池组(13) B65G 运输或贮存装置(2)
7	贵州电网有限责任公司	15	H02J 供电或配电的电路装置或系统;电能存储系统(8) H02K 电机(3) G01M 机器或结构部件的静或动平衡的测试(3)
8	贵州航天天马机电科技有限公司	10	B60S 不包含在其他类目中的车辆保养、清洗、修理、支承、举升或调试(4) G01M 机器或结构部件的静或动平衡的测试(2) C08K 使用无机物或非高分子有机物作为配料(2)
9	贵州吉利发动机有限公司	8	F02F 燃烧发动机的汽缸、活塞或曲轴箱;燃烧发动机的密封装置(3) B60L 电动车辆动力装置(2) F02B 活塞式内燃机(2)
10	贵州安达科技能源股份有限公司	8	H01M 用于直接转变化学能为电能的方法或装置,例如电池组(8)
11	贵阳普天物流技术有限公司	8	B65G 运输或贮存装置(4) B60K 车辆动力装置或传动装置的布置或安装(3) H01M 用于直接转变化学能为电能的方法或装置,例如电池组(2)
12	中伟新材料股份有限公司	7	H01M 用于直接转变化学能为电能的方法或装置,例如电池组(7)
13	贵阳铝镁设计研究院有限公司	7	B65G 运输或贮存装置(3) B23K 钎焊或脱焊;焊接;用钎焊或焊接方法包覆或镀敷(3) H01M 用于直接转变化学能为电能的方法或装置,例如电池组(1)

对贵州新能源汽车产业有效发明专利的技术内容进行分析,对关键词进行聚类得到图4-9。由图可知,该产业有效发明专利技术内容主要集中在新能源汽车电池及相关正极材料、变速器、轴承等方面。

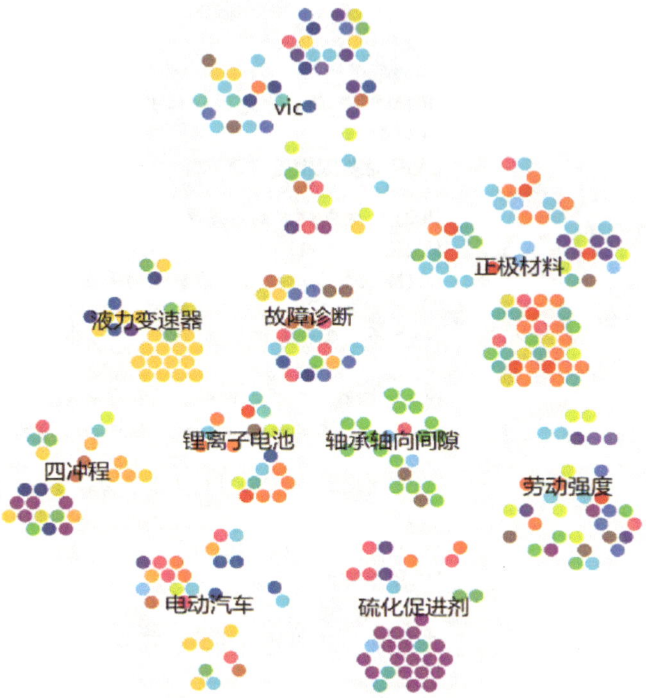

图 4-9　贵州新能源汽车产业有效发明专利技术内容聚类分子云图

(二)国外专利数据分析

贵州新能源汽车产业国外有效发明专利信息如表 4-22 所示。截至检索日期，贵州共有新能源汽车产业国外有效发明专利 14 件，贵州振华新材料股份有限公司新能源汽车产业有效发明专利数量最多，有 9 件。

表 4-22　贵州新能源汽车产业国外有效发明专利信息

序号	专利标题	公开号	同族数量	专利权人(翻译)
1	Spherical or spherical-like cathode material for a lithium battery, a battery and preparation method and application thereof	US10566606B2	11	贵州振华新材料股份有限公司
2	Spherical or spherical-like cathode material for a lithium battery, a battery and preparation method and application thereof	US11289691B2	11	贵州振华新材料股份有限公司
3	Spherical or spherical-like cathode material for lithium-ion battery and lithium-ion battery	US10790506B2	7	贵州振华新材料股份有限公司

续表

序号	专利标题	公开号	同族数量	专利权人(翻译)
4	Cathode material of lithium cobalt oxide for a lithium ion secondary battery and preparation methods and applications thereof	US10541414B2	4	贵州振华新材料股份有限公司
5	Lithium ion battery cathode material and lithium ion battery	US10665862B2	8	贵州振华新材料股份有限公司
6	Spherical or spherical-like lithium ion battery cathode material and preparation method and application thereof	US10573882B2	10	贵州振华新材料股份有限公司
7	Automatic stacking raw material fermentation device for wine brewing processing	AU2021103396A4	2	茅台学院
8	High manganese polycrystalline anode material, preparation method thereof and dynamic lithium ion battery	US9077034B2	9	贵州振华新材料股份有限公司,深圳振华新材料股份有限公司
9	Polycrystalline cobalt-nickel-manganese ternary positive material, preparation method thereof and lithium ion secondary battery	US8834740B2	12	贵州振华新材料股份有限公司,深圳振华新材料股份有限公司
10	High manganese polycrystalline cathode material, preparation method thereof and dynamic lithium ion battery	EP2518801B1	9	贵州振华新材料股份有限公司,深圳振华新材料股份有限公司
11	A preparation method about a 5G waveband aerocel and polymer interpenetrating absorbinc material	LU501543B1	2	贵州师范学院
12	Method for measurinc visual effect of non-colored tarcet in different licht environments and system thereof	EP3203206B1	8	北京工业大学,贵州高速公路集团
13	Illumination standard calculation method and system for a tunnel entrance section in daytime based on safe visual recognition	US10452929B2	8	北京工业大学,贵州高速公路集团
14	Electric automobile charcinc pile plug protection seat	AU2021103979A4	1	贵州师范大学

(三)新能源汽车电池产业有效发明专利分析

1. 国内有效发明专利分析

筛选贵州新能源汽车电池产业国内有效发明专利数据,得到158件专利。

(1)主要专利权人

贵州新能源汽车电池产业国内有效发明主要专利权人排名情况如图4-10、表4-23所示。排名第一的是贵州梅岭电源有限公司,共拥有新能源汽车电池产业有效发明专利26件,占全省新能源汽车电池产业有效发明专利量的16.46%;排名第二的是贵州大学,共拥有新能源汽车电池产业有效发明专利16件,占10.13%;排名第三的是贵州中伟资源循环产业发展有限公司,共拥有新能源汽车电池产业有效发明专利13件,占8.23%。

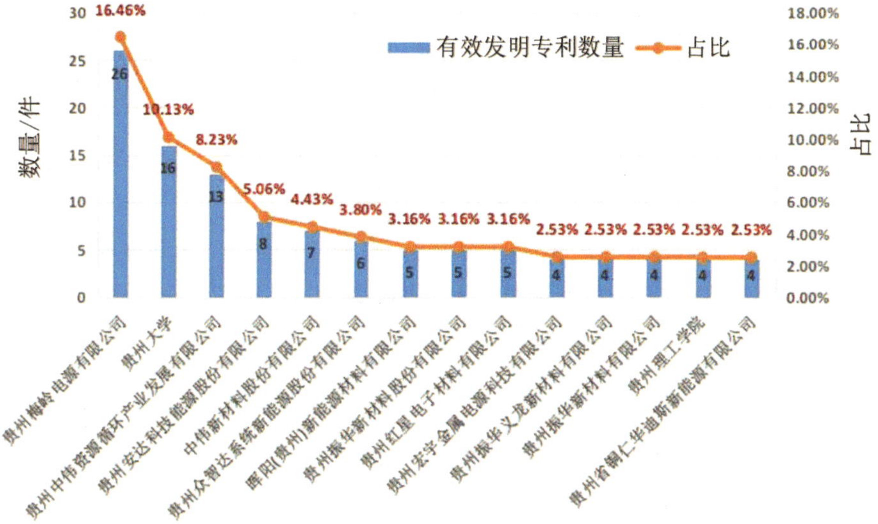

图4-10 贵州新能源汽车电池产业国内有效发明专利权人排名(3件以上)

表4-23 贵州新能源汽车电池产业国内有效发明专利权人排名

排名	专利权人	专利数量/件	占比/%
1	贵州梅岭电源有限公司	26	16.46
2	贵州大学	16	10.13
3	贵州中伟资源循环产业发展有限公司	13	8.23

续表

排名	专利权人	专利数量/件	占比/%
4	贵州安达科技能源股份有限公司	8	5.06
5	中伟新材料股份有限公司	7	4.43
6	贵州众智达系统新能源股份有限公司	6	3.80
7	晖阳(贵州)新能源材料有限公司	5	3.16
8	贵州振华新材料股份有限公司	5	3.16
9	贵州红星电子材料有限公司	5	3.16
10	贵州宏宇金属电源科技有限公司	4	2.53
11	贵州振华义龙新材料有限公司	4	2.53
12	贵州振华新材料有限公司	4	2.53
13	贵州理工学院	4	2.53
14	贵州省铜仁华迪斯新能源有限公司	4	2.53
15	贵州中伟正源新材料有限公司	3	1.90
16	贵州高点科技有限公司	3	1.90
17	普定县银丰农业科技发展有限公司	2	1.27

（2）技术内容

对贵州新能源汽车电池产业有效发明专利技术内容进行分析，对关键词进行聚类得到图4-11。贵州新能源汽车电池产业有效发明专利技术内容主要集中在新能源汽车正极材料、比容量、锂离子电池等方面。

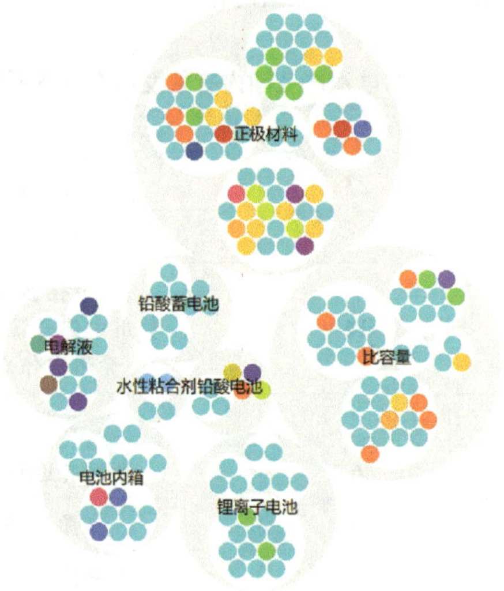

图4-11　贵州新能源汽车电池产业有效发明专利技术内容聚类分子云图

（3）专利发明人及合作团队

贵州新能源汽车电池产业国内有效发明专利发明人排名及所属机构情况如图4－12、表4－24所示。石斌拥有新能源汽车电池产业国内有效发明专利最多，共23件，从专利权属来看，石斌的专利属于贵州梅岭电源有限公司，此外榜上的陈晓涛（排名第二）、刘富亮、王庆杰、吴宁宁、张红梅等人的专利也属于贵州梅岭电源有限公司；排名第三的是闫硕，拥有新能源汽车电池产业国内有效发明专利14件，从专利权属来看，闫硕的专利属于中伟集团。

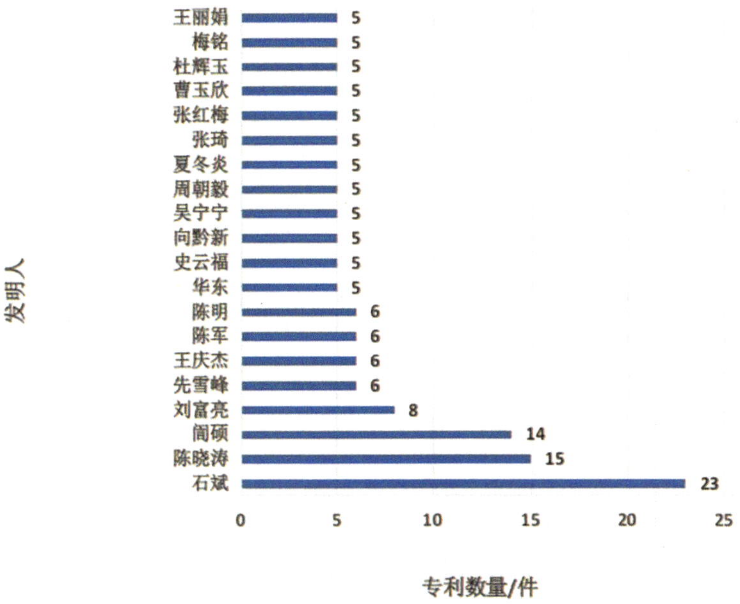

图4－12　贵州新能源汽车电池产业国内有效发明专利发明人排名（4件以上）

表4－24　贵州新能源汽车电池产业国内有效发明专利重要发明人所属机构

排名	发明（设计）人	专利数量/件	专利权所属机构
1	石斌	23	贵州梅岭电源有限公司
2	陈晓涛	15	贵州梅岭电源有限公司
3	闫硕	14	中伟新材料股份有限公司 贵州中伟资源循环产业发展有限公司 贵州中伟正源新材料有限公司
4	刘富亮	8	贵州梅岭电源有限公司
5	先雪峰	6	贵州安达科技能源股份有限公司
6	王庆杰	6	贵州梅岭电源有限公司
7	陈军	6	贵州中伟资源循环产业发展有限公司
8	陈明	6	贵州安达科技能源股份有限公司

续表

排名	发明(设计)人	专利数量/件	专利权所属机构
9	华东	5	贵州红星电子材料有限公司
10	史云福	5	镇江润安管理咨询有限公司
11	向黔新	5	贵州振华新材料股份有限公司 贵州振华义龙新材料有限公司
12	吴宁宁	5	贵州梅岭电源有限公司
13	周朝毅	5	贵州振华新材料股份有限公司 贵州振华义龙新材料有限公司
14	夏冬炎	5	贵州安达科技能源股份有限公司
15	张琦	5	贵州红星电子材料有限公司
16	张红梅	5	贵州梅岭电源有限公司
17	曹玉欣	5	贵州红星电子材料有限公司
18	杜辉玉	5	晖阳(贵州)新能源材料有限公司
19	梅铭	5	贵州振华新材料股份有限公司 贵州振华义龙新材料有限公司
20	王丽娟	5	贵州振华新材料股份有限公司 贵州振华义龙新材料有限公司

按照贵州新能源汽车电池产业国内有效发明专利中合作专利数量的多少,统计排名前十的发明人重点合作关系情况如图 4 – 13 所示。合作专利数排名第一的是石斌,合作专利 23 件,主要合作对象是陈晓涛、吴宁宁、张红梅、王庆杰等;合作专利数排名第二的是陈晓涛,合作专利 15 件,主要合作对象是石斌、史家远等;合作专利数排名第三的是阊硕,合作专利 12 件,主要合作对象是邓伟明、陈军、管剑等。

贵州新能源汽车电池产业方面的研究团队主要是贵州梅岭电源有限公司石斌团队、陈晓涛团队、王庆杰团队;中伟新材料股份有限公司阊硕团队;贵州安达科技能源股份有限公司陈明团队;镇江润安管理咨询有限公司史云福团队;贵州振华新材料股份有限公司向黔新团队等。

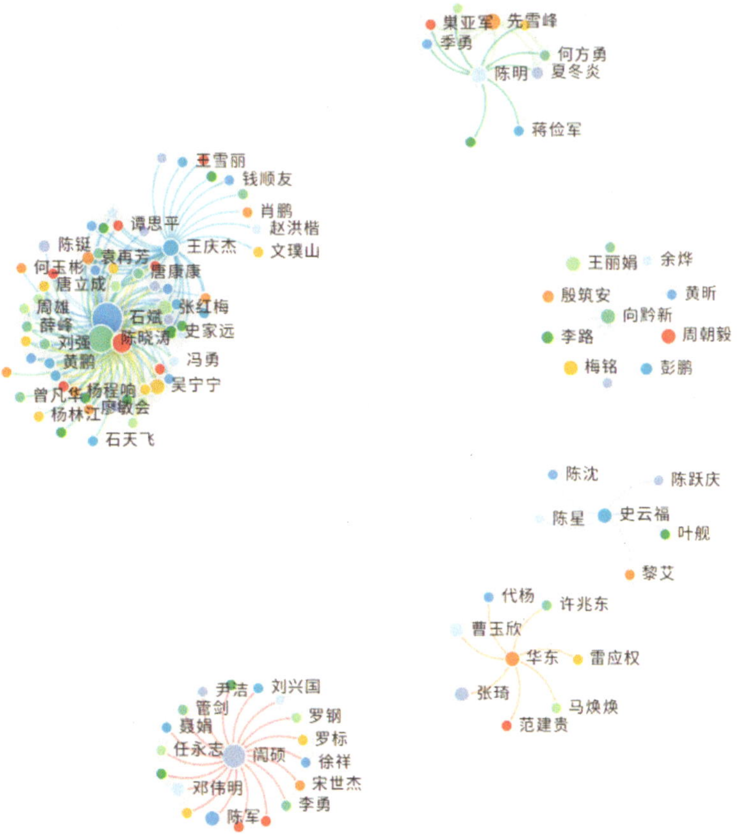

图4-13　贵州新能源汽车电池产业国内有效发明专利发明人合作关系

2. 国外有效发明专利分析

贵州新能源汽车电池产业国外有效发明专利信息如表4-25所示。截至检索日期，贵州共有新能源汽车电池产业国外有效发明专利11件，贵州振华新材料股份有限公司新能源汽车电池产业有效发明专利数量最多，有9件。

表4-25　贵州新能源汽车电池产业国外有效发明专利信息

序号	公开号	专利标题	专利权人(翻译)	发明人
1	AU2014301910B2	Method for manufacturing N-type semiconductor element for refrigeration or heating device	Chen Zhiming, Gu Wei,苏州伟源新材料科技有限公司	Chen Zhiming,Gu Wei

续表

序号	公开号	专利标题	专利权人(翻译)	发明人
2	US10176956B2	Safety tripping device for a frame-type ACB drawer seat	贵州泰永长征科技有限公司	Huang Zhengqian, Feng Kerang, Zeng Yu'e
3	US10566606B2	Spherical or spherical-like cathode material for a lithium battery, a battery and preparation method and application thereof	贵州振华新材料股份有限公司	Zhou Chaoyi, Wang Lijuan, Yin Zhu' an, Yang Daixiang, Xiang Qianxin, Mei Ming, Peng Peng
4	US11289691B2	Spherical or spherical-like cathode material for a lithium battery, a battery and preparation method and application thereof	贵州振华新材料股份有限公司	Zhou Chaoyi, Wang Lijuan, Yin Zhu' an, Yang Daixiang, Xiang Qianxin, Mei Ming, Peng Peng
5	US10790506B2	Spherical or spherical-like cathode material for lithium-ion battery and lithium-ion battery	贵州振华新材料股份有限公司	Zhou Chaoyi, Yin Zhu'an, Wang Lijuan, Yang Daixiang, Peng Peng, Xiang Qianxin, Mei Ming, Li Lu
6	US10541414B2	Cathode material of lithium cobalt oxide for a lithium ion secondary battery and preparation methods and applications thereof	贵州振华新材料股份有限公司	Li Lu, Wu Xingping, Fu Maogang, Hu Ansheng, Mei Ming, Huang Xin, Xiang Qianxin
7	US10665862B2	Lithium ion battery cathode material and lithium ion battery	贵州振华新材料股份有限公司	Wang Lijuan, Zhou Chaoyi, Yin Zhu' an, Peng Peng, Yang Daixiang, Xiang Qianxin, Mei Ming, Li Lu
8	US10573882B2	Spherical or spherical-like lithium ion battery cathode material and preparation method and application thereof	贵州振华新材料股份有限公司	Zhou Chaoyi, Wang Lijuan, Peng Peng, Yin Zhu'an, Mei Ming, Li Lu, Huang Xin, Xiang Qianxin
9	US9077034B2	High manganese polycrystalline anode material, preparation method thereof and dynamic lithium ion battery	贵州振华新材料股份有限公司,深圳振华新材料股份有限公司	Xiang Qianxin, Zhao Xiaolian

续表

序号	公开号	专利标题	专利权人(翻译)	发明人
10	US8834740B2	Polycrystalline cobalt-nickel-manganese ternary positive material, preparation method thereof and lithium ion secondary battery	贵州振华新材料股份有限公司,深圳振华新材料股份有限公司	Xiang Qianxin, Zhao Xiaolian
11	EP2518801B1	High manganese polycrystalline cathode material, preparation method thereof and dynamic lithium ion battery	贵州振华新材料股份有限公司,深圳振华新材料股份有限公司	Xiang Qianxin, Zhao Xiaolian

二、新一代信息技术产业

(一)国内专利数据分析

1. 专利总量分析

2021年公开的贵州新一代信息技术产业国内专利有3 474件,其中发明申请专利1 634件,全国排名第23位;发明授权专利547件,全国排名第22位;有效发明专利1 873件,全国排名第24位。见表4-26。

表4-26 2021年新一代信息技术产业贵州专利数据总览

数据来源	专利类型	专利数量/件	在全国排名
国内数据	发明申请	1 634	23
	发明授权	547	22
	有效发明	1 873	24

(1)发明申请专利全国排名

贵州新一代信息技术产业截至2021年底的国内发明申请专利累计公开量为9 751件,

位居全国第 23 位，与山西、云南属于同一梯队；2021 年的国内发明申请专利公开量为 1 634 件，在全国排名第 23 位，与云南、山西等属于同一梯队，数量为吉林的 66.53%。见图4－14。

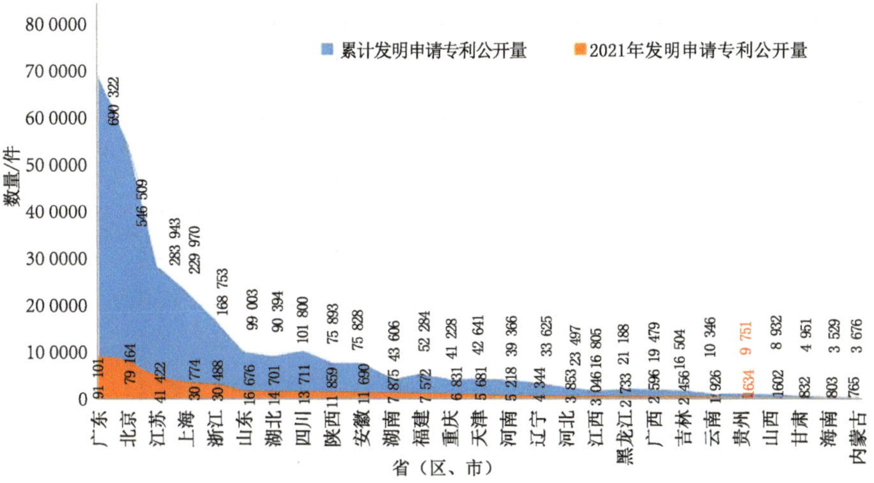

图 4－14　部分省（区、市）新一代信息技术产业国内发明申请专利数据

(2) 发明授权专利全国排名

贵州新一代信息技术产业截至 2021 年底的国内发明授权专利累计公开量为 2 977 件，位居全国第 23 位，与山西、云南属于同一梯队；2021 年国内发明授权专利公开量为 547 件，在全国排名第 22 位，在山西和广西之间，数量是广西的 72.93%。见图 4－15。

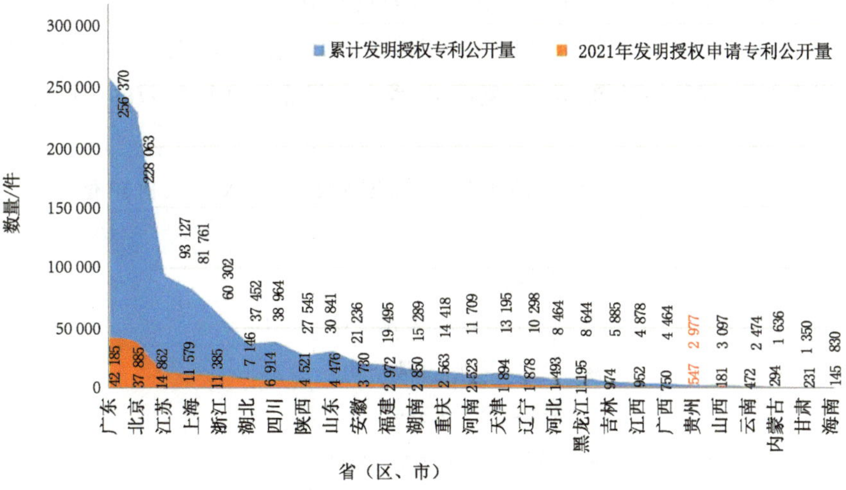

图 4－15　部分省（区、市）新一代信息技术产业国内发明授权专利数据

（3）有效发明专利全国排名

截至2021年底，贵州新一代信息技术产业国内有效发明专利有1 873件，在全国排名第24位（图4－16）。

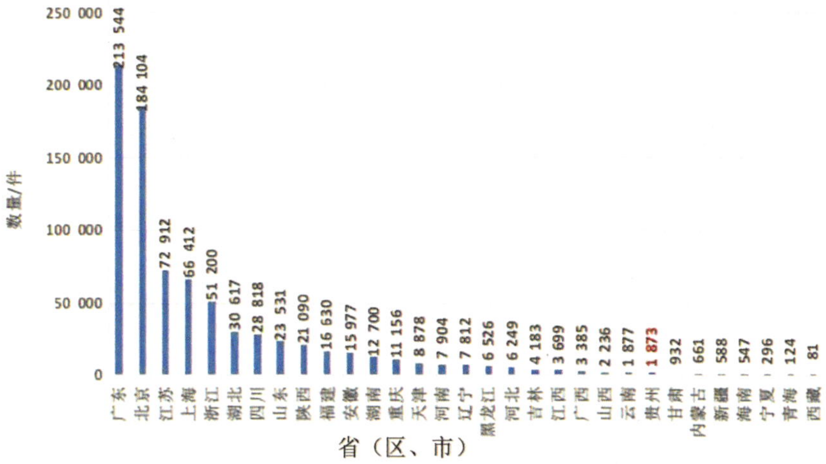

图4－16　部分省（区、市）新一代信息技术产业国内有效发明专利数据

2. 全国主要申请主体分析

表4－27、表4－28统计了2021年新一代信息技术产业国内发明申请人、授权主体排名情况，表现卓越的机构主要是华为、OPPO广东移动、腾讯、国家电网、京东、百度等大型电子信息技术网络公司，国外的三星、高通、英特尔、爱立信等企业在该领域的中国专利布局优势明显。

表4－27　2021年新一代信息技术产业国内发明申请人排名（前30位）

排名	申请人	专利数量/件
1	华为技术有限公司	7 435
2	OPPO广东移动通信有限公司	4 001
3	腾讯科技（深圳）有限公司	3 766
4	国家电网有限公司	3 756
5	京东方科技集团股份有限公司	3 622
6	北京百度网讯科技有限公司	3 064
7	维沃移动通信有限公司	3 031
8	三星电子株式会社	2 831
9	中国移动通信集团有限公司	2 428

续表

排名	申请人	专利数量/件
10	苏州浪潮智能科技有限公司	2 184
11	北京沃东天骏信息技术有限公司	2 172
12	北京京东世纪贸易有限公司	2 170
13	阿里巴巴集团控股有限公司	2 118
14	台湾积体电路制造股份有限公司	2 020
15	中国工商银行股份有限公司	1 980
16	三星显示有限公司	1 976
17	电子科技大学	1 974
18	清华大学	1 840
19	平安科技(深圳)有限公司	1 735
20	中兴通讯股份有限公司	1 718
21	支付宝(杭州)信息技术有限公司	1 683
22	浙江大学	1 620
23	西安电子科技大学	1 614
24	东南大学	1 591
25	高通股份有限公司	1 587
26	北京小米移动软件有限公司	1 542
27	北京达佳互联信息技术有限公司	1 527
28	珠海格力电器股份有限公司	1 510
29	北京航空航天大学	1 457
30	中国联合网络通信集团有限公司	1 441

表4－28　2021年新一代信息技术产业国内发明授权主体(前30位)

排名	授权主体	专利数量/件
1	华为技术有限公司	6 375
2	京东方科技集团股份有限公司	3 312
3	腾讯科技(深圳)有限公司	3 153
4	OPPO 广东移动通信有限公司	3 127
5	维沃移动通信有限公司	2 359
6	三星电子株式会社	1 809
7	电子科技大学	1 495
8	中兴通讯股份有限公司	1 385
9	高通股份有限公司	1 265

续表

排名	授权主体	专利数量/件
10	西安电子科技大学	1 190
11	北京小米移动软件有限公司	1 108
12	东南大学	973
13	清华大学	954
14	联想(北京)有限公司	934
15	浙江大学	863
16	中国移动通信集团公司	840
17	北京航空航天大学	840
18	中国联合网络通信集团有限公司	825
19	英特尔公司	766
20	北京邮电大学	754
21	郑州云海信息技术有限公司	750
22	创新先进技术有限公司	748
23	华中科技大学	709
24	大唐移动通信设备有限公司	700
25	瑞典爱立信有限公司	696
26	国家电网有限公司	695
27	苏州浪潮智能科技有限公司	681
28	华南理工大学	678
29	百度在线网络技术(北京)有限公司	670
30	努比亚技术有限公司	646

3. 贵州主要申请主体分析

（1）发明申请专利

2021 年贵州新一代信息技术产业发明专利申请量在 12 件以上的申请人有 13 个，共申请发明专利 699 件，占全省新一代信息技术产业发明专利申请量的 42.78%。如图 4－17 所示。

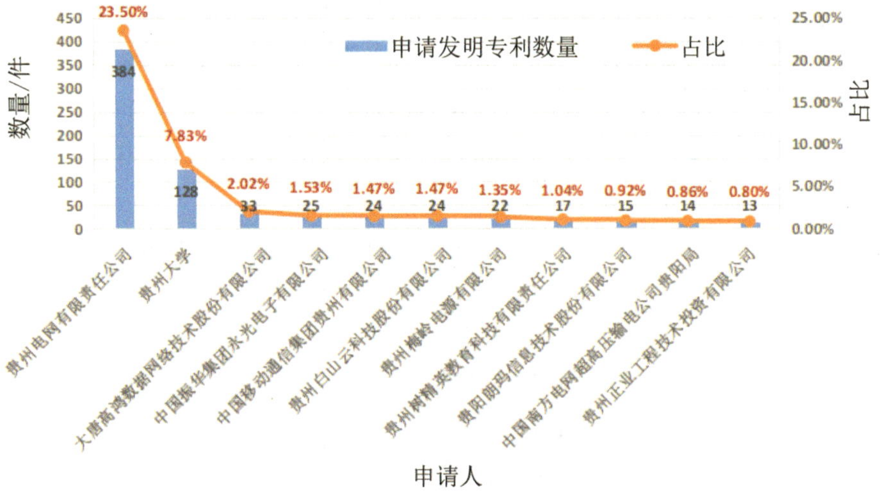

图 4-17　2021 年贵州新一代信息技术产业发明专利申请人排名(12 件以上)

2021 年贵州新一代信息技术产业发明专利申请人有企业、高校、科研院所、机关团体、个人等五种类型,合计 354 个申请主体。其中企业申请人最多,有 282 家;个人申请人次之,有 27 名。

2021 年贵州新一代信息技术产业发明专利企业申请人排名情况如表 4-29 所示。企业申请人中,排名第一的是贵州电网有限责任公司,共申请新一代信息技术产业发明专利 384 件,占全省新一代信息技术产业发明专利申请量的 23.50%;排名第二的是大唐高鸿数据网络技术股份有限公司,共申请新新一代信息技术产业发明专利 33 件,占 2.02%;排名第三的是中国振华集团永光电子有限公司,共申请新一代信息技术产业发明专利 25 件,占 1.53%。

表 4-29　2021 年贵州新一代信息技术产业发明专利企业申请人排名(10 件以上)

排名	申请人	专利数量/件	占比/%
1	贵州电网有限责任公司	384	23.50
2	大唐高鸿数据网络技术股份有限公司	33	2.02
3	中国振华集团永光电子有限公司	25	1.53
4	中国移动通信集团贵州有限公司	24	1.47
5	贵州白山云科技股份有限公司	24	1.47
6	贵州梅岭电源有限公司	22	1.35
7	贵州树精英教育科技有限责任公司	17	1.04
8	贵阳朗玛信息技术股份有限公司	15	0.92
9	中国南方电网有限责任公司超高压输电公司贵阳局	14	0.86
10	贵州正业工程技术投资有限公司	13	0.80
11	中国振华(集团)新云电子元器件有限责任公司(国营第四三二六厂)	11	0.67
12	贵州优联博睿科技有限公司	11	0.67

2021 年贵州新一代信息技术产业发明专利高校申请人排名情况如表 4-30 所示。高校申请人中，排名第一的是贵州大学，共申请新一代信息技术产业发明专利 128 件，占全省新一代信息技术产业发明专利申请量的 7.83%；排名第二的是贵州民族大学，共申请新一代信息技术产业发明专利 11 件，占 0.67%；排名第三的是贵州理工学院，共申请新一代信息技术产业发明专利 105 件，占 0.61%。

表 4-30　2021 年贵州新一代信息技术产业发明专利高校申请人排名（1 件以上）

排名	申请人	专利数量	占比/%
1	贵州大学	128	7.83
2	贵州民族大学	11	0.67
3	贵州理工学院	10	0.61
4	遵义师范学院	9	0.55
5	贵州师范大学	8	0.49
6	贵州工程应用技术学院	7	0.43
7	贵州师范学院	7	0.43
8	铜仁学院	5	0.31
9	六盘水师范学院	4	0.24
10	贵州商学院	4	0.24
11	茅台学院	3	0.18
12	贵州财经大学	3	0.18
13	凯里学院	2	0.12
14	安顺学院	2	0.12
15	贵州广播电视大学（贵州职业技术学院）	2	0.12
16	贵阳学院	2	0.12

2021 年贵州新一代信息技术产业发明专利科研院所申请人排名情况如表 4-31 所示。科研院所申请人中，排名第一的是贵州航天计量测试技术研究所，共申请新一代信息技术产业发明专利 10 件，占全省新一代信息技术产业发明专利申请量的 0.61%；排名第二的是中国航发贵阳发动机设计研究所，共申请新一代信息技术产业发明专利 5 件，占 0.31%；排名第三的是中国科学院地球化学研究所，共申请新一代信息技术产业发明专利 4 件，占 0.24%。

表 4-31　2021 年贵州新一代信息技术产业发明专利科研院所申请人排名

排名	申请人	专利数量	占比//%
1	贵州航天计量测试技术研究所	10	0.61
2	中国航发贵阳发动机设计研究所	5	0.31
3	中国科学院地球化学研究所	4	0.24

续表

排名	申请人	专利数量	占比//%
4	江南机电设计研究所	3	0.18
5	贵州省烟草科学研究院	3	0.18
6	贵州省生物技术研究所(贵州省生物技术重点实验室、贵州省马铃薯研究所、贵州省食品加工研究所)	3	0.18
7	六盘水市农业科学研究院	1	0.06
8	贵州省农作物品种资源研究所	1	0.06
9	贵州省山地资源研究所	1	0.06
10	贵州省水利科学研究院	1	0.06
11	贵州省矿山安全科学研究院	1	0.06
12	贵州省茶叶研究所	1	0.06
13	贵州省草业研究所	1	0.06
14	贵州省蚕业研究所(贵州省辣椒研究所)	1	0.06
15	贵阳市水利水电勘测设计研究院	1	0.06

(2)发明授权专利

2021 年贵州获得新一代信息技术产业发明授权专利 5 件以上的授权主体有 13 个,如图 4-18 所示。这 13 个主体共有发明授权专利 352 件,占全省新一代信息技术产业发明授权专权利量的 64.35%。

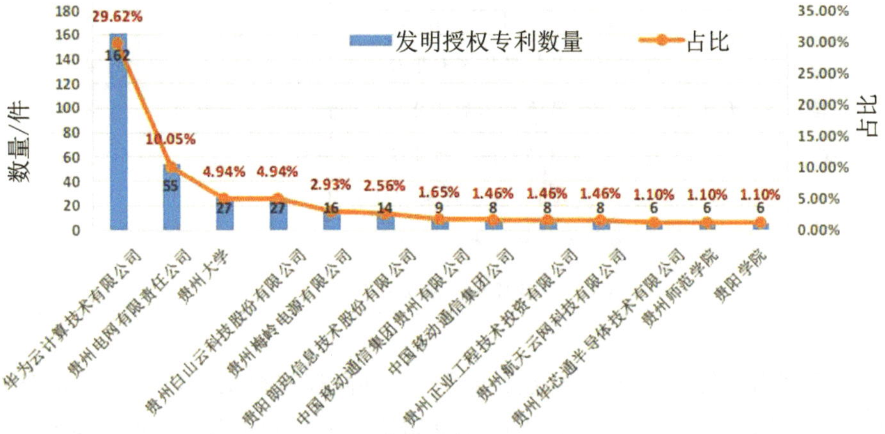

图 4-18 2021 年贵州新一代信息技术产业发明授权主体排名(13 件以上)

2021 贵州新一代信息技术产业发明授权主体有企业、高校、科研院所、机关团体、个人等五种类型，合计156个。其中企业最多，有114家，共获得新一代信息技术产业发明授权专利400件；高校次之，有15家，共获得新一代信息技术产业发明授权专利68件。

2021年贵州新一代信息技术产业发明授权专利企业授权主体排名情况如表4－32所示。贵州企业授权主体中，新一代信息技术产业发明授权专利量排名第一的是华为云计算技术有限公司，有162件，占全省新一代信息技术产业发明授权专利量的29.62%；排名第二的是贵州电网有限责任公司，有55件，占10.05%；排名第三的是贵州白山云科技股份有限公司，有27件，占4.94%。

表4－32　2021年贵州新一代信息技术产业发明授权专利企业授权主体排名(2件以上)

排名	授权主体	专利数量/件	占比/%
1	华为云计算技术有限公司	162	29.62
2	贵州电网有限责任公司	55	10.05
3	贵州白山云科技股份有限公司	27	4.94
4	贵州梅岭电源有限公司	16	2.93
5	贵阳朗玛信息技术股份有限公司	14	2.56
6	中国移动通信集团贵州有限公司	9	1.65
7	中国移动通信集团公司	8	1.46
8	贵州正业工程技术投资有限公司	8	1.46
9	贵州航天云网科技有限公司	8	1.46
10	贵州华芯通半导体技术有限公司	6	1.10
11	中国南方电网有限责任公司超高压输电公司天生桥局	5	0.91
12	航天江南集团有限公司	5	0.91
13	贵州航天电子科技有限公司	5	0.91
14	智广海联大数据技术有限公司	4	0.73
15	中国振华(集团)新云电子元器件有限责任公司(国营第四三二六厂)	3	0.55
16	中国电建集团贵阳勘测设计研究院有限公司	3	0.55
17	智广海联(天津)大数据技术有限公司	3	0.55
18	贵州云侠科技有限公司	3	0.55
19	贵州华宁科技股份有限公司	3	0.55

2021年贵州新一代信息技术产业发明授权专利高校授权主体排名情况如表4－33所示。高校授权主体中，新一代信息技术产业发明授权专利量排名第一的是贵州大学，有27件，占全省新一代信息技术产业发明授权专利量的4.94%；排名并列第二的是贵州师范学院和贵阳学院，各有6件，各占1.10%；排名第四的是贵州民族大学，有5件，占0.91%。

表4－33　2021年贵州新一代信息技术产业发明授权专利高校授权主体排名

排名	授权主体	专利数量/件	占比/%
1	贵州大学	27	4.94
2	贵州师范学院	6	1.10
3	贵阳学院	6	1.10
4	贵州民族大学	5	0.91
5	安顺学院	4	0.73
6	贵州理工学院	4	0.73
7	贵州财经大学	3	0.55
8	六盘水师范学院	2	0.37
9	贵州工程应用技术学院	2	0.37
10	贵州师范大学	2	0.37
11	遵义职业技术学院	2	0.37
12	茅台学院	1	0.18
13	贵州中医药大学	1	0.18
14	遵义医科大学	1	0.18
15	遵义师范学院	1	0.18
16	铜仁学院	1	0.18

2021年贵州新一代信息技术产业发明授权专利科研院所授权主体排名情况如表4－34所示。科研院所授权主体中，排名第一的是贵州航天计量测试技术研究所，有新一代信息技术产业发明授权专利5件，占全省新一代信息技术产业发明授权专利量的0.91%；排名第二的是贵州省计量测试院，有新一代信息技术产业发明专利3件，占0.55%；排名第三的是贵阳信息技术研究院（中科院软件所贵阳分部），有新一代信息技术产业发明授权专利2件，占0.37%。

表4－34　2021年贵州新一代信息技术产业发明授权专利科研院所授权主体排名

排名	授权主体	专利数量/件	占比/%
1	贵州航天计量测试技术研究所	5	0.91
2	贵州省计量测试院	3	0.55
3	贵阳信息技术研究院（中科院软件所贵阳分部）	2	0.37
4	中国科学院地球化学研究所	1	0.18
5	贵州省草业研究所	1	0.18

（3）有效发明专利

截至2021年底，贵州拥有新一代信息技术产业有效发明专利15件以上的专利权人有

14个,如图4-19所示。这14个专利权人共拥有新一代信息技术产业有效发明专利1 094件,占全省新一代信息技术产业有效发明专利量的58.41%。

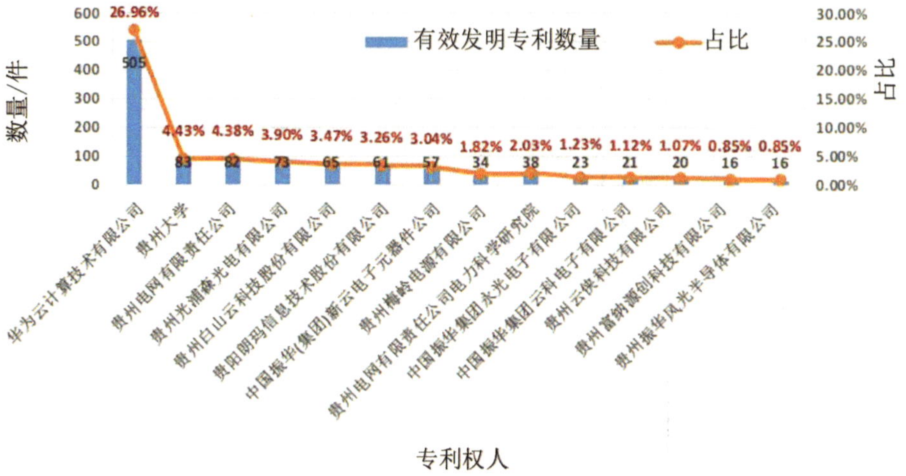

图4-19　贵州新一代信息技术产业有效发明专利权人排名(15件以上)

贵州新一代信息技术产业有效发明专利权人有企业、高校、科研院所、机关团体、个人五种类型,合计354个主体,其中企业最多,有282家,共拥有该领域有效发明1 552件,占比82.86%;个人次之,有37名。

贵州新一代信息技术产业有效发明企业专利权人排名情况如表4-35所示。企业专利权人中,新一代信息技术产业有效发明专利拥有量排名第一的是华为云计算技术有限公司,有505件,占全省新一代信息技术产业有效发明专利量的26.96%;排名第二的是贵州电网有限责任公司,有82件,占4.38%;排名第三的是贵州光浦森光电有限公司,有73件,占3.90%。

表4-35　贵州新一代信息技术产业有效发明企业专利权人排名(11件以上)

排名	专利权人	专利数量/件	占比/%
1	华为云计算技术有限公司	505	26.96
2	贵州电网有限责任公司	82	4.38
3	贵州光浦森光电有限公司	73	3.90
4	贵州白山云科技股份有限公司	65	3.47
5	贵阳朗玛信息技术股份有限公司	61	3.26
6	中国振华(集团)新云电子元器件有限责任公司	57	3.04
7	贵州梅岭电源有限公司	34	1.82
8	中国振华集团永光电子有限公司	23	1.23
9	中国振华集团云科电子有限公司	21	1.12
10	贵州云侠科技有限公司	20	1.07

续表

排名	专利权人	专利数量/件	占比/%
11	贵州富纳源创科技有限公司	16	0.85
12	贵州振华风光半导体有限公司	16	0.85
13	贵州航天电子科技有限公司	15	0.80
14	贵州正业工程技术投资有限公司	15	0.80
15	识骅科技股份有限公司	15	0.80
16	贵阳海信电子有限公司	14	0.75
17	贵州雅光电子科技股份有限公司	13	0.69
18	贵州电网公司电力调度控制中心	12	0.64
19	贵州航天云网科技有限公司	12	0.64

贵州新一代信息技术产业有效发明高校专利权人排名情况如表 4-36 所示。高校专利权人中,新一代信息技术产业有效发明专利拥有量排名第一的是贵州大学,有 83 件,占全省新一代信息技术产业有效发明专利量的 4.43%;排名第二的是贵州民族大学,有 11 件,占 0.59%;排名第三的是贵州理工学院,有 9 件,占 0.48%。

表 4-36　贵州新一代信息技术产业有效发明高校专利权人排名

排名	专利权人	专利数量/件	占比/%
1	贵州大学	83	4.43
2	贵州民族大学	11	0.59
3	贵州理工学院	9	0.48
4	安顺学院	7	0.37
5	贵州师范学院	7	0.37
6	贵阳学院	6	0.32
7	遵义医科大学	5	0.27
8	贵州财经大学	4	0.21
9	贵州师范大学	3	0.16
10	遵义师范学院	3	0.16
11	遵义职业技术学院	3	0.16
12	铜仁学院	2	0.11
13	贵州医科大学附属医院	1	0.05
14	贵州中医药大学	1	0.05
15	贵州工程应用技术学院	1	0.05
16	贵州航天工业学校	1	0.05
17	六盘水师范学院	1	0.05
18	茅台学院	1	0.05
19	铜仁职业技术学院	1	0.05

贵州新一代信息技术产业有效发明科研院所专利权人排名情况如表4－37所示。科研院所专利权人中，新一代信息技术产业有效发明专利拥有量排名第一的是贵州电网有限责任公司电力科学研究院，有38件，占全省新一代信息技术产业有效发明专利量的2.03%；排名第二的是贵州航天计量测试技术研究所，有12件，占0.64%；排名第三的是贵州省计量测试院，有5件，占0.27%。

表4－37　贵州新一代信息技术产业有效发明科研院所专利权人排名

排名	专利权人	专利数量/件	占比/%
1	贵州电网有限责任公司电力科学研究院	38	2.03
2	贵州航天计量测试技术研究所	12	0.64
3	贵州省计量测试院	5	0.27
4	中国科学院地球化学研究所	5	0.27
5	贵阳信息技术研究院(中科院软件所贵阳分部)	3	0.16
6	中国科学院软件研究所	3	0.16
7	贵州省草业研究所	2	0.11
8	贵州省建筑设计研究院	1	0.05
9	贵州贵航飞机设计研究所	1	0.05
10	江南机电设计研究所	1	0.05
11	中国电力科学研究院	1	0.05

4.专利市（州）分布

（1）发明申请专利

2021年贵州新一代信息技术产业发明申请专利在9个市(州)的分布情况如表4－38所示。新一代信息技术产业发明申请专利量最高的是贵阳市，共申请该产业发明专利1 359件，占比83.17%，区域排名前三的申请人为贵州电网有限责任公司、贵州大学、大唐高鸿数据网络技术股份有限公司；其次是遵义市，共申请该产业发明专利105件，占比6.43%，区域排名前三的申请人为贵州梅岭电源有限公司、遵义师范学院、遵义医科大学附属医院；排名第三的是安顺市，共申请该产业发明专利37件，占比2.26%，区域排名前三的申请人为贵州树精英教育科技有限责任公司、中航贵州飞机有限责任公司、安顺市颐秀合科技有限公司。

表4-38　2021年贵州新一代信息技术产业发明申请专利市(州)分布

序号	市(州)	专利数量/件	占比/%	重要申请人(专利数量/件)
1	贵阳市	1 359	83.17	贵州电网有限责任公司(348) 贵州大学(128) 大唐高鸿数据网络技术股份有限公司(33)
2	遵义市	105	6.43	贵州梅岭电源有限公司(22) 遵义师范学院(9) 遵义医科大学附属医院(7)
3	安顺市	37	2.26	贵州树精英教育科技有限责任公司 (17) 中航贵州飞机有限责任公司 (4) 安顺市颐秀合科技有限公司 (2)
4	毕节市	36	2.20	贵州工程应用技术学院(7) 贵州正业工程技术投资有限公司 (6) 刘熙明 (2)
5	铜仁市	25	1.53	铜仁学院 (5) 贵州乌江水电开发有限责任公司沙沱发电厂 (2) 贵州优品睡眠健康产业有限公司 (2)
6	黔东南州	22	1.35	贵州凯晟电子技术有限公司 (1) 贵州凯里经济开发区中昊电子有限公司 (1) 贵州振华华联电子有限公司(1)
7	黔西南州	20	1.22	中国南方电网有限责任公司超高压输电公司天生桥局 (4) 南方电网调峰调频发电有限公司西部检修试验分公司 (4) 贵州天地医疗器械有限责任公司 (3)
8	黔南州	19	1.16	中共黔南自治州纪律检查委员会 (2) 贵州精英天成科技股份有限公司 (2) 国能福泉发电有限公司 (1)
9	六盘水市	11	0.67%	六盘水师范学院 (4) 六盘水市农业科学研究院 (1) 大唐贵州发耳发电有限公司(1)

（2）发明授权专利

2021年贵州新一代信息技术产业发明授权专利在9个市(州)的分布情况如表4-39所示。贵州新一代信息技术产业发明授权专利拥有量最高的是贵阳市，有481件，占比87.93%，区域排名前三的授权主体为华为云计算技术有限公司、贵州电网有限责任公司、贵州大学和贵州白山云科技股份有限公司；其次是遵义市，有41件，占比7.50%，区域排名前三的授权主体有贵州梅岭电源有限公司、贵州云侠科技有限公司、贵州华宁科技股份有限公司；排名第三的是安顺市，有6件，占比1.10%，区域主要授权主体有安顺学院 、安顺迪讯科技有限公司。

表4－39　2021年贵州新一代信息技术产业发明授权专利市(州)分布

序号	市(州)	专利数量/件	占比/%	重要授权主体(专利数量/件)
1	贵阳市	481	87.93	华为云计算技术有限公司(162) 贵州电网有限责任公司(55) 贵州大学(27) 贵州白山云科技股份有限公司(27) 贵阳朗玛信息技术股份有限公司(14) 中国移动通信集团贵州有限公司(9)
2	遵义市	41	7.50	贵州梅岭电源有限公司(16) 贵州云侠科技有限公司(3) 贵州华宁科技股份有限公司(3)
3	安顺市	6	1.10	安顺学院(4) 安顺迪讯科技有限公司(2)
4	铜仁市	5	0.91	铜仁学院(1) 贵州倍易通科技有限公司(1) 贵州弘邦电子科技有限公司(1) 贵州旭业光电有限公司(1)
5	黔西南州	5	0.91	中国南方电网有限责任公司超高压输电公司天生桥局(5)
6	六盘水市	3	0.55	六盘水师范学院(2) 首钢水城钢铁(集团)赛德建设有限公司(1)
7	毕节市	3	0.55	贵州工程应用技术学院(2) 华能威宁风力发电有限公司(1)
8	黔南州	3	0.55	贵州农品台网络有限公司(1) 贵州电网有限责任公司都匀供电局(1)

(3)有效发明专利

贵州新一代信息技术产业有效发明专利在9个市(州)的分布情况如表4－40所示。新一代信息技术产业有效发明专利拥有量最高的是贵阳市,有1 531件,占比81.74%,区域排名前三的专利权人为华为云计算技术有限公司、贵州大学、贵州电网有限责任公司;其次是遵义市,有202件,占比10.78%,区域排名前三的专利权人有贵州梅岭电源有限公司、贵州云侠科技有限公司、贵州航天电子科技有限公司;排名第三的是黔西南州,有34件,占比1.82%,区域主要专利权人为、中国南方电网有限责任公司超高压输电公司天生桥局、兴义供电局。

表4-40　贵州新一代信息技术产业有效发明专利量市(州)分布

序号	市(州)	专利数量/件	占比/%	重要专利权人(专利数量/件)
1	贵阳市	1 531	81.74	华为云计算技术有限公司(505) 贵州大学(83) 贵州电网有限责任公司(82)
2	遵义市	202	10.78	贵州梅岭电源有限公司(34) 贵州云侠科技有限公司(20) 贵州航天电子科技有限公司(15)
3	黔西南州	34	1.82	中国南方电网有限责任公司超高压输电公司天生桥局(10) 兴义供电局(1)
4	安顺市	31	1.66	安顺学院(7) 贵州华旭光电技术有限公司(4) 贵州富纳源创科技有限公司(4)
5	铜仁市	18	0.96	铜仁学院(2) 贵州旭业光电有限公司(2) 贵州倍易通科技有限公司(1)
6	六盘水市	17	0.91	贵州电网公司六盘水供电局(5) 首钢水城钢铁(集团)赛德建设有限公司(2) 贵州御琨研成科技有限公司(2)
7	毕节市	15	0.80	毕节横渠信息技术有限公司(2) 贵州海悦科技立体停车设备有限公司(2) 贵州联尚科技有限公司(1)
8	黔东南州	15	0.80	贵州云睿电子科技有限公司(1) 贵州振华华联电子有限公司(1) 凯里云瀚智慧城市运营管理有限公司(1)
9	黔南州	10	0.53	都匀供电局(3) 贵州农品台网络有限公司(1) 贵州迦太利华信息科技有限公司(1)

5. 专利技术构成

(1)发明申请专利

根据专利所属的IPC分类统计情况,2021年贵州新一代信息技术产业发明申请专利技术构成排名情况如表4-41所示,涉及电数字处理、数据处理系统应用、图形数据读取、数字信息传输、无线通信网络等技术。发明申请专利量排名第一的技术是G06F,即电数字数据处理，共有发明申请专利641件；排名第二的技术是G06Q，即专门适用于行政、商业、金融、管理、监督或预测目的的数据处理系统或方法，共有发明申请专利445件；排名第三的技术是G06K，即图形数据读取，共有发明申请专利312件。

表4-41　2021年贵州新一代信息技术产业发明申请专利技术构成排名（前10位）

排名	IPC分类号（小类）	IPC解释	专利数量/件
1	G06F	电数字数据处理	641
2	G06Q	专门适用于行政、商业、金融、管理、监督或预测目的的数据处理系统或方法	445
3	G06K	图形数据读取	312
4	G06N	基于特定计算模型的计算机系统	208
5	H04L	数字信息的传输	144
6	G06T	一般的图像数据处理或产生	95
7	H04W	无线通信网络	86
8	G08B	信号装置或呼叫装置；指令发信装置；报警装置	82
9	H04N	图像通信，如电视	57
10	G16H	医疗保健信息学	54

2021年贵州省新一代信息技术产业主要发明申请人的优势技术如表4-42所示。贵州电网有限责任公司、贵州大学、中国移动通信集团贵州有限公司的优势技术是电数字数据处理，以及专门适用于行政、商业、金融、管理、监督或预测目的的数据处理系统或方法等方面的技术；大唐高鸿数据网络技术股份有限公司、中国移动通信集团贵州有限公司的优势技术是无线通信网络、数字信息的传输研究等方面的技术；中国振华集团永光电子有限公司的优势技术是半导体器件、测量电变量等方面的技术。

表4-42　2021年贵州新一代信息技术产业主要发明申请人优势技术

序号	申请人	专利数量/件	优势技术（专利数量/件）
1	贵州电网有限责任公司	384	G06F 电数字数据处理（107） G06Q 专门适用于行政、商业、金融、管理、监督或预测目的的数据处理系统或方法（75） G06K 图形数据读取（35）
2	贵州大学	128	G06F 电数字数据处理（31） G06Q 专门适用于行政、商业、金融、管理、监督或预测目的的数据处理系统或方法（21） G06K 图形数据读取（21）

续表

序号	申请人	专利数量/件	优势技术(专利数量/件)
3	大唐高鸿数据网络技术股份有限公司	33	H04W 无线通信网络(18) H04L 数字信息的传输(6) G08G 交通控制系统(6)
4	中国振华集团永光电子有限公司	25	H01L 半导体器件(24) G01R 测量电变量(1)
5	中国移动通信集团贵州有限公司	24	G06F 电数字数据处理(9) H04L 数字信息的传输(6) H04W 无线通信网络(6)
6	贵州白山云科技股份有限公司	24	H04L 数字信息的传输(13) G06F 电数字数据处理(10) G06Q 专门适用于行政、商业、金融、管理、监督或预测目的的数据处理系统或方法(1)
7	贵州梅岭电源有限公司	22	H01M 用于直接转变化学能为电能的方法或装置,例如电池组(17) H01G 电容器;电解型的电容器、整流器、检波器、开关器件、光敏器件或热敏器件(3)
8	贵州树精英教育科技有限责任公司	17	G06Q 专门适用于行政、商业、金融、管理、监督或预测目的的数据处理系统或方法(8) G06F 电数字数据处理(6) H04L 数字信息的传输(1)
9	贵阳朗玛信息技术股份有限公司	15	G06Q 专门适用于行政、商业、金融、管理、监督或预测目的的数据处理系统或方法(7) G06K 图形数据读取(2) H04W 无线通信网络(2)
10	中国南方电网超高压输电公司贵阳局	14	G06F 电数字数据处理(3) G05D 非电变量的控制或调节系统(3) G06Q 专门适用于行政、商业、金融、管理、监督或预测目的的数据处理系统或方法(2)

对2021年贵州省新一代信息技术产业发明申请专利技术内容进行分析,对关键词进行聚类得到图4－20。由图可知,2021年该产业发明申请专利的技术内容主要集中在数据治理、变压器负载、深度学习、支护结构设计等方面。

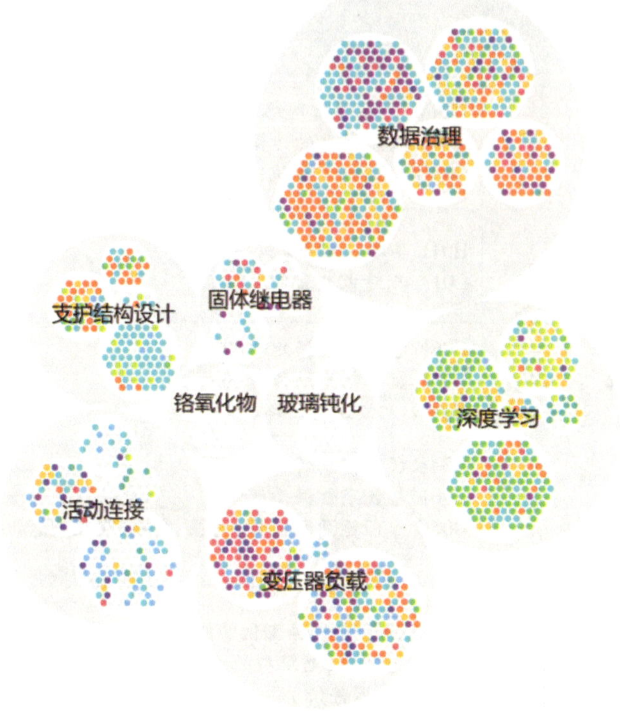

图 4－20　2021 年贵州新一代信息技术产业发明申请专利技术内容聚类分子云图

（2）发明授权专利

根据专利所属的 IPC 分类情况统计,2021 年贵州新一代信息技术产业发明授权专利技术构成排名情况如表 4－43 所示,涉及电数字处理、数字信息传输、数据处理系统应用、图形数据读取等技术。发明授权专利量排名第一的技术是 G06F,即电数字数据处理,有发明授权专利 203 件;排名第二的技术是 H04L,即数字信息的传输,有发明授权专利 151 件;排名第三的利技术是 G06Q,即专门适用于行政、商业、金融、管理、监督或预测目的的数据处理系统或方法,有发明授权专利 63 件。

表 4－43　2021 年贵州新一代信息技术产业发明授权专利技术构成排名(前 10 位)

排名	IPC 主分类号（小类）	IPC 解释	专利数量/件
1	G06F	电数字数据处理	203
2	H04L	数字信息的传输	151
3	G06Q	专门适用于行政、商业、金融、管理、监督或预测目的的数据处理系统或方法	63
4	H04W	无线通信网络	57
5	G06K	图形数据读取	54

续表

排名	IPC 主分类号（小类）	IPC 解释	专利数量/件
6	G06N	基于特定计算模型的计算机系统	27
7	G06T	图像的处理	21
8	G08G	交通控制系统	15
9	H04B	传输	15
10	H01M	用于直接转变化学能为电能的方法或装置，例如电池组	14

2021 年贵州新一代信息技术产业发明授权专利主要授权主体的优势技术如表 4－44 所示。华为云计算技术有限公司的优势技术是电数字数据处理、数字信息传输等方面的技术；贵州电网有限责任公司、贵州航天云网科技有限公司的优势技术是专门适用于行政、商业、金融、管理、监督或预测目的的数据处理系统或方法、电数字数据处理等方面的技术；贵州白山云科技股份有限公司、贵阳朗玛信息技术股份有限公司、中国移动通信集团贵州有限公司的优势技术是数字信息的传输等方面的技术；贵州梅岭电源有限公司的优势技术是用于直接转变化学能为电能的方法或装置等方面的技术。

表 4－44　2021 年贵州新一代信息技术产业发明授权专利主要授权主体的优势技术

序号	授权主体	专利数量/件	优势技术（专利数量/件）
1	华为云计算技术有限公司	162	G06F 电数字数据处理（81） H04L 数字信息的传输，例如电报通信（78） H04W 无线通信网络（37）
2	贵州电网有限责任公司	55	G06Q 专门适用于行政、商业、金融、管理、监督或预测目的的数据处理系统或方法（19） G06F 电数字数据处理（18） G06K 图形数据读取（9）
3	贵州大学	27	G06F 电数字数据处理（8） G06K 图形数据读取（8） G06N 基于特定计算模型的计算机系统（6）
4	贵州白山云科技股份有限公司	27	H04L 数字信息的传输，例如电报通信（22） G06F 电数字数据处理（3） G06Q 专门适用于行政、商业、金融、管理、监督或预测目的的数据处理系统或方法（1）
5	贵州梅岭电源有限公司	16	H01M 用于直接转变化学能为电能的方法或装置，例如电池组（13） H01G 电容器；电解型的电容器、整流器、检波器、开关器件、光敏器件或热敏器件（2）

续表

序号	授权主体	专利数量/件	优势技术（专利数量/件）
6	贵阳朗玛信息技术股份有限公司	14	H04L 数字信息的传输，例如电报通信（7） H04M 电话通信（6） G06F 电数字数据处理（2）
7	中国移动通信集团贵州有限公司	9	H04W 无线通信网络（5） H04L 数字信息的传输，例如电报通信（4） H04M 电话通信（1）
8	贵州正业工程技术投资有限公司	8	G06F 电数字数据处理（6）
9	贵州航天云网科技有限公司	8	G06Q 专门适用于行政、商业、金融、管理、监督或预测目的的数据处理系统或方法（5） H04L 数字信息的传输，例如电报通信（4） G06F 电数字数据处理（2）
10	贵州华芯通半导体技术有限公司	6	G06F 电数字数据处理（5） H04L 数字信息的传输，例如电报通信（1）

对2021年贵州省新一代信息技术产业发明授权专利技术内容进行分析，对关键词进行聚类得到图4－21。由图可知，2021年该产业发明授权专利的技术内容主要集中在车联网、智能网站、需求预测、热电池等方面。

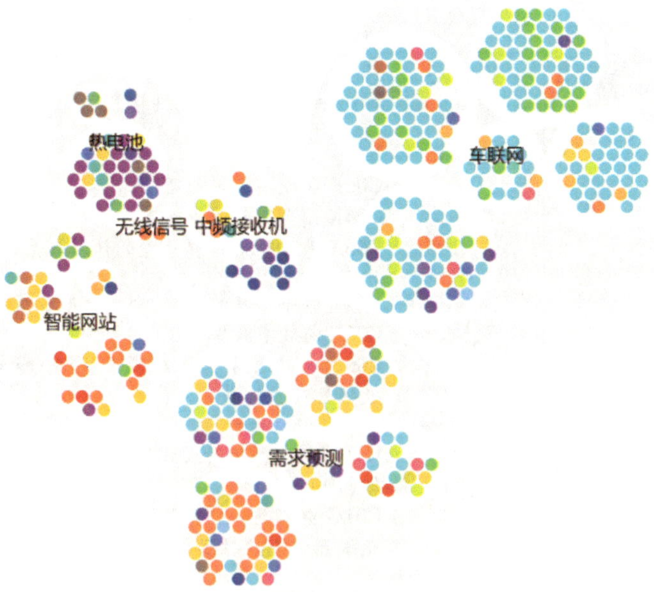

图4－21　2021年贵州新一代信息技术产业发明授权专利技术内容聚类分子云图

（3）有效发明专利

根据专利所属的IPC分类统计情况，贵州新一代信息技术产业有效发明专利技术构成排名情况如表4－45所示，涉及电数字数据处理、数字信息传输、数据处理系统应用、图形数据读取等技术。有效发明专利量排名第一的技术是G06F，即电数字数据处理，共拥有有效发明专利563件；排名第二的技术是H04L，即数字信息的传输，共拥有有效发明专利306件；排名第三的技术是G06Q，即专门适用于行政、商业、金融、管理、监督或预测目的的数据处理系统或方法，共拥有有效发明专利209件。

表4－45　贵州新一代信息技术产业有效发明专利技术构成排名（前10种）

排名	IPC分类号（小类）	IPC解释	专利数量/件
1	G06F	电数字数据处理	563
2	H04L	数字信息的传输，例如电报通信	306
3	G06Q	专门适用于行政、商业、金融、管理、监督或预测目的的数据处理系统或方法	209
4	G06K	图形数据读取	167
5	G06N	基于特定计算模型的计算机系	116
6	H04W	无线通信网	108
7	H01L	半导体器件	103
8	F21V	照明装置或其系统的功能特征或零部件	95
9	F21Y	涉及到光源的构成或类型或者所发射的光的颜色与小类	91
10	H01G	电容器；电解型的电容器、整流器、检波器、开关器件、光敏器件或热敏器件	90

贵州新一代信息技术产业有效发明专利主要专利权人的优势技术如表4－46所示。贵州电网有限责任公司、贵州大学、贵州电网有限责任公司电力科学研究院的优势技术是电数字数据处理等方面的技术；华为云计算技术有限公司、贵州白山云科技股份有限公司、贵阳朗玛信息技术股份有限公司、中国移动通信集团贵州有限公司的优势技术是数字信息的传输等方面的技术；贵州光浦森光电有限公司的优势技术是非便携式照明装置或其系统，专门适用于车辆外部的车辆照明设备等方面的技术；贵州梅岭电源有限公司的优势技术是电池和电容器等方面的技术；中国振华（集团）新云电子元器件有限责任公司的优势技术是电容器，以及电解型的电容器、整流器、检波器、开关器件、光敏器件或热敏器件研究等方面的技术。

表4－46　贵州新一代信息技术产业有效发明专利主要专利权人的优势技术

专利权人	专利数量/件	优势技术（专利数量/件）
华为云计算技术有限公司	505	G06F 电数字数据处理（261） H04L 数字信息的传输，例如电报通信（231） H04W 无线通信网络（39）
贵州大学	83	G06F 电数字数据处理（14） G06K 基于特定计算模型的计算机系统（6） H01L 半导体器件（6）
贵州电网有限责任公司	82	G06F 电数字数据处理（17） G06Q 专门适用于行政、商业、金融、管理、监督或预测目的的数据处理系统或方法（15） G06K 图形数据读取（10）
贵州光浦森光电有限公司	73	F21S 非便携式照明装置或其系统；专门适用于车辆外部的车辆照明设备（60） F21K 应用荧光的非电光源；应用场致化学发光的光源等（7） H01L 半导体器件；其他类目中不包括的电固体器件（3）
贵州白山云科技股份有限公司	65	H04L 数字信息的传输，例如电报通信（55） G06F 电数字数据处理（13）
贵阳朗玛信息技术股份有限公司	61	G06F 电数字数据处理（18） H04L 数字信息的传输，例如电报通信（17） H04M 电话通信（7）
中国振华（集团）新云电子元器件有限责任公司	57	H01G 电容器；电解型的电容器、整流器、检波器、开关器件、光敏器件或热敏器件（55） H03H 阻抗网络，例如谐振电路；谐振器（1）
贵州电网有限责任公司电力科学研究院	38	G06F 电数字数据处理（6） H04L 数字信息的传输，例如电报通信（9） G06Q 专门适用于行政、商业、金融、管理、监督或预测目的的数据处理系统或方法；其他类目不包含的专门适用于行政、商业、金融、管理、监督或预测目的的处理系统或方法（5）
贵州梅岭电源有限公司	34	H01M 用于直接转变化学能为电能的方法或装置，例如电池组（29） C09K 不包含在其他类目中的各种应用材料；不包含在其他类目中的材料的各种应用（3） H01G 电容器；电解型的电容器、整流器、检波器、开关器件、光敏器件或热敏器件（2）
中国振华集团永光电子有限公司	23	H01L 半导体器件；其他类目中不包括的电固体器件（19） H05K 印刷电路；电设备的外壳或结构零部件；电气元件组件的制造（1）

对贵州新一代信息技术产业有效发明专利的技术内容进行分析，对关键词进行聚类得到图4－22。由图可知，该产业有效发明专利技术内容主要集中在管理系统、电脑机箱、钽电容器、中频接收机、线路覆冰方面。

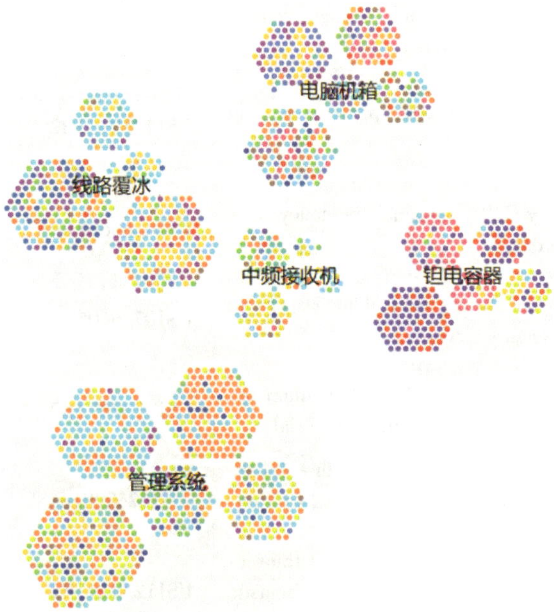

图4－22　贵州新一代信息技术产业有效发明专利技术内容聚类分子云图

（二）国外专利数据分析

贵州新一代信息技术产业国外有效发明专利信息如表4－47所示。截至检索日期，贵州共有新一代信息技术产业国外有效发明专利40件，数量最多的是贵州光浦森光电有限公司，有7件；其次是华为云计算技术有限公司，有6件。

表4－47　贵州新一代信息技术产业国外有效发明专利信息

序号	专利标题	公开号	同族数量	专利权人（翻译）
1	Visual efficacy determining method for non-coloured objects in different light environments and system thereof	US10354022B2	8	北京工业大学，贵州高速公路集团
2	Illumination standard calculation method and system for a tunnel entrance section in daytime based on safe visual recognition	US10452929B2	8	北京工业大学，贵州高速公路集团

续表

序号	专利标题	公开号	同族数量	专利权人(翻译)
3	Method and device for generating cdn coverage scheme, and computer-readable storage medium and computer device thereof	US11121939B2	6	贵州白山云科技股份有限公司
4	Method, device, medium and apparatus for cdn inter-node encryption	US11252133B2	6	贵州白山云科技股份有限公司
5	Cyclic-frequency shift orthogonal frequency division multiplex device	US10263662B2	6	贵州濎通芯物联技术有限公司
6	Visual efficacy measuring method for objects in different light environments	US10746605B2	6	北京工业大学,贵州高速公路集团
7	Method for preparing polyaniline/ruthenium oxide/tin dioxide composite electrode material	US10832872B2	4	贵州理工学院
8	Method and device for obtaining three-phase power flow of power distribution network with ungrounded transformers	US9625929B2	4	清华大学,贵州电网有限责任公司
9	Concurrency control method of database transaction combining optimistic lock and pessimistic lock	US11263197B2	3	贵州易鲸捷信息技术有限公司
10	Distributed pessimistic lock based on hbase storage and the implementation method thereof	US11392576B2	3	贵州易鲸捷信息技术有限公司
11	Adaptive neural network control method for arch-shaped microelectromechanical system	AU2018100710A4	3	贵州大学
12	Website access method, apparatus, and website system	AU2015401229B2	23	华为云计算技术有限公司
13	Method and device for group management in machine communication	AU2012395266B2	22	华为云计算技术有限公司
14	Operation trigger method and device for machine-to-machine communications	AU2013379634B2	22	华为云计算技术有限公司
15	Universal led bulb construction method clamping ring structured led bulb and led lamp	IN335924B	2	贵州光浦森光电有限公司
16	Method for constructing universal led bulb and snap ring lens type led bulb and led lamp	IN331191B	2	贵州光浦森光电有限公司
17	Method for constructing universal led bulb, flange inner snap ring type led bulb and lamp	IN331201B	2	贵州光浦森光电有限公司

续表

序号	专利标题	公开号	同族数量	专利权人(翻译)
18	Revocation method of attribute-based collaborative access control	AU2020104358A4	2	贵州大学
19	Cloud application disaster recovery method, system and device	AU2013403767B2	19	华为云计算技术有限公司
20	Method for updating data table of keyvalue database and apparatus for updating table data	AU2015316450B2	16	华为云计算技术有限公司
21	Method for constructing universal led bulb and flange inner snap ring type led bulb and lamp	EP2876358B1	14	贵州光浦森光电有限公司
22	Management of multiple clusters of distributed file systems	AU2017254926B2	14	华为云计算技术有限公司
23	High-power led lamp cooling device and manufacturing method therefor	AU2014301912B2	13	Chen Zhiming, Gu Wei, 苏州伟源新材料科技有限公司
24	Low light failure, high-power led street lamp and method for manufacturing the same	AU2014301911B2	13	Chen Zhiming, Gu Wei, 苏州伟源新材料科技有限公司
25	Universal-led-bulb construction method, clamping-ring-structured led bulb, and led lamp	EP2881647B1	13	贵州光浦森光电有限公司
26	Method for constructing universal led bulb and flange snap ring type led bulb and led lamp	EP2876356B1	10	贵州光浦森光电有限公司
27	Method for forming led bulb with high interchangeability and universality and integrated led bulb and lamp	EP2886933B1	10	贵州光浦森光电有限公司
28	Food quality research and judgment and decision support system based on big data	AU2021105528A4	1	食品安全与营养(贵州)信息科技有限公司
29	Prediction method for alpine vegetation in a high-altitude permafrost region	NL2022102B1	1	贵州省草业研究所
30	A method for extracting vegetation information from aerial photographs of synergistic remote sensing images	AU2020100917A4	1	贵州省草业研究所
31	A multi-source remote sensing data classification method based on the classification sample points extracted by the uav	AU2020101054A4	1	贵州省草业研究所
32	A parallel association mining algorithm for analyzing passenger travel characteristics	AU2020101071A4	1	贵州民族大学
33	An efficient distributed method for real-time traffic flow prediction	AU2020101405A4	1	贵州民族大学

续表

序号	专利标题	公开号	同族数量	专利权人(翻译)
34	A robust method for distributed traffic subarea division	AU2020101943A4	1	贵州民族大学
35	A spark-based deep learning method for data-driven traffic flow forecasting	AU2020102350A4	1	贵州民族大学
36	A novel deep learning approach for distributed traffic flow forecasting	AU2020101023A4	1	贵州民族大学
37	A physical and chemical data analysis system for food safety risk monitoring	AU2020103340A4	1	贵州省疾病预防控制中心
38	Analysis of speech recognition methods for deep learning based on artificial intelligence	AU2021104240A4	1	Lan Jie, Ma Chaoyuehao, Shen Yusen, Zhou Jialu
39	Intelligent inspection device for electric power communication	AU2021100019A4	1	Zhou Qian
40	A sampling and twice-permutation method based on svd for large-scale correlated random variables	AU2020104233A4	1	贵州大学

(三)互联网与云计算、大数据服务产业有效发明专利分析

1.国内有效发明专利数据分析

筛选贵州互联网与云计算、大数据服务产业国内有效发明专利数据,得到244件专利。

(1)主要专利权人

贵州互联网与云计算、大数据服务产业国内有效发明主要专利权人排名情况如图4-23、表4-48所示。排名第一的是华为云计算技术有限公司,共拥有互联网与云计算、大数据服务产业有效发明专利136件,占全省互联网与云计算、大数据服务有效发明专利量的55.74%;排名第二的是贵州电网有限责任公司,共拥有互联网与云计算、大数据服务产业有效发明专利12件,占4.92%;排名第三的是贵州大学,共拥有互联网与云计算、大数据服务产业有效发明专利9件,占3.69%。

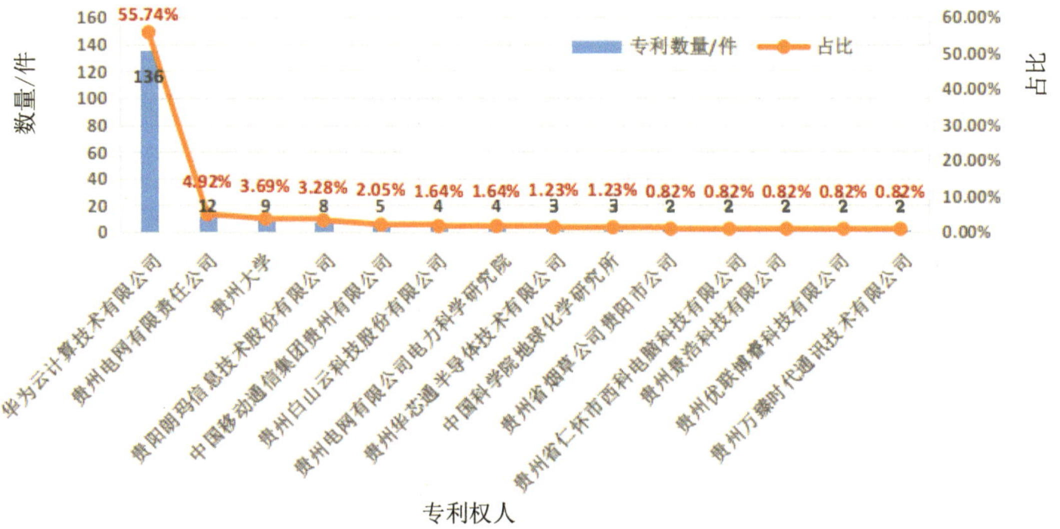

图 4－23　贵州互联网与云计算、大数据服务产业国内有效发明专利权人排名(1 件以上)

表 4－48　贵州互联网与云计算、大数据服务产业国内有效发明主要专利权人排名(1 件以上)

排名	专利权人	专利数量/件	占比/%
1	华为云计算技术有限公司	136	55.74
2	贵州电网有限责任公司	12	4.92
3	贵州大学	9	3.69
4	贵阳朗玛信息技术股份有限公司	8	3.28
5	中国移动通信集团贵州有限公司	5	2.05
6	贵州白山云科技股份有限公司	4	1.64
7	贵州电网有限责任公司电力科学研究院	4	1.64
8	贵州华芯通半导体技术有限公司	3	1.23
9	中国科学院地球化学研究所	3	1.23
10	贵州省烟草公司贵阳市公司	2	0.82
11	贵州省仁怀市西科电脑科技有限公司	2	0.82
12	贵州景浩科技有限公司	2	0.82
13	贵州优联博睿科技有限公司	2	0.82
14	贵州万臻时代通讯技术有限公司	2	0.82

（2）专利技术内容

对2021年贵州互联网与云计算、大数据服务产业国内有效发明专利技术内容进行分析，对关键词进行聚类得到图4－24。由图可知，2021年该产业有效发明专利技术内容主要集中在管理平台、机器学习、红外线探测仪等方面。

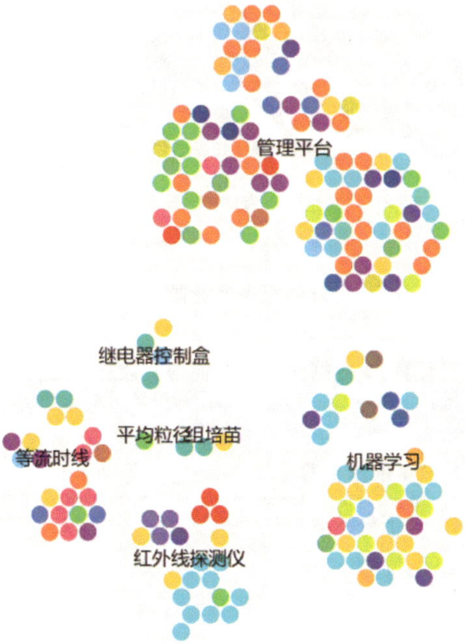

图4－24　贵州互联网与云计算、大数据服务产业有效发明专利技术内容聚类分子云图

（3）专利发明人及合作团队

贵州互联网与云计算、大数据服务产业国内有效发明专利发明人排名及所属机构情况如图4－25、表4－49所示。单卫华拥有互联网与云计算、大数据服务产业国内有效发明专利最多，共10件，从专利权属来看，单卫华的专利属于华为云计算技术有限公司，此外榜上的毕杰山、钟超强、董阳、李嘉、党李飞等人的专利也属于华为云计算技术有限公司。和毕杰山并列排名第二的是赵庆明、李庆生，拥有互联网与云计算、大数据服务产业有效发明专利5件，从专利权属来看，赵庆明、李庆生的专利属于贵州电网有限责任公司。

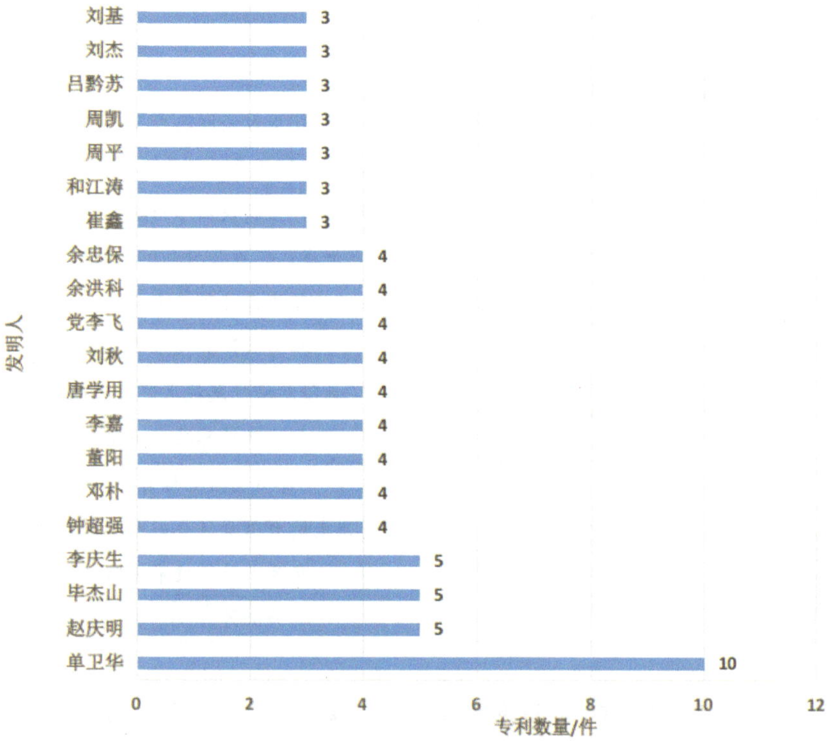

图 4－25　贵州互联网与云计算、大数据服务产业国内有效发明专利发明人排名(2 件以上)

表 4－49　贵州互联网与云计算、大数据服务产业国内有效发明专利重要发明人所属机构

排名	发明(设计)人	专利数量/件	所属机构
1	单卫华	10	华为云计算技术有限公司
2	赵庆明	5	贵州电网有限责任公司
3	毕杰山	5	华为云计算技术有限公司
4	李庆生	5	贵州电网有限责任公司
5	钟超强	4	华为云计算技术有限公司
6	邓 朴	4	贵州电网有限责任公司
7	董 阳	4	华为云计算技术有限公司
8	李 嘉	4	华为云计算技术有限公司
9	唐学用	4	贵州电网有限责任公司
10	刘 秋	4	仁怀市云侠网络科技有限公司
			贵州省仁怀市西科电脑科技有限公司
11	党李飞	4	华为云计算技术有限公司

续表

排名	发明（设计）人	专利数量/件	所属机构
12	余洪科	4	仁怀市云侠网络科技有限公司
			贵州省仁怀市西科电脑科技有限公司
13	余忠保	4	仁怀市云侠网络科技有限公司
			贵州省仁怀市西科电脑科技有限公司
14	崔鑫	3	华为云计算技术有限公司
15	和江涛	3	华为云计算技术有限公司
16	周平	3	贵阳朗玛信息技术股份有限公司
17	周凯	3	华为云计算技术有限公司
18	吕黔苏	3	贵州电网有限责任公司
			贵州电网有限责任公司电力科学研究院
19	刘杰	3	华为云计算技术有限公司
20	刘基	3	华为云计算技术有限公司

按照贵州互联网与云计算、大数据服务产业有效发明专利合作专利数量的多少，统计排名前十的发明人重点合作对象情况如图4－26所示。合作专利数排名第一的是单卫华，主要合作对象是董阳、李嘉、刘锦涛等；合作专利数排名第二的是李庆生，主要合作对象是赵庆明、张彦、张裕、陈巨龙等。合作专利数排名第三的是毕杰山，主要合作对象是钟超强、郭益君等。

贵州互联网与云计算、大数据服务产业的研究团队主要是华为云计算技术有限公司单卫华团队、毕杰山团队、党李飞团队；贵州电网有限责任公司李庆生团队、赵庆明团队；仁怀市云侠网络科技有限公司刘秋、余忠保团队等。

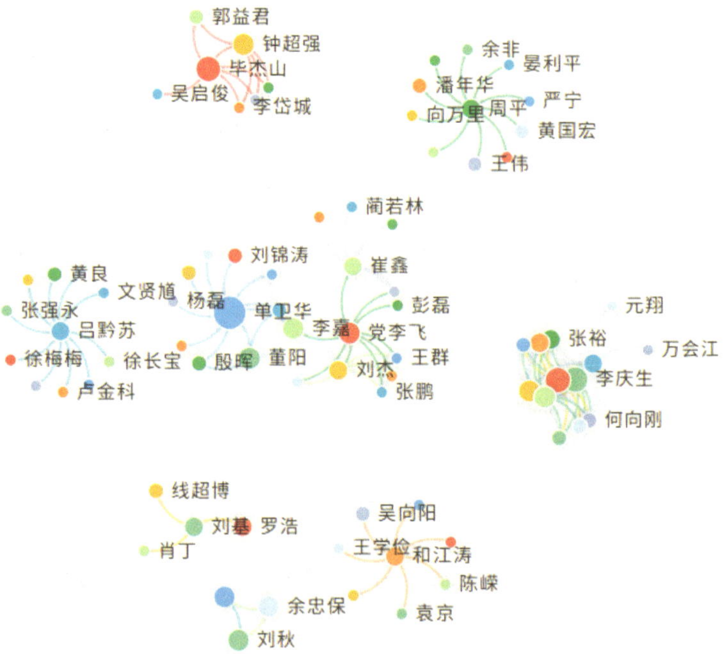

图4-26　贵州互联网与云计算、大数据服务产业有效发明专利发明人合作关系

2. 国外有效发明专利数据分析

贵州互联网与云计算、大数据服务产业国外有效发明专利信息如表4-50所示。截至检索日期，贵州共有互联网与云计算、大数据服务产业国外有效发明专利9件。

表4-50　贵州互联网与云计算、大数据服务产业国外有效发明专利信息

序号	公开号	专利标题	专利权人（翻译）	发明人
1	AU2021105528A4	Food quality research and judgment and decision support system based on big data	食品安全与营养（贵州）信息科技有限公司	Lin Dan, Xie Feng, Tao Guangcan
2	NL2022102B1	Prediction method for alpine vegetation in a high-altitude permafrost region	贵州省草业研究所	Wang Zhiwei, Wu Jiahai, Song Xuelian, Wu Xiaodong, Zhao Lin, Wang Xiaoli, Wang Qian, Zhang Wen, Ruan Xirui, Wang Shuying
3	AU2020101071A4	A parallel association mining algorithm for analyzing passenger travel characteristics	贵州民族大学	Xia Dawen, Li Huaqing, Wang Lin, Zheng Lifeng, Gao Xiaonan

续表

序号	公开号	专利标题	专利权人(翻译)	发明人
4	AU2020101405A4	An efficient distributed method for real-time traffic flow prediction	贵州民族大学	Xia Dawen, Li Huaqing, Gao Xiaonan, Zhou Haoyi, Zheng Lifeng, Wang Lin
5	AU2020101023A4	A novel deep learning approach for distributed traffic flow forecasting	贵州民族大学	Xia Dawen, Li Huaqing, Zheng Lifeng, Wang Lin
6	AU2013403767B2	Cloud application disaster recovery method, system and device	华为云计算技术有限公司	Wu Xiangyang, Zou Fengshao, Fu Gaoding
7	AU2020104358A4	Revocation method of attribute-based collaborative access control	贵州大学	Peng Changgen, Peng Zongfeng, Ding Hongfa, Tian Youliang, Liu Rongfei
8	AU2020104233A4	A sampling and twice-permutation method based on SVD for Large-scale correlated random variables	贵州大学	Zhang Jing, Yu Peijia, He Yu, Han Song, Hao Zhenghang
9	US9625929B2	Method and device for obtaining three-phase power flow of power distribution network with ungrounded transformers	清华大学,贵州电网有限责任公司	Wu Wenchuan, Zhang Boming, Zou Qing, Sun Hongbin, Li Fei, Guo Qinglai, Liu Yi, Gao Yajing, Miao Hongjia, Ji Yuan

(四)电子核心产业有效发明专利分析

1. 国内有效发明专利分析

筛选贵州电子核心产业国内有效发明专利数据,得到509件专利。

(1)主要专利权人

贵州电子核心产业国内有效发明主要专利权人排名情况如图4-27、表4-51所示。排名第一的是贵州光浦森光电有限公司,共拥有电子核心产业国内有效发明专利73件,占全省电子核心产业国内有效发明专利量的 14.34%；排名第二的是中国振华(集团)新云电子元器件有限责任公司，共拥有电子核心产业国内有效发明专利 57 件，占 11.20%；排名第三的是华为云计算技术有限公司，共拥有电子核心产业国内有效发明专利 36 件，占7.07%。

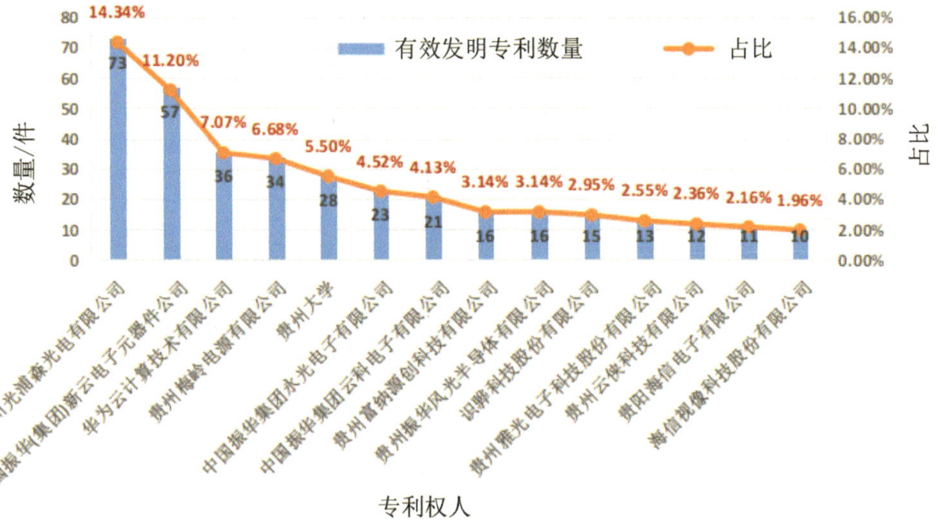

图 4－27　贵州电子核心产业有效发明专利权人排名(9 件以上)

表 4－51　贵州电子核心产业有效发明专利权人排名（9 件以上）

排名	专利权人	专利数量/件	占比/%
1	贵州光浦森光电有限公司	73	14.34
2	中国振华(集团)新云电子元器件有限责任公司	57	11.20
3	华为云计算技术有限公司	36	7.07
4	贵州梅岭电源有限公司	34	6.68
5	贵州大学	28	5.50
6	中国振华集团永光电子有限公司	23	4.52
7	中国振华集团云科电子有限公司	21	4.13
8	贵州富纳源创科技有限公司	16	3.14
9	贵州振华风光半导体有限公司	16	3.14
10	识骅科技股份有限公司	15	2.95
11	贵州雅光电子科技股份有限公司	13	2.55
12	贵州云侠科技有限公司	12	2.36
13	贵阳海信电子有限公司	11	2.16
14	海信视像科技股份有限公司	10	1.96

(2)技术内容

对贵州电子核心产业国内有效发明专利技术内容进行分析,对关键词进行聚类得到图4-28。由图可知,该产业有效发明专利技术内容主要集中在厚膜混合集成电路、钽电容器、电子核心产品生产、固体继电器、薄膜滤波器等方面。

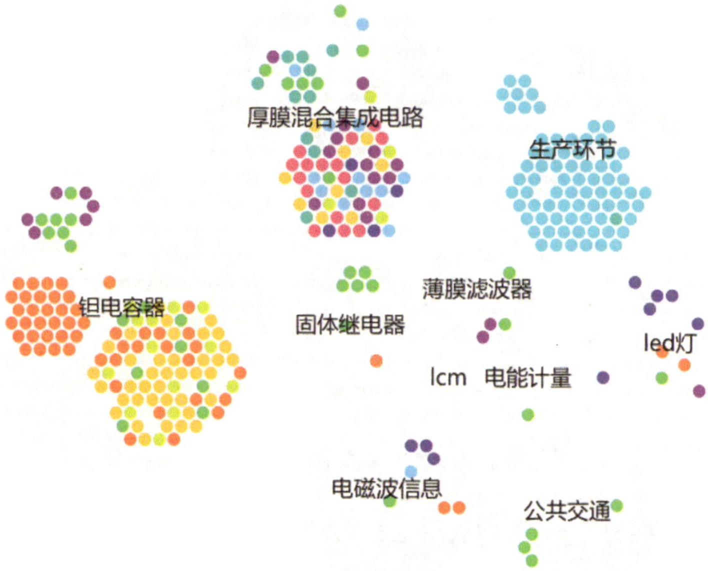

图4-28　贵州电子核心产业国内有效发明专利技术内容聚类分子云图

(3)发明人及合作团队

贵州电子核心产业国内有效发明专利发明人排名及所属机构情况如图4-29、表4-52所示。张哲源、张继强拥有的电子核心产业有效发明专利最多,各有73件。从专利权属来看,张哲源、张继强的专利属于贵州光浦森光电有限公司。排名第三的是石斌,拥有电子核心产业有效发明专利33件。从专利权属来看,石斌的专利属于贵州梅岭电源有限公司。

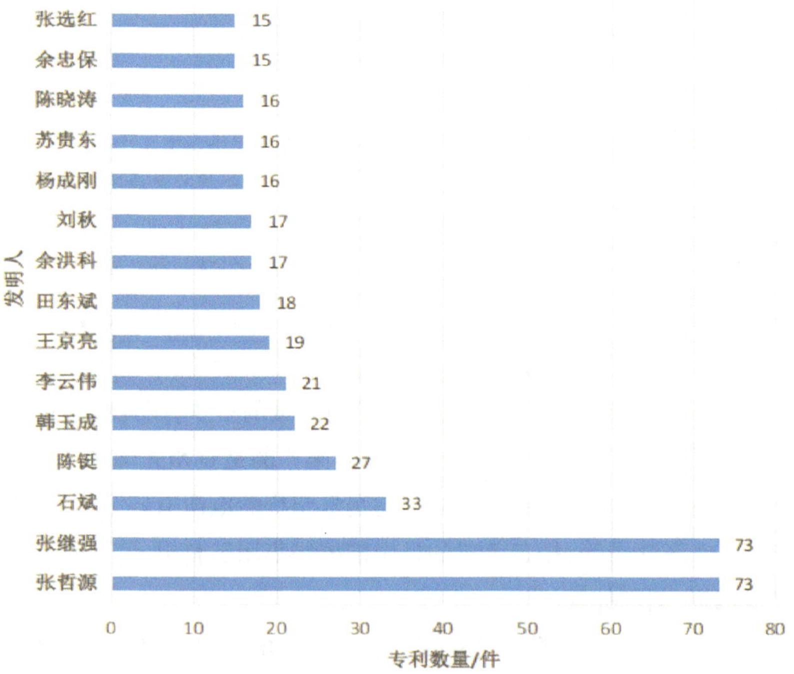

图 4－29　贵州电子核心产业有效发明专利发明人排名（14 件以上）

表 4－52　贵州电子核心产业重要发明人所属机构

排名	发明（设计）人	专利数量/件	所属机构
1	张哲源	73	贵州光浦森光电有限公司
2	张继强	73	贵州光浦森光电有限公司
3	石 斌	33	贵州梅岭电源有限公司
4	陈 铤	27	贵州梅岭电源有限公司
5	韩玉成	22	中国振华集团云科电子有限公司
6	李云伟	21	贵州梅岭电源有限公司
7	王京亮	19	贵州梅岭电源有限公司
8	田东斌	18	中国振华（集团）新云电子元器件有限责任公司 贵州振华电子信息技术产业技术研究有限公司
9	余洪科	17	贵州云侠科技有限公司 贵州省仁怀市西科电脑科技有限公司
10	刘 秋	17	贵州云侠科技有限公司 贵州省仁怀市西科电脑科技有限公司

续表

排名	发明(设计)人	专利数量/件	所属机构
11	杨成刚	16	贵州振华风光半导体股份有限公司
12	苏贵东	16	贵州振华风光半导体股份有限公司
13	陈晓涛	16	贵州梅岭电源有限公司
14	余忠保	15	贵州云侠科技有限公司 贵州省仁怀市西科电脑科技有限公司
15	张选红	15	中国振华(集团)新云电子元器件有限责任公司

按照贵州电子核心产业有效发明专利合作专利数量的多少,统计排名前十的发明人重点合作对象情况如图4-30所示。合作专利数排名第一的是贵州光浦森光电有限公司的张哲源,主要合作者是张继强、朱晓冬;排名第二的是贵州梅岭电源有限公司的陈铤,主要合作对象是石斌、李云伟、王建勇等;排名第三的是中国振华集团云科电子有限公司的韩玉成,主要合作对象是庞锦标、刘剑林等。

贵州电子核心产业的研究团队主要是贵州光浦森光电有限公司的张哲源、张继强团队,贵州梅岭电源有限公司的石斌团队、陈铤团队,中国振华(集团)的田东斌团队、韩玉成团队、杨成刚团队,贵州云侠科技有限公司的余洪科团队等。

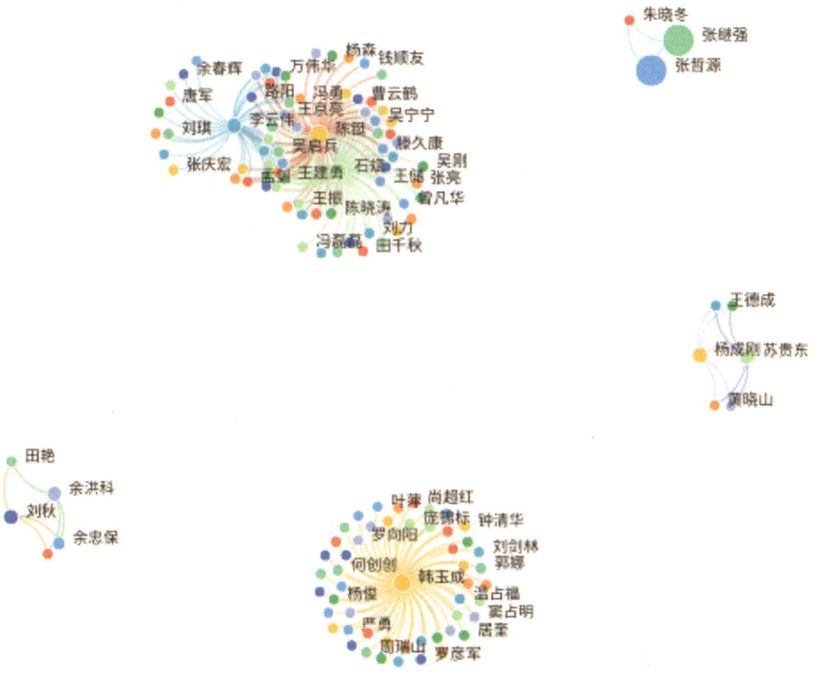

图4-30 贵州电子核心产业有效发明专利发明人合作关系

2. 国外有效发明专利分析

贵州电子核心产业国外有效发明专利信息如表4-53所示。截至检索日期,贵州共有电子核心产业国外有效发明专利12件,主要专利权人为贵州光浦森光电有限公司。

表4-53　贵州电子核心产业国外有效发明专利信息

序号	公开号	专利标题	专利权人(翻译)	发明人
1	AU2014301912B2	High-power LED lamp cooling device and manufacturing method therefor	Chen Zhiming, Gu Wei, 苏州伟源新材料科技有限公司	Chen Zhiming, Gu Wei
2	AU2014301911B2	Low light failure, high-power led street lamp and method for manufacturing the same	Chen Zhiming, Gu Wei, 苏州伟源新材料科技有限公司	Chen Zhiming, Gu Wei
3	EP2881647B1	Universal-led-bulb construction method, clamping-ring-structured led bulb, and led lamp	贵州光浦森光电有限公司	Zhang Jiqiang, Zhang Zheyuan
4	EP2876356B1	Method for constructing universal led bulb and flange snap ring type led bulb and led lamp	贵州光浦森光电有限公司	Zhang Jiqiang, Zhang Zheyuan
5	IN335924B	Universal led bulb construction method clamping ring structured led bulb and led lamp	贵州光浦森光电有限公司	Zhang Jiqiang, Zhang Zheyuan
6	EP2886933B1	Method for forming led bulb with high interchangeability and universality and integrated led bulb and lamp	贵州光浦森光电有限公司	Zhang Jiqiang, Zhang Zheyuan
7	EP2876358B1	Method for constructing universal led bulb and flange inner snap ring type led bulb and lamp	贵州光浦森光电有限公司	Zhang Jiqiang, Zhang Zheyuan
8	IN331191B	Method for constructing universal led bulb and snap ring lens type led bulb and led lamp	贵州光浦森光电有限公司	Zhang Jiqiang, Zhang Zheyuan
9	IN331201B	Method for constructing universal led bulb, flange inner snap ring type led bulb and lamp	贵州光浦森光电有限公司	Zhang Jiqiang, Zhang Zheyuan
10	AU2020101943A4	A robust method for distributed traffic subarea division	贵州民族大学	Gao Xiaonan, Li Huaqing, Meng Qingxin, Wang Lin, Xia Dawen, Zheng Lifeng

续表

序号	公开号	专利标题	专利权人(翻译)	发明人
11	AU2020102350A4	A spark-based deep learning method for data-driven traffic flow forecasting	贵州民族大学	Gao Xiaonan, Li Hua-qing, Xia Dawen
12	US10832872B2	Method for preparing polyaniline/ruthenium oxide/tin dioxide composite electrode material	贵州理工学院	Li Xiang, Luo Yongmei, Lu Fanghai, Li Yingfen

三、高端装备制造产业

(一)国内专利数据分析

1. 专利总量分析

2021年公开的贵州高端装备制造产业国内专利有1 397件,其中发明申请专利1 107件,全国排名第23位;发明授权专利290件,全国排名第24位;有效发明专利1 248件,全国排名第24位。见表4-54。

表4-54 2021年贵州高端装备制造产业国内专利数据总览

数据来源	专利类型	专利数量/件	在全国排名
国内数据	发明申请	1 107	23
	发明授权	290	24
	有效发明	1 248	24

(1)发明申请专利全国排名

贵州高端装备制造产业截至2021年底的国内发明申请专利累计公开量为9 215件,位居全国第23位,接近山西、吉林数量;2021年的国内发明申请专利公开量为1 107件,在全国排名第23位,与云南、山西属于同一梯队,数量是吉林的73.55%。见图4-31。

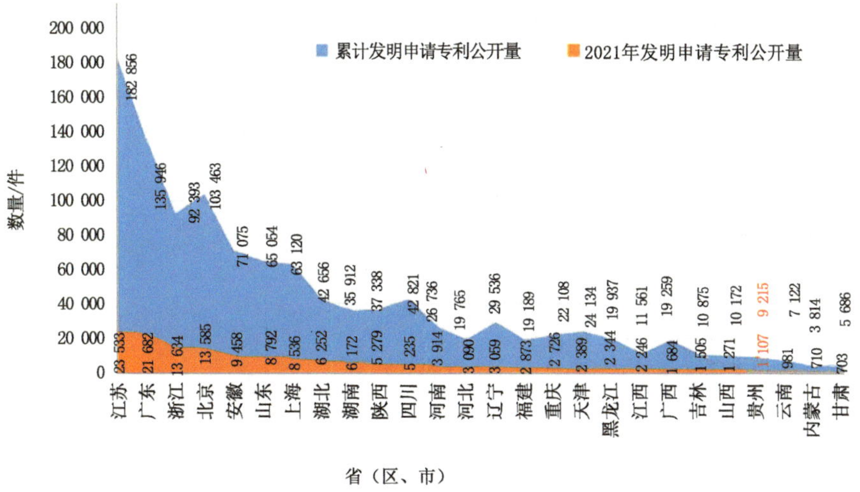

图 4－31　部分省（市、区）高端装备制造产业国内发明申请专利数据

（2）发明授权专利全国排名

贵州高端装备制造产业截至 2021 年底的国内发明授权专利累计公开量为 1 922 件，位居全国第 24 位，与云南属于同一梯队，数量约为山西的 1/2；2021 年的国内发明授权专利公开量为 290 件，在全国排名第 24 位，与云南属于同一梯队，数量为约山西的 1/2。见图 4－32。

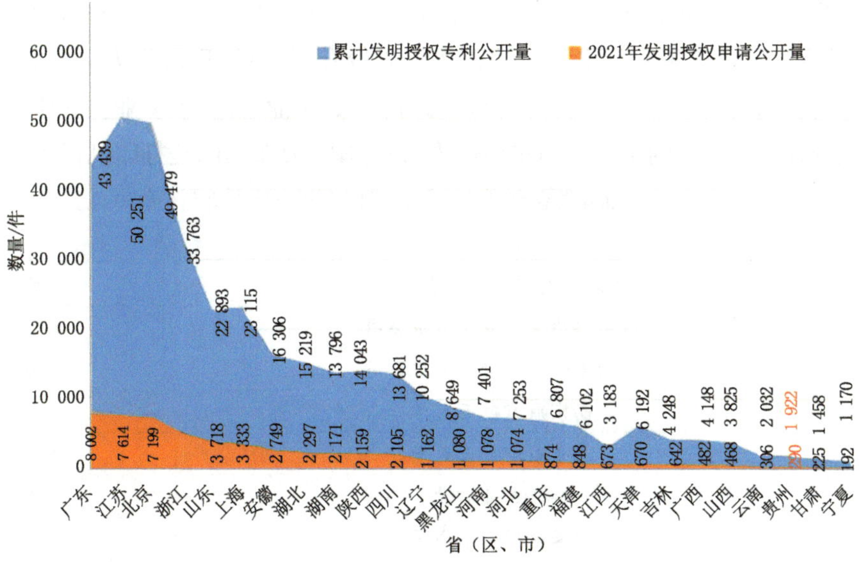

图 4－32　部分省（区、市）高端装备制造产业国内发明授权专利数据

（3）有效发明专利全国排名

截至2021年底，贵州高端装备制造产业国内有效发明专利有1 248件，在全国排名第24位。见图4－33。

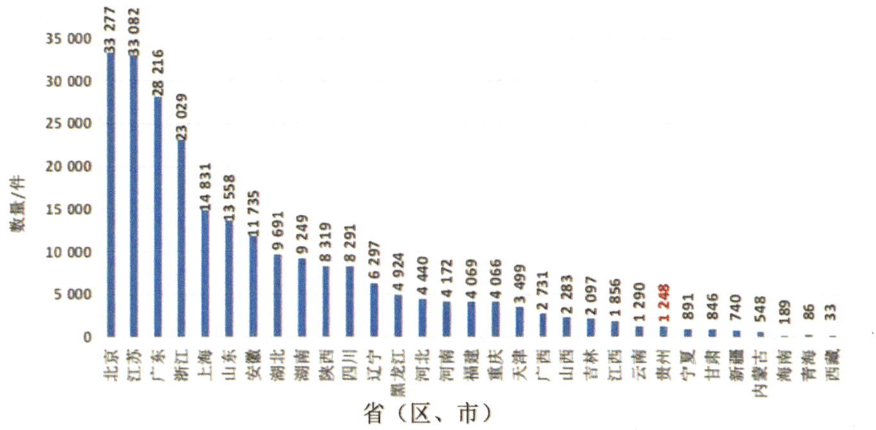

图4－33　部分省（区、市）高端装备制造产业国内有效发明专利数据

2. 全国主要申请主体分析

表4－55、表4－56统计了2021年高端装备制造产业国内发明专利申请人、授权主体排名情况，表现卓越的机构主要是中国石油天然气股份有限公司、珠海格力电器股份有限公司、中国石油化工股份有限公司等公司及部分航空航天、工业、理工或矿业类大学，日本精工爱普生株式会社在该领域的中国专利布局优势明显，其主要布局的是打印机行业。

表4－55　2021年高端装备制造产业国内发明专利申请人排名（前30位）

排名	申请人	专利数量/件
1	中国石油天然气股份有限公司	790
2	珠海格力电器股份有限公司	632
3	中国石油化工股份有限公司	539
4	南京航空航天大学	526
5	北京航空航天大学	520
6	西北工业大学	496
7	国家电网有限公司	486
8	哈尔滨工业大学	434
9	浙江大学	397
10	西安交通大学	378

续表

排名	申请人	专利数量/件
11	清华大学	370
12	华中科技大学	362
13	北京理工大学	354
14	西南石油大学	351
15	精工爱普生株式会社	349
16	中车唐山机车车辆有限公司	342
17	华为技术有限公司	340
18	华南理工大学	336
19	中国石油天然气集团有限公司	296
20	中国人民解放军国防科技大学	295
21	上海交通大学	293
22	中国矿业大学	275
23	天津大学	272
24	吉林大学	269
25	OPPO 广东移动通信有限公司	262
26	大连理工大学	259
27	武汉理工大学	259
28	广东工业大学	256
29	中南大学	255
30	中车青岛四方机车车辆股份有限公司	254

表 4－56　2021 年高端装备制造产业国内发明授权主体排名（前 30 位）

排名	授权主体	专利数量/件
1	中国石油化工股份有限公司	388
2	北京航空航天大学	343
3	哈尔滨工业大学	331
4	南京航空航天大学	323
5	珠海格力电器股份有限公司	305
6	中国石油天然气股份有限公司	299
7	精工爱普生株式会社	281
8	浙江大学	276
9	清华大学	272
10	西安交通大学	272
11	OPPO 广东移动通信有限公司	256

续表

排名	授权主体	专利数量/件
12	北京理工大学	254
13	大连理工大学	240
14	华中科技大学	236
15	上海交通大学	217
16	中国矿业大学	207
17	西北工业大学	207
18	惠普发展公司有限责任合伙企业	201
19	中南大学	199
20	华为技术有限公司	196
21	吉林大学	194
22	电子科技大学	194
23	东南大学	193
24	西南石油大学	188
25	江苏大学	181
26	山东大学	175
27	南京理工大学	173
28	深圳市大疆创新科技有限公司	173
29	哈尔滨工程大学	170
30	燕山大学	169

3. 贵州主要申请主体分析

（1）发明申请专利

2021 年，贵州高端装备制造产业发明专利申请量在 8 件以上的申请人有 14 个，如图 4－34 所示。这 14 个申请人共申请发明专利 276 件，占全省高端装备制造产业发明专利申请量的 24.93%。

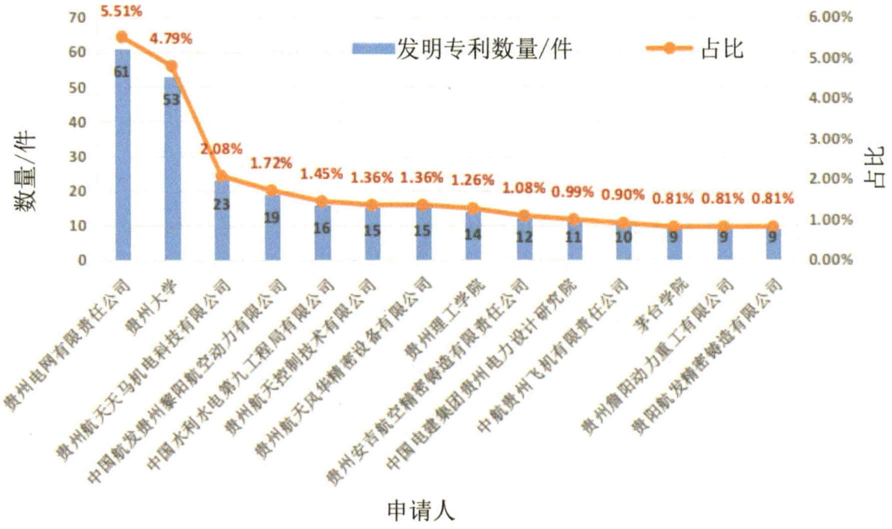

图 4-34　2021 年贵州高端装备制造产业发明专利申请人排名(8 件以上)

2021 年贵州高端装备制造产业发明专利申请人有企业、高校、科研院所、机关团体、个人五种类型,合计 583 个,其中企业最多,有 343 家,个人次之,有 126 人。

2021 年贵州高端装备制造产业发明专利企业申请人排名情况如表 4-57 所示。企业申请人中,高端装备制造产业发明专利申请量排名第一的是贵州电网有限责任公司,有 61 件,占全省高端装备制造产业发明专利申请量的 5.51%;排名第二的是贵州航天天马机电科技有限公司,有 23 件,占 2.08%;排名第三的是中国航发贵州黎阳航空动力有限公司,有 19 件,占 1.72%。

表 4-57　2021 年贵州高端装备制造产业发明专利企业申请人排名(前 20 位)

排名	申请人	专利数量/件	占比/%
	贵州电网有限责任公司	61	5.51
2	贵州航天天马机电科技有限公司	23	2.08
3	中国航发贵州黎阳航空动力有限公司	19	1.72
4	中国水利水电第九工程局有限公司	16	1.45
5	贵州航天控制技术有限公司	15	1.36
6	贵州航天风华精密设备有限公司	15	1.36
7	贵州安吉航空精密铸造有限责任公司	12	1.08
8	中航贵州飞机有限责任公司	10	0.90
9	贵州詹阳动力重工有限公司	9	0.81
10	贵阳航发精密铸造有限公司	9	0.81
11	中国航空工业标准件制造有限责任公司	8	0.72

续表

排名	申请人	专利数量/件	占比/%
12	贵州新安航空机械有限责任公司	8	0.72
13	贵州航天凯山石油仪器有限公司	8	0.72
14	贵阳铝镁设计研究院有限公司	8	0.72
15	贵州航天新力科技有限公司	7	0.63
16	遵义航天新力精密铸锻有限公司	7	0.63
17	中铁五局集团有限公司	6	0.54
18	普定县绿源苗业开发有限公司	6	0.54
19	贵州凯星液力传动机械有限公司	6	0.54
20	贵州贵飞飞机设计研究院有限公司	6	0.54

2021年贵州高端装备制造产业发明专利高校申请人排名情况如表4－58所示。高校申请人中，高端装备制造产业发明专利申请量排名第一的是贵州大学，有53件，占全省高端装备制造产业发明专利申请量的4.79%；排名第二的是贵州理工学院，有14件，占1.26%；排名第三的是茅台学院，有9件，占0.81%。

表4－58　2021年贵州高端装备制造产业发明专利高校申请人排名（前20位）

排名	申请人	专利数量/件	占比/%
1	贵州大学	53	4.79
2	贵州理工学院	14	1.26
3	茅台学院	9	0.81
4	贵州工程应用技术学院	8	0.72
5	贵州师范大学	8	0.72
6	六盘水师范学院	4	0.36
7	遵义职业技术学院	4	0.36
8	遵义师范学院	3	0.27
9	铜仁学院	3	0.27
10	黔东南苗族侗族自治州农业科学院	3	0.27
11	黔南民族师范学院	3	0.27
12	贵州中医药大学	2	0.18
13	贵州大学明德学院	2	0.18
14	贵州民族大学	2	0.18
15	安顺市农业广播电视学校	1	0.09
16	贵州医科大学	1	0.09
17	贵州师范学院	1	0.09

续表

排名	申请人	专利数量/件	占比/%
18	贵州开放大学(贵州职业技术学院)	1	0.09
19	贵州水利水电职业技术学院	1	0.09
20	贵阳学院	1	0.09

2021 年贵州高端装备制造产业发明专利科研院所申请人排名情况如表 4 - 59 所示。科研院所申请人中,高端装备制造产业发明专利申请量排名第一的是毕节市农业科学研究所,有 8 件,占全省高端装备制造产业发明专利申请量的 0.72%;排名并列第二的是贵州省草业研究所和贵州贵航飞机设计研究所,各有 7 件,各占 0.63%;排名第四的是贵州航天计量测试技术研究所,有 5 件,占比 0.45%。

表 4 - 59 2021 年贵州高端装备制造产业发明专利科研院所申请人排名

排名	申请人	专利数量/件	占比/%
1	毕节市农业科学研究所	8	0.72
2	贵州省草业研究所	7	0.63
3	贵州贵航飞机设计研究所	7	0.63
4	贵州航天计量测试技术研究所	5	0.45
5	贵州省亚热带作物研究所	4	0.36
6	贵州省土壤肥料研究所(贵州省生态农业工程技术研究中心)(贵州省农业资源与环境研究所)	4	0.36
7	贵州省山地资源研究所	3	0.27
8	贵州省生物技术研究所(贵州省生物技术重点实验室、贵州省马铃薯研究所、贵州省食品加工研究所)	3	0.27
9	毕节市中药研究所	2	0.18
10	贵州省山地农业机械研究所	2	0.18
11	贵州省旱粮研究所	2	0.18
12	贵州省果树科学研究所	2	0.18
13	贵州省核桃研究所	2	0.18
14	贵州省植物园(贵州省园林科学研究所、贵州省植物研究所)	2	0.18
15	贵州省水稻研究所	2	0.18
16	贵州省烟草科学研究院	2	0.18
17	贵州省生物研究所	2	0.18
18	贵州省蚕业研究所(贵州省辣椒研究所)	2	0.18

（2）发明授权专利

2021 年贵州拥有高端装备制造产业发明授权专利 3 件以上的授权主体有 13 个，如图 4－35所示。这 13 个主体共有发明授权专利 114 件，占全省高端装备制造产业发明授权专利量的 39.31％。

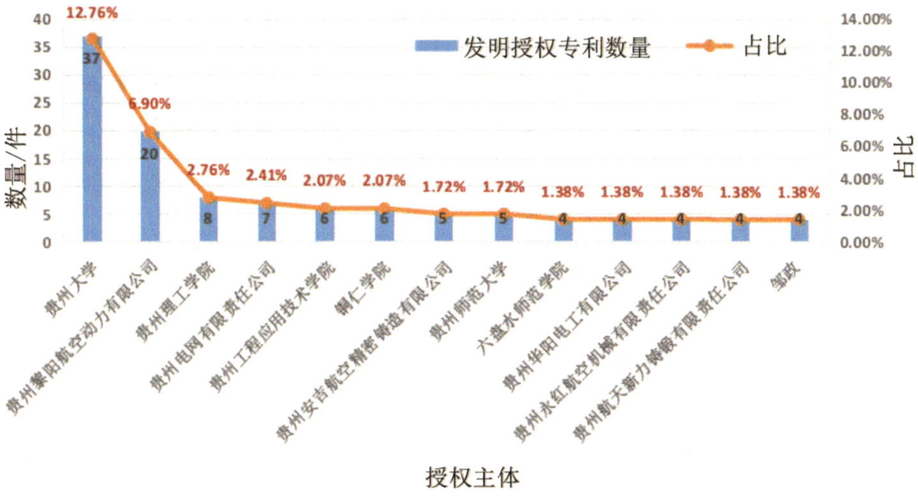

图 4－35　2021 年贵州高端装备制造产业发明授权主体排名（3 件以上）

2021 贵州高端装备制造产业发明授权主体有企业、高校、科研院所、机关团体、个人等 5 种类型，其中企业最多，有 126 家，大专院校次之，有 13 家。

2021 年贵州高端装备制造产业发明授权专利企业授权主体排名情况如表 4－60 所示。企业授权主体中，高端装备制造产业发明授权专利量排名第一的是贵州黎阳航空动力有限公司，有 20 件，占全省高端装备制造产业发明授权专利量的 6.90％；排名第二的是贵州电网有限责任公司，有 7 件，占 2.41％；排名第三的是贵州安吉航空精密铸造有限公司，有 5 件，占 1.72％。

表 4－60　2021 年贵州高端装备制造产业发明授权专利企业授权主体排名（1 件以上）

排名	授权主体	专利数量/件	占比/%
1	贵州黎阳航空动力有限公司	20	6.90
2	贵州电网有限责任公司	7	2.41
3	贵州安吉航空精密铸造有限公司	5	1.72
4	贵州华阳电工有限公司	4	1.38
5	贵州永红航空机械有限责任公司	4	1.38
6	贵州航天新力铸锻有限责任公司	4	1.38
7	凤冈县高山有机莲藕种植专业合作社	3	1.03
8	贵州中烟工业有限责任公司	3	1.03

续表

排名	授权主体	专利数量/件	占比/%
9	贵州开磷有限责任公司	3	1.03
10	贵州航天电子科技有限公司	3	1.03
11	贵州金草海药材发展有限公司	3	1.03
12	贵州黔峰百草科技发展有限公司	3	1.03
13	贵阳航发精密铸造有限公司	3	1.03
14	道真自治县茂峰中药材发展有限公司	3	1.03
15	中建四局安装工程有限公司	2	0.69
16	中铁五局集团有限公司	2	0.69
17	贵州桥梁建设集团有限责任公司	2	0.69
18	贵州航天云网科技有限公司	2	0.69
19	贵州航天凯山石油仪器有限公司	2	0.69
20	贵州航天林泉电机有限公司	2	0.69
21	遵义盛林农业发展有限公司	2	0.69

2021 年贵州高端装备制造产业发明授权专利高校授权主体排名情况如表 4 – 61 所示。高校授权主体中，高端装备制造产业发明授权专利量排名第一的是贵州大学，有 37 件，占全省高端装备制造产业发明授权专利量的 12.76%；排名第二的是贵州理工学院，有 8 件，占 2.76%；排名并列第三的是贵州工程应用技术学院和铜仁学院，各有 6 件，各占 2.07%。

表 4 – 61　2021 年贵州高端装备制造产业发明授权专利高校授权主体排名

排名	授权主体	专利数量/件	占比/%
1	贵州大学	37	12.76
2	贵州理工学院	8	2.76
3	贵州工程应用技术学院	6	2.07
4	铜仁学院	6	2.07
5	贵州师范大学	5	1.72
6	六盘水师范学院	4	1.38
7	贵州师范学院	2	0.69
8	遵义师范学院	2	0.69
9	贵州医科大学	1	0.34
10	遵义医科大学	1	0.34
11	铜仁职业技术学院	1	0.34
12	黔南民族师范学院	1	0.34
13	黔南民族职业技术学院	1	0.34

2021 年贵州高端装备制造产业发明授权专利科研院所授权主体排名情况如表 4－62 所示。科研院所授权主体中，拥有 2 件及以上高端装备制造产业发明授权专利的机构有 4 个，分别是贵州省亚热带作物研究所、贵州省果树科学研究所、贵州省生物研究所、贵州省蚕业研究所。此外，中国科学院地球化学研究所、中国航发贵阳发动机设计研究所等 7 家科研院所分别拥有高端装备制造产业发明授权专利 1 件。

表 4－62　2021 年贵州高端装备制造产业发明授权专利科研院所授权主体排名

排名	授权主体	专利数量/件	占比/%
1	贵州省亚热带作物研究所	2	0.69
2	贵州省果树科学研究所	2	0.69
3	贵州省生物研究所	2	0.69
4	贵州省蚕业研究所	2	0.69
5	中国科学院地球化学研究所	1	0.34
6	中国航发贵阳发动机设计研究所	1	0.34
7	贵州省分析测试研究院	1	0.34
8	贵州省山地农业机械研究所	1	0.34
9	贵州省山地资源研究所	1	0.34
10	贵州省草业研究所	1	0.34
11	贵州黔西南喀斯特区域发展研究院	1	0.34

（3）有效发明专利

截至 2021 年底，贵州拥有高端装备制造产业有效发明专利 11 件以上的专利权人有 13 个，如图 4－36 所示。这 13 个专利权人共拥有贵州高端装备制造产业有效发明专利 355 件，占全省高端装备制造产业有效发明专利量的 28.45%。

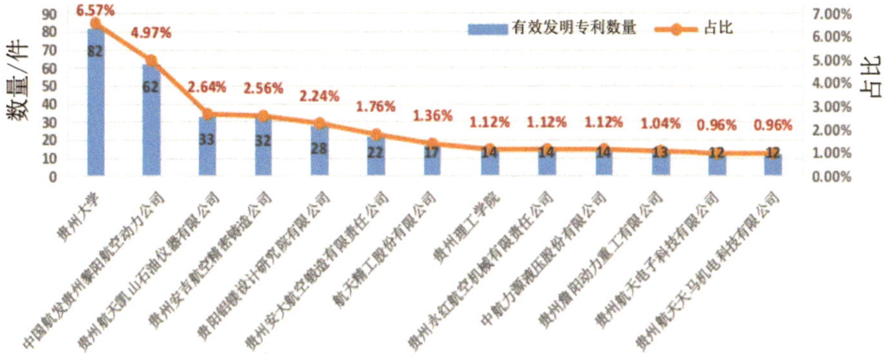

表 4－36　贵州高端装备制造产业有效发明专利权人排名（11 件以上）

贵州高端装备制造产业有效发明专利权人有企业、高校、科研院所、机关团体、个人 5 种类型,500 个主体。其中企业最多,有 426 家,共拥有该领域有效发明专利 952 件,占全省高端装备制造产业有效发明专利量的 76.28%;大专院校次之,有 17 家。

2021 年贵州高端装备制造产业有效发明企业专利权人排名情况如表 4-63 所示。企业专利权人中,高端装备制造产业有效发明专利拥有量排名第一的是中国航发贵州黎阳航空动力有限公司,有 62 件,占全省高端装备制造产业有效发明专利量的 4.97%;排名第二的是贵州航天凯山石油仪器有限公司,有 33 件,占 2.64%;排名第三的是贵州安吉航空精密铸造有限责任公司,有 32 件,占 2.56%。

表 4-63 贵州高端装备制造产业有效发明企业专利权人排名(10 件以上)

排名	专利权人	专利数量	占比/%
1	中国航发贵州黎阳航空动力有限公司	62	4.97
2	贵州航天凯山石油仪器有限公司	33	2.64
3	贵州安吉航空精密铸造有限责任公司	32	2.56
4	贵阳铝镁设计研究院有限公司	28	2.24
5	贵州安大航空锻造有限责任公司	22	1.76
6	航天精工股份有限公司	17	1.36
7	贵州永红航空机械有限责任公司	14	1.12
8	中航力源液压股份有限公司	14	1.12
9	贵州詹阳动力重工有限公司	13	1.04
10	贵州航天电子科技有限公司	12	0.96
11	贵州航天天马机电科技有限公司	12	0.96
12	贵州航宇科技发展股份有限公司	11	0.88
13	贵州航天新力科技有限公司	11	0.88
14	贵州电网有限责任公司	11	0.88
15	中铁五局集团有限公司	11	0.88

贵州高端装备制造产业有效发明高校专利权人排名情况如表 4-64 所示。高校专利权人中,高端装备制造产业有效发明专利拥有量排名第一的是贵州大学,有 82 件,占全省高端装备制造产业有效发明专利量的 6.57%;排名第二的是贵州理工学院,有 14 件,占 1.12%;排名第三的是贵州师范大学,有 11 件,占 0.88%。

表 4-64 贵州高端装备制造产业有效发明高校专利权人排名

排名	专利权人	专利数量/件	占比/%
1	贵州大学	82	6.57
2	贵州理工学院	14	1.12

续表

排名	专利权人	专利数量/件	占比/%
3	贵州师范大学	11	0.88
4	铜仁学院	10	0.80
5	贵州工程应用技术学院	8	0.64
6	六盘水师范学院	8	0.64
7	遵义师范学院	3	0.24
8	遵义医科大学	3	0.24
9	黔南民族师范学院	2	0.16
10	贵阳中医学院	2	0.16
11	贵州师范学院	2	0.16
12	安顺学院	2	0.16
13	黔南民族职业技术学院	1	0.08
14	铜仁职业技术学院	1	0.08
15	贵阳职业技术学院	1	0.08
16	贵州财经大学	1	0.08
17	贵州医科大学	1	0.08

贵州高端装备制造产业有效发明科研院所专利权人排名情况如表4－65所示。科研院所专利权人中，高端装备制造产业有效发明专利拥有量排名第一的是贵州电网有限责任公司电力科学研究院，有11件，占全省高端装备制造产业有效发明专利量的0.88%；排名第二的是中国科学院地球化学研究所，有6件，占0.48%；排名第三的是贵州省蚕业研究所，有5件，占0.40%。

表4－65　贵州高端装备制造产业有效发明科研院所专利权人排名(1件以上)

排名	专利权人	专利数量/件	占比/%
1	贵州电网有限责任公司电力科学研究院	11	0.88
2	中国科学院地球化学研究所	6	0.48
3	贵州省蚕业研究所	5	0.40
4	贵州省烟草科学研究院	5	0.40
5	贵州省果树科学研究所	3	0.24
6	贵州省建筑材料科学研究设计院有限责任公司	3	0.24
7	贵州省工业固体废弃物综合利用(建材)工程技术研究中心	3	0.24
8	贵州航天计量测试技术研究所	2	0.16
9	贵州省生物研究所	2	0.16
10	贵州省建筑材料科学研究设计院检测有限公司	2	0.16
11	贵州省山地农业机械研究所	2	0.16

续表

排名	专利权人	专利数量/件	占比/%
12	贵州省土壤肥料研究所	2	0.16
13	贵州省亚热带作物研究所	2	0.16
14	贵州电网公司电网规划研究中心	2	0.16

4.专利市(州)分布

(1)发明申请专利

2021年,贵州高端装备制造产业发明申请专利在9个市(州)的分布情况如表4-66所示。贵州高端装备制造产业发明申请专利拥有量最高的是贵阳市,有599件,占比54.11%,区域排名前三的申请人为贵州电网有限责任公司、贵州大学、中国航发贵州黎阳航空动力有限公司;其次是遵义市,有197件,占比17.80%,区域排名前三的申请人为贵州航天天马机电科技有限公司、茅台学院、贵州航天新力科技有限公司;排名第三的是安顺市,有91件,占比8.22%,区域排名前三的申请机构为贵州安吉航空精密铸造有限责任公司、中航贵州飞机有限责任公司、贵州新安航空机械有限责任公司。

表4-66 2021年贵州高端装备制造产业发明申请专利市(州)分布

序号	市(州)	专利数量/件	占比/%	重要申请人(专利数量/件)
1	贵阳市	599	54.11	贵州电网有限责任公司(61) 贵州大学(53) 中国航发贵州黎阳航空动力有限公司(19)
2	遵义市	197	17.80	贵州航天天马机电科技有限公司(23) 茅台学院(9) 贵州航天新力科技有限公司(7)
3	安顺市	91	8.22	贵州安吉航空精密铸造有限责任公司(12) 中航贵州飞机有限责任公司(10) 贵州新安航空机械有限责任公司(8)
4	毕节市	50	4.52	毕节市农业科学研究所(8) 贵州工程应用技术学院(8) 毕节市生产力促进中心(3)
5	黔西南州	46	4.16	贵州吉丰种业有限责任公司(5) 贵州建隆新能源汽车有限责任公司(5) 贵州兴黔农旅商贸有限公司(4)

续表

序号	市(州)	专利数量/件	占比/%	重要申请人(专利数量/件)
6	黔东南州	35	3.16	黔东南苗族侗族自治州农业科学院(3) 贵州三泓药业股份有限公司(2) 贵州黄平富城实业有限公司(2)
7	六盘水市	33	2.98	贵州盘江精煤股份有限公司(5) 六盘水华安爆破工程有限公司(4) 六盘水师范学院(4)
8	铜仁市	29	2.62	铜仁学院(3) 贵州茗芽农业旅游开发有限公司(2)
9	黔南州	27	2.44	瓮福(集团)有限责任公司(4) 黔南民族师范学院(3) 贵州兴利旺轴承有限公司(2)

（2）发明授权专利

2021年贵州高端装备制造产业发明授权专利在9个市(州)的分布情况如表4－67所示。贵州高端装备制造业发明授权专利拥有量最高的是贵阳市，有170件，占比58.62%，区域排名前三的授权主体为贵州大学、中国航发贵州黎阳航空动力有限公司、贵州理工学院；其次是遵义市，有55件，占比18.97%，区域排名前三的授权主体为贵州航天新力铸锻有限责任公司、凤冈县高山有机莲藕种植专业合作社、贵州黔峰百草科技发展有限公司；排名第三的是铜仁市，有14件，占比4.83%，区域重要授权主体为铜仁学院。

表4－67　2021年贵州高端装备制造产业发明授权专利市(州)分布

序号	市(州)	专利数量/件	占比/%	重要授权主体(专利数量/件)
1	贵阳市	170	58.62	贵州大学(37) 中国航发贵州黎阳航空动力有限公司(20) 贵州理工学院(8)
2	遵义市	55	18.97	贵州航天新力铸锻有限责任公司(4) 凤冈县高山有机莲藕种植专业合作社(3) 贵州黔峰百草科技发展有限公司(3)
3	铜仁市	14	4.83	铜仁学院(6)
4	安顺市	10	3.45	贵州安吉航空精密铸造有限公司(5)
5	黔西南州	10	3.45	贵州省亚热带作物研究所(2)
6	毕节市	9	3.10	贵州工程应用技术学院(6)
7	黔南州	9	3.10	中建四局第五建筑工程有限公司(1)
8	六盘水市	8	2.76	六盘水师范学院(4)
9	黔东南州	5	1.72	贵州金草海药材发展有限公司(3)

（3）有效发明专利

贵州高端装备制造产业有效发明专利在9个市（州）的分布情况如表4-68所示。贵州高端装备制造产业有效发明专利拥有量最高的是贵阳市，有663件，占比53.13%，区域排名前三的专利权人为贵州大学、中国航发贵州黎阳航空动力有限公司、贵阳铝镁设计研究院有限公司；其次是遵义市，有274件，占比21.96%，区域排名前三的专利权人为贵州航天凯山石油仪器有限公司、航天精工股份有限公司、贵州航天天马机电科技有限公司；排名第三的是安顺市，有134件，占比10.74%，区域排名前三的专利权人为贵州安吉航空精密铸造有限责任公司、贵州安大航空锻造有限责任公司、贵州虹轴轴承有限公司。

表4-68 贵州高端装备制造产业有效发明专利市（州）分布

序号	市（州）	专利数量/件	占比/%	重要专利权人（专利数量/件）
1	贵阳市	663	53.13	贵州大学（82） 中国航发贵州黎阳航空动力有限公司（62） 贵阳铝镁设计研究院有限公司（28）
2	遵义市	274	21.96	贵州航天凯山石油仪器有限公司（33） 航天精工股份有限公司（17） 贵州航天天马机电科技有限公司（12）
3	安顺市	134	10.74	贵州安吉航空精密铸造有限责任公司（32） 贵州安大航空锻造有限责任公司（22） 贵州虹轴轴承有限公司（5）
4	六盘水市	44	3.53	六盘水师范学院（8） 贵州盘江精煤股份有限公司（7） 贵州盘江矿山机械有限公司（6）
5	铜仁市	41	3.29	铜仁学院（10） 江口县苗药生物科技有限公司（3） 铜仁跑山牛食品有限公司（2）
6	黔南布州	26	2.08	中建四局第五建筑工程有限公司（2） 贵州天福化工有限责任公司（2） 贵州永红换热冷却技术有限公司（2）
7	黔东南州	26	2.08	施秉县富民高新农业发展有限公司（4） 贵州金草海药材发展有限公司（3） 贵州振华华联电子有限公司（2）
8	黔西南州	21	1.68	中国南方电网有限责任公司调峰调频发电公司天生桥水力发电总厂（3） 贵州省亚热带作物研究所（2） 贵州省烟草公司黔西南州公司（2）
9	毕节市	19	1.52	贵州工程应用技术学院（8） 昆船智能技术股份有限公司（1） 贵州省烟草公司毕节市公司（1）

5. 专利技术分布

（1）发明申请专利

根据专利所属的IPC分类统计情况，2021年贵州高端装备制造产业发明申请专利技术构成排名情况如表4-69所示，涉及智能农业动力机械等机械化农业及园艺机具制造、运输或贮存装置、一般的控制或调节系统、钎焊或脱焊、起重机、机床等技术。发明申请专利量排名第一的技术是A01G，即智能农业动力机械等机械化农业及园艺机具制造（园艺、蔬菜等栽培），共有发明申请专利122件；排名第二的技术是B65G，即运输或贮存装置，例如装载或倾卸用输送机、车间输送机系统或气动管道输送机，共有发明申请专利84件；排名第三的技术是A01G，即智能农业动力机械等机械化农业及园艺机具制造（播种、施肥工具），共有发明申请专利69件。

表4-69　2021年贵州高端装备制造产业发明申请专利技术构成排名（前10位）

排名	IPC主分类号（小类）	IPC释义	专利数量/件
1	A01G	智能农业动力机械等机械化农业及园艺机具制造（园艺、蔬菜等栽培）	122
2	B65G	运输或贮存装置，例如装载或倾卸用输送机、车间输送机系统或气动管道输送机	84
3	A01C	智能农业动力机械等机械化农业及园艺机具制造（播种、施肥工具）	69
4	B23K	钎焊或脱焊；焊接；用钎焊或焊接方法包覆或镀敷；局部加热切割，如火焰切割；用激光束加工	61
5	G05B	一般的控制或调节系统；这种系统的功能单元；用于这种系统或单元的监视或测试装置	60
6	B66C	起重机；用于起重机、绞盘、绞车或滑车的载荷吊挂元件或装置	41
7	B22C	铸造造型	37
8	B25J	机械手；装有操纵装置的容器	36
9	A01D	智能农业动力机械等机械化农业及园艺机具制造，收获；割草	32
10	B64C	飞机；直升飞机	30

2021年贵州高端装备制造产业主要发明申请人的优势技术情况如表4-70所示。贵州电网有限责任公司的优势技术是用于与飞机配合或装到飞机上的设备、一般的控制或调节系统等方面的技术；贵州大学、贵州理工学院的优势技术是智能农业动力机械等机械化农业及园艺机具制造等方面的技术；贵州航天天马机电科技有限公司、中国航发贵州黎阳航空动

力有限公司的优势技术主要是未包含在其他位置的金属加工，组合加工，万能机床等方面的技术；贵州航天控制技术有限公司的优势技术是机械手，装有操纵装置的容器等方面的技术；贵州航天风华精密设备有限公司、贵州安吉航空精密铸造有限责任公司的优势技术主要是铸造造型等方面的技术。

表4－70　2021年贵州高端装备制造产业主要发明申请人优势技术

序号	申请人	专利数量/件	优势技术（专利数量/件）
1	贵州电网有限责任公司	61	B64D 用于与飞机配合或装到飞机上的设备(15) B64C 飞机；直升飞机(12) G05B 一般的控制或调节系统；这种系统的功能单元；用于这种系统或单元的监视或测试装置(11)
2	贵州大学	53	A01C 智能农业动力机械等机械化农业及园艺机具制造(12) G01B 长度、厚度或类似线性尺寸的计量(5) A01G 智能农业动力机械等机械化农业及园艺机具制造(5)
3	贵州航天天马机电科技有限公司	23	B23K 钎焊或脱焊等(5) B23P 未包含在其他位置的金属加工；组合加工；万能机床(4) B29C 塑料的成型连接(3)
4	中国航发贵州黎阳航空动力有限公司	19	B23P 未包含在其他位置的金属加工；组合加工；万能机床(6) B23K 钎焊或脱焊等(5) B21D 金属板或管、棒或型材的基本无切削加工或处理；冲压金属(5)
5	中国水利水电第九工程局有限公司	16	G05B 一般的控制或调节系统，这种系统的功能单元；用于这种系统或单元的监视或测试装置(5) B65G 运输或贮存装置，例如装载或倾卸用输送机(3) G01B 长度、厚度或类似线性尺寸的计量(1)
6	贵州航天控制技术有限公司	15	B25J 机械手；装有操纵装置的容器(11) F15B 一般流体工作系统；流体压力执行机构(2) B65G 运输或贮存装置，例如装载或倾卸用输送机(1)
7	贵州航天风华精密设备有限公司	15	B22C 铸造造型(8) B33Y 增材制造，即三维〔3D〕物品制造(5) B29C 塑料的成型连接；塑性状态材或料的成型，不包含在其他类目中的；已成型产品的后处理，例如修整(3)
8	贵州理工学院	14	A01D 收获；割草(3) B64D 用于与飞机配合或装到飞机上的设备(2) B23P 未包含在其他位置的金属加工；组合加工；万能机床(2)
9	贵州安吉航空精密铸造有限责任公司	12	B22C 铸造造型(12) B22D 金属铸造；用相同工艺或设备的其他物质的铸造(5)
10	中国电建集团贵州电力设计研究院有限公司	11	B66C 起重机；用于起重机、绞盘、绞车或滑车的载荷吊挂元件或装置(5) E21B 土层或岩石的钻进(2) B65G 运输或贮存装置(2)

对 2021 年贵州高端装备制造产业发明申请专利技术内容进行分析,对关键词进行聚类得到图 4 - 37。由图可知,2021 年该产业发明申请专利的技术内容主要集中在熔模铸造、自动装配线、农业机械化等方面。

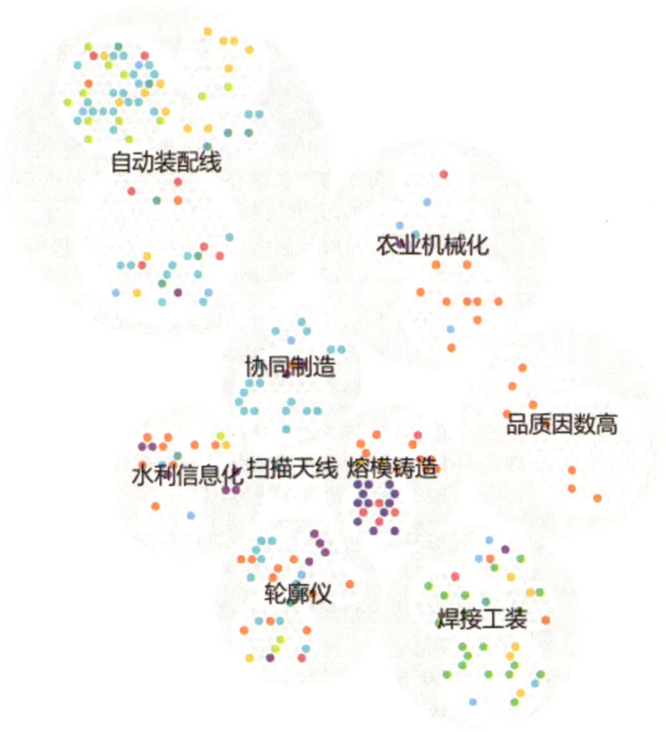

图 4 - 37 2021 年贵州高端装备制造产业发明申请专利技术内容聚类分子云图

(2) 发明授权专利

根据专利所属的 IPC 分类统计情况,2021 年贵州高端装备制造产业发明授权专利技术构成排名情况如表 4 - 71 所示,涉及智能农业动力机械等机械化农业及园艺机具制造、钎焊或脱焊、运输或贮存装置等技术。发明授权专利量排名第一的技术是 A01C,即智能农业动力机械等机械化农业及园艺机具制造(种植;播种;施肥机械等),共授权发明专利 36 件;排名第二的技术是 A01G,即智能农业动力机械等机械化农业及园艺机具制造(园艺;蔬菜等栽培),共授权发明专利 27 件;排名第三的技术是 B23K,即钎焊或脱焊、焊接等,共授权发明专利 25 件。

表 4-71　2021 年贵州高端装备制造产业发明授权专利技术构成排名(前 10 位)

排名	IPC 主分类号(小类)	IPC 释义	专利数量/件
1	A01C	智能农业动力机械等机械化农业及园艺机具制造(种植;播种;施肥机械等)	36
2	A01G	智能农业动力机械等机械化农业及园艺机具制造(园艺;蔬菜等栽培)	27
3	B23K	钎焊或脱焊;焊接;用钎焊或焊接方法包覆或镀敷;局部加热切割,如火焰切割;用激光束加工	25
4	A01D	智能农业动力机械等机械化农业及园艺机具制造(收获;割草)	19
5	B65G	运输或贮存装置,例如装载或倾卸用输送机、车间输送机系统或气动管道输送机	16
6	G05B	一般的控制或调节系统;这种系统的功能单元;用于这种系统或单元的监视或测试装置	11
7	B24B	用于磨削或抛光的机床、装置或工艺	10
8	G01B	长度、厚度或类似线性尺寸的计量;角度的计量;面积的计量;不规则的表面或轮廓的计量	10
9	B22C	铸造造型	9
10	E21B	土层或岩石的钻进	9

2021 年贵州高端装备制造产业主要发明授权主体的优势技术情况如表 4-72 所示。贵州大学的优势技术比较广泛,主要是智能农业动力机械等机械化农业及园艺机具制造、钎焊或脱焊、运输或贮存装置方面的技术;中国航发贵州黎阳航空动力有限公司的优势技术主要是钎焊或脱焊、焊接、用钎焊或焊接方法包覆或镀敷方面的技术;贵州安吉航空精密铸造有限责任公司的优势技术主要是铸造造型方面的技术。

表 4-72　2021 年贵州高端装备制造产业主要发明授权主体的优势技术

序号	授权主体	专利数量/件	优势技术(专利数量/件)
1	贵州大学	37	B23K 钎焊或脱焊;焊接;用钎焊或焊接方法包覆或镀敷;局部加热切割,如火焰切割;用激光束加工(6) A01C 智能农业动力机械等机械化农业及园艺机具制造(5) B65G 运输或贮存装置,例如装载或倾卸用输送机、车间输送机系统或气动管道输送机(4)

续表

序号	授权主体	专利数量/件	优势技术(专利数量/件)
2	中国航发贵州黎阳航空动力有限公司	20	B23K 钎焊或脱焊;焊接;用钎焊或焊接方法包覆或镀敷;局部加热切割,如火焰切割;用激光束加工(13) B24B 用于磨削或抛光的机床、装置或工艺(2) B23P 未包含在其他位置的金属加工;组合加工;万能机床(2)
3	贵州理工学院	8	A01D 智能农业动力机械等机械化农业及园艺机具制造,收获;割草(2) E21C 采矿或采石小类索引截割;掏槽(2) B23K 钎焊或脱焊;焊接;用钎焊或焊接方法包覆或镀敷;局部加热切割,如火焰切割;用激光束加工(1)
4	贵州电网有限责任公司	7	G05B 一般的控制或调节系统;这种系统的功能单元;用于这种系统或单元的监视或测试装置(2) B25J 机械手;装有操纵装置的容器(2) G01B 长度、厚度或类似线性尺寸的计量;角度的计量;面积的计量;不规则的表面或轮廓的计量(1)
5	贵州工程应用技术学院	6	E21B 土层或岩石的钻进(2) A01C 智能农业动力机械等机械化农业及园艺机具制造(1) B24B 用于磨削或抛光的机床、装置或工艺(1)
6	铜仁学院	6	A01C、A01D、A01G 智能农业动力机械等机械化农业及园艺机具制造(6)
7	贵州安吉航空精密铸造有限公司	5	B22C 铸造造型(5)
8	贵州师范大学	5	A01C、A01D、A01G 智能农业动力机械等机械化农业及园艺机具制造(5)
9	六盘水师范学院	4	A01D 智能农业动力机械等机械化农业及园艺机具制造,收获;割草(1) E21B 土层或岩石的钻进(1) E21F 矿井或隧道中或其自身的安全装置(1)
10	贵州华阳电工有限公司	4	B64C 飞机;直升飞机(3) B64D 用于与飞机配合或装到飞机上的设备(1)
11	贵州永红航空机械有限责任公司	4	B64D 用于与飞机配合或装到飞机上的设备(2) B23K 钎焊或脱焊;焊接;用钎焊或焊接方法包覆或镀敷;局部加热切割,如火焰切割;用激光束加工(1) B21D 金属板或管、棒或型材的基本无切削加工或处理;冲压金属(1)
12	贵州航天新力铸锻有限责任公司	4	B23K 钎焊或脱焊;焊接;用钎焊或焊接方法包覆或镀敷;局部加热切割,如火焰切割;用激光束加工(1) B21D 金属板或管、棒或型材的基本无切削加工或处理;冲压金属(1) B23P 未包含在其他位置的金属加工;组合加工;万能机床(1)

对 2021 年贵州高端装备制造产业发明授权专利技术内容进行分析，对关键词进行聚类得到图 4－38。由图可知，2021 年该产业发明授权专利的技术内容主要集中在航空发动机、铸造工艺、保水开采等方面。

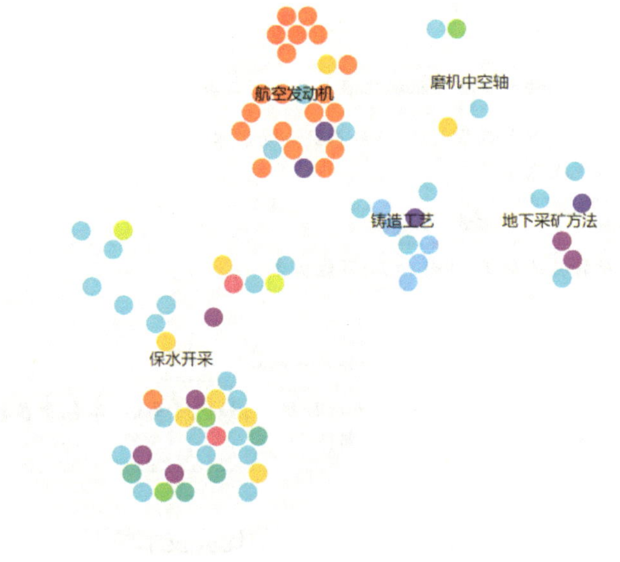

图 4－38　2021 年贵州高端装备制造产业发明授权专利技术内容聚类分子云图

（3）有效发明专利

根据专利所属的 IPC 分类统计情况，贵州高端装备制造产业有效发明专利技术构成排名情况如表 4－73 所示，涉及智能农业动力机械等机械化农业及园艺机具制造、钎焊或脱焊、运输或贮存装置、土层或岩石的钻进、铸造造型等技术。有效发明专利量排名第一的技术是 A01C，即智能农业动力机械等机械化农业及园艺机具制造（种植；播种；施肥机械等），共拥有有效发明专利 151 件；排名第二的技术是 B23K，即钎焊或脱焊、焊接等，共拥有有效发明专利 122 件；排名第三的专利技术是 B65G，即运输或贮存装置，例如装载或倾卸用输送机、车间输送机系统或气动管道输送机，共拥有有效发明专利 119 件。

表 4－73　贵州高端装备制造产业有效发明专利技术构成排名（前 10 位）

排名	IPC 分类号（小类）	IPC 释义	专利数量/件
1	A01C	智能农业动力机械等机械化农业及园艺机具制造（种植；播种；施肥机械等）	151
2	B23K	钎焊或脱焊；焊接；用钎焊或焊接方法包覆或镀敷；局部加热切割，如火焰切割；用激光束加工	122

续表

排名	IPC 分类号（小类）	IPC 释义	专利数量/件
3	B65G	运输或贮存装置，例如装载或倾卸用输送机、车间输送机系统或气动管道输送机	119
4	A01G	智能农业动力机械等机械化农业及园艺机具制造	112
5	G05B	一般的控制或调节系统；这种系统的功能单元；用于这种系统或单元的监视或测试装置	96
6	E21B	土层或岩石的钻进	72
7	B23P	金属的其他加工；组合加工；万能机床	65
8	B22C	铸造造型	63
9	A01B	智能农业动力机械等机械化农业及园艺机具制造	53
10	F15B	一般流体工作系统；流体压力执行机构，如伺服马达；不包含在其他类目中的流体压力系统的零部件	48

贵州高端装备制造产业有效发明主要专利权人的优势技术情况如表4－74所示。贵州大学的优势技术是智能农业动力机械等机械化农业及园艺机具制造，钎焊或脱焊、焊接，运输或贮存装置等方面的技术。中国航发贵州黎阳航空动力有限公司、贵州安大航空锻造有限责任公司、贵州永红航空机械有限责任公司的优势技术主要是钎焊或脱焊；焊接；用钎焊或焊接方法包覆或镀敷；局部加热切割，如火焰切割；用激光束加工等方面的技术。贵州航天凯山石油仪器有限公司的优势技术是土层或岩石的钻进方面的技术。贵州安吉航空精密铸造有限责任公司的优势技术是铸造造型方面的技术。贵阳铝镁设计研究院有限公司的优势技术是运输或贮存装置方面的技术。

表4－74　2021年贵州高端装备制造产业有效发明主要专利权人优势技术

排名	专利权人	专利数量/件	优势技术（专利数量/件）
1	贵州大学	82	A01C 智能农业动力机械等机械化农业及园艺机具制造（12） B23K 钎焊或脱焊；焊接；用钎焊或焊接方法包覆或镀敷；局部加热切割，如火焰切割；用激光束加工（8） B65G 运输或贮存装置，例如装载或倾卸用输送机、车间输送机系统或气动管道输送机（8）

续表

排名	专利权人	专利数量/件	优势技术(专利数量/件)
2	中国航发贵州黎阳航空动力公司	62	B23K 钎焊或脱焊;焊接;用钎焊或焊接方法包覆或镀敷;局部加热切割,如火焰切割;用激光束加工(33) B23P 金属的其他加工;组合加工;万能机床(6) B21D 金属板或管、棒或型材的基本无切削加工或处理;冲压金属
3	贵州航天凯山石油仪器有限公司	33	E21B 土层或岩石的钻进(32) G05B 一般的控制或调节系统;这种系统的功能单元;用于这种系统或单元的监视或测试装置(1)
4	贵州安吉航空精密铸造有限责任公司	32	B22C 铸造造型(32)
5	贵阳铝镁设计研究院有限公司	28	B65G 运输或贮存装置,例如装载或倾卸用输送机、车间输送机系统或气动管道输送机(15) B66C 起重机;用于起重机、绞盘、绞车或滑车的载荷吊挂元件或装置(4) B23K 钎焊或脱焊;焊接;用钎焊或焊接方法包覆或镀敷;局部加热切割,如火焰切割;用激光束加工(3)
6	贵州安大航空锻造有限责任公司	22	B23K 钎焊或脱焊;焊接;用钎焊或焊接方法包覆或镀敷;局部加热切割,如火焰切割;用激光束加工(17) F16C 轴;软轴;在挠性护套中传递运动的机械装置(2)
7	航天精工股份有限公司	17	B21D 金属板或管、棒或型材的基本无切削加工或处理;冲压金属(6) B23Q 机床的零件、部件或附件,如仿形装置或控制装置(3) B23C 铣削(3)
8	贵州理工学院	14	E21C 采矿或采石(4) B23K 钎焊或脱焊;焊接;用钎焊或焊接方法包覆或镀敷;局部加热切割,如火焰切割;用激光束加工(2)
9	贵州永红航空机械有限责任公司	14	B23K 钎焊或脱焊;焊接;用钎焊或焊接方法包覆或镀敷;局部加热切割,如火焰切割;用激光束加工(9) B23P 金属的其他加工;组合加工;万能机床(3)
10	中航力源液压股份有限公司	14	F15B 一般流体工作系统;流体压力执行机构,如伺服马达;不包含在其他类目中的流体压力系统的零部件(12) B66D 绞盘;绞车;滑车,如滑轮组;起重机(2)
11	贵州詹阳动力重工有限公司	13	F15B 一般流体工作系统;流体压力执行机构,如伺服马达;不包含在其他类目中的流体压力系统的零部件(7) E02F 挖掘;疏浚(7)
12	贵州航天电子科技有限公司	12	B64D 用于与飞机配合或装到飞机上的设备;飞行衣;降落伞;动力装置或推进传动装置在飞机中的配置或安装(5)

续表

排名	专利权人	专利数量/件	优势技术(主 IPC)
13	贵州航天天马机电科技有限公司	12	F15B 一般流体工作系统;流体压力执行机构,如伺服马达;不包含在其他类目中的流体压力系统的零部件(5) B66C 起重机;用于起重机、绞盘、绞车或滑车的载荷吊挂元件或装置(4)

对贵州省高端装备制造产业有效发明专利技术内容进行分析,对关键词进行聚类得到图4-39。由图可知,该产业有效发明专利技术内容主要集中在铸件、精准控制压力、定位焊接、控制系统等方面。

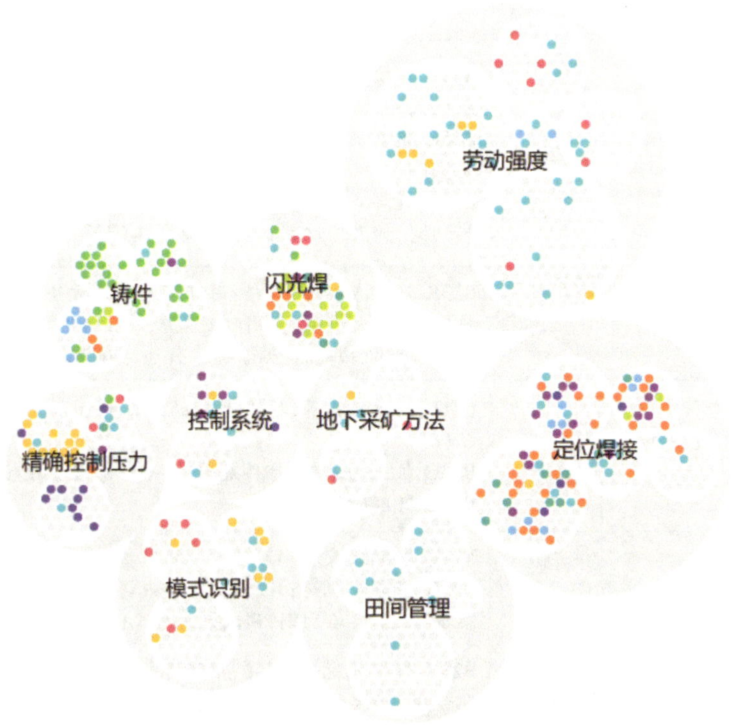

图 4-39 贵州省高端装备制造产业有效发明专利技术内容聚类分子云图

(二)国外专利数据分析

贵州高端装备制造产业国外有效发明专利信息如表4-75所示。截至检索日期,贵州共有高端装备制造产业国外有效发明专利15件,贵州大学和贵州高速公路集团数量最多,各有3件,其次是贵阳高原矿山机械有限公司、贵州省草业研究所,各有2件。

表4-75 贵州高端装备制造产业国外有效发明专利信息

序号	专利标题	公开号	同族数量	专利权人(翻译)
1	Point position fertilizing tool	AU2021101409A4	1	贵州烟草公司毕节局
2	Mine explosion-isolating hoisting device with built-in type permanent magnet motor	AU2020101183A4	1	贵阳高原矿山机械有限公司,太原理工大学
3	Mine hoisting device with built-in type permanent magnet motor	AU2020202669B2	6	贵阳高原矿山机械有限公司,太原理工大学
4	A weeding ridge forming machine	AU2020101222A4	1	贵州省山地资源研究所
5	A method for extracting surface feature points from aerial photo based on uav remote sensing technology	AU2020101472A4	1	贵州省草业研究所
6	Method for improving germination rate of seeds of tall fescue(festuca elata) under drought resistance	AU2021102734A4	1	贵州省草业研究所
7	Automatic stacking raw material fermentation device for wine brewing processing	AU2021103396A4	2	茅台学院
8	Biological bacterial fertilizer and method for promoting growth of tissue cultured seedlings of alpine rhododendron	LU500484B1	3	贵州师范大学
9	Intelligent inspection device for electric power communication	AU2021100019A4	1	Zhou Qian
10	Method for measuring visual effect of non-colored target in different light environments and system thereof	EP3203206B1	8	北京工业大学,贵州高速公路集团
11	Visual efficacy measuring method for objects in different light environments	US10746605B2	6	北京工业大学,贵州高速公路集团
12	Visual efficacy determining method for non-coloured objects in different light environments and system thereof	US10354022B2	8	北京工业大学,贵州高速公路集团
13	Filling mining method for full-seam mining along strike of metal mine	NL2027579B1	1	贵州大学
14	Adaptive neural network control method for arch-shaped microelectromechanical system	AU2018100710A4	3	贵州大学
15	A top-cutting support and fill stoping for ore bodies with soft rock roof	NL2029635B1	2	贵州大学

附　录

附录一　贵州专利主体清单

附表 1-1　2021 年贵州发明专利申请人清单(9 件以上)

序号	申请人	申请专利数量/件	占比/%
1	贵州电网有限责任公司	1 161	10.22
2	贵州大学	613	5.39
3	中国水利水电第九工程局有限公司	116	1.02
4	贵州理工学院	100	0.88
5	中国电建集团贵阳勘测设计研究院有限公司	99	0.87
6	中国航发贵州黎阳航空动力有限公司	87	0.77
7	贵州医科大学	97	0.85
8	铜仁学院	69	0.61
9	中国电建集团贵州电力设计研究院有限公司	66	0.58
10	中国南方电网有限责任公司超高压输电公司贵阳局	65	0.57
11	遵义医科大学	103	0.91
12	贵州师范大学	60	0.53
13	贵阳航空电机有限公司	60	0.53
14	贵州航天天马机电科技有限公司	57	0.50
15	贵州中医药大学	68	0.60
16	贵州省中国科学院天然产物化学重点实验室 (贵州医科大学天然产物化学重点实验室)	54	0.48
17	中铁五局集团有限公司	53	0.47
18	茅台学院	50	0.44
19	贵州梅岭电源有限公司	48	0.42
20	贵州民族大学	46	0.40
21	贵州航天电子科技有限公司	46	0.40
22	贵州工程应用技术学院	45	0.40
23	贵州师范学院	45	0.40
24	贵州白山云科技股份有限公司	45	0.40

续表

序号	申请人	申请专利数量/件	占比/%
25	贵州建工集团第一建筑工程有限责任公司	44	0.39
26	中国科学院地球化学研究所	39	0.34
27	中国航发贵阳发动机设计研究所	39	0.34
28	贵州省材料产业技术研究院	38	0.33
29	遵义师范学院	37	0.33
30	六盘水师范学院	36	0.32
31	大唐高鸿数据网络技术股份有限公司	35	0.31
32	瓮福(集团)有限责任公司	35	0.31
33	贵州省草业研究所	35	0.31
34	遵义钛业股份有限公司	35	0.31
35	贵州省畜牧兽医研究所	34	0.30
36	贵州航天风华精密设备有限公司	33	0.29
37	遵义医科大学附属医院	33	0.29
38	贵州省烟草科学研究院	32	0.28
39	中国航空工业标准件制造有限责任公司	31	0.27
40	贵州航天南海科技有限责任公司	31	0.27
41	贵州航天电器股份有限公司	31	0.27
42	中国振华集团永光电子有限公司(国营第八七三厂)	30	0.26
43	中国振华集团云科电子有限公司	29	0.26
44	贵州省产品质量检验检测院	29	0.26
45	中国移动通信集团有限公司	28	0.25
46	中国移动通信集团贵州有限公司	28	0.25
47	贵州航天控制技术有限公司	28	0.25
48	贵阳铝镁设计研究院有限公司	28	0.25
49	首钢水城钢铁(集团)有限责任公司	28	0.25
50	中航贵州飞机有限责任公司	27	0.24
51	贵州新安航空机械有限责任公司	27	0.24
52	中国南方电网有限责任公司超高压输电公司天生桥局	26	0.23
53	中国振华(集团)新云电子元器件有限责任公司(国营第四三二六厂)	26	0.23
54	中建四局第三建设有限公司	26	0.23
55	贵州凯星液力传动机械有限公司	26	0.23
56	贵州医科大学附属医院	26	0.23
57	贵州航天林泉电机有限公司	26	0.23

续表

序号	申请人	申请专利数量/件	占比/%
58	贵阳学院	26	0.23
59	保利新联爆破工程集团有限公司	25	0.22
60	南方电网数字电网研究院有限公司	25	0.22
61	南方电网科学研究院有限责任公司	25	0.22
62	贵州天义电器有限责任公司	25	0.22
63	贵州省人民医院	24	0.21
64	贵州航天乌江机电设备有限责任公司	24	0.21
65	贵州航天计量测试技术研究所	24	0.21
66	贵州华亿绿色纺织产业科技有限公司	23	0.20
67	贵州航天新力科技有限公司	23	0.20
68	贵州茅台酒股份有限公司	23	0.20
69	贵州詹阳动力重工有限公司	22	0.19
70	铜仁职业技术学院	22	0.19
71	贵州正业工程技术投资有限公司	21	0.18
72	贵州盘江精煤股份有限公司	21	0.18
73	贵州路桥集团有限公司	21	0.18
74	奇瑞万达贵州客车股份有限公司	20	0.18
75	贵州树精英教育科技有限责任公司	20	0.18
76	贵州中建建筑科研设计院有限公司	19	0.17
77	贵州中烟工业有限责任公司	19	0.17
78	贵州省生物技术研究所（贵州省生物技术重点实验室、贵州省马铃薯研究所、贵州省食品加工研究所）	19	0.17
79	贵阳航发精密铸造有限公司	19	0.17
80	中国建筑第四工程局有限公司	18	0.16
81	中铁五局集团第四工程有限责任公司	18	0.16
82	贵州安吉航空精密铸造有限责任公司	18	0.16
83	贵州建工集团第四建筑工程有限责任公司	18	0.16
84	贵州省生物研究所	18	0.16
85	贵州航天凯山石油仪器有限公司	18	0.16
86	贵州航天特种车有限责任公司	18	0.16
87	贵州航天精工制造有限公司	18	0.16
88	贵州芭田生态工程有限公司	18	0.16
89	贵阳朗玛信息技术股份有限公司	18	0.16

续表

序号	申请人	申请专利数量/件	占比/%
90	中建西部建设股份有限公司	17	0.15
91	中建西部建设贵州有限公司	17	0.15
92	贵州乔盛生物科技有限公司	17	0.15
93	贵州省交通规划勘察设计研究院股份有限公司	17	0.15
94	贵州省山地资源研究所	17	0.15
95	贵州群建精密机械有限公司	17	0.15
96	贵州钢绳股份有限公司	17	0.15
97	岑土秀	16	0.14
98	毕节市农业科学研究所	16	0.14
99	贵州振华群英电器有限公司(国营第八九一厂)	16	0.14
100	贵州永红航空机械有限责任公司	16	0.14
101	贵州高峰石油机械股份有限公司	16	0.14
102	遵义航天新力精密铸锻有限公司	16	0.14
103	六盘水华安爆破工程有限公司	15	0.13
104	贵州乌江水电开发有限责任公司	15	0.13
105	贵州华烽电器有限公司	15	0.13
106	贵州安大航空锻造有限责任公司	15	0.13
107	贵州欧瑞欣合环保股份有限公司	15	0.13
108	贵州航天云网科技有限公司	15	0.13
109	贵阳市大数据产业集团有限公司	15	0.13
110	际华三五三七有限责任公司	15	0.13
111	杨思秀	14	0.12
112	福泉环保城发展有限公司	14	0.12
113	贵州省化工研究院	14	0.12
114	贵州省水产研究所	14	0.12
115	贵州省烟草公司贵阳市公司	14	0.12
116	贵州轻工职业技术学院	14	0.12
117	中铁二局第一工程有限公司	13	0.11
118	先兴发	13	0.11
119	贵州南山婆食品加工有限公司	13	0.11
120	贵州省林业科学研究院	13	0.11
121	贵州石博士科技股份有限公司	13	0.11
122	赤水市牵手竹艺发展有限公司	13	0.11

续表

序号	申请人	申请专利数量/件	占比/%
123	中电科大数据研究院有限公司	12	0.11
124	谷成林	12	0.11
125	贵州中伟资源循环产业发展有限公司	12	0.11
126	贵州云腾志远科技发展有限公司	12	0.11
127	贵州健兴药业有限公司	12	0.11
128	贵州凌达风电器制造有限公司	12	0.11
129	贵州特征微生物研究院有限公司	12	0.11
130	贵州玄德生物科技股份有限公司	12	0.11
131	贵州百胜工程建设咨询有限公司	12	0.11
132	贵州盘江煤电集团技术研究院有限公司	12	0.11
133	贵州省植物园(贵州省园林科学研究所、贵州省植物研究所)	12	0.11
134	贵州省蚕业研究所(贵州省辣椒研究所)	12	0.11
135	贵阳万江航空机电有限公司	12	0.11
136	安顺学院	11	0.10
137	谢勇	11	0.10
138	贵州九鼎新能源科技开发有限公司	11	0.10
139	贵州优联博睿科技有限公司	11	0.10
140	贵州北斗空间信息技术有限公司	11	0.10
141	贵州国锐鑫节能科技有限公司	11	0.10
142	贵州泰永长征技术股份有限公司	11	0.10
143	贵州电子商务云运营有限责任公司	11	0.10
144	贵州电网有限责任公司电力科学研究院	11	0.10
145	贵州雅光电子科技股份有限公司	11	0.10
146	贵州风雷航空军械有限责任公司	11	0.10
147	黔东南苗族侗族自治州农业科学院	11	0.10
148	黔南民族师范学院	11	0.10
149	黔南高新区绿色化工技术研究院有限公司	11	0.10
150	中国航发贵州红林航空动力控制科技有限公司	10	0.09
151	中建四局贵州投资建设有限公司	10	0.09
152	中航力源液压股份有限公司	10	0.09
153	中铁五局集团建筑工程有限责任公司	10	0.09
154	李艳	10	0.09
155	游正奎	10	0.09

续表

序号	申请人	申请专利数量/件	占比/%
156	科之杰新材料集团(贵州)有限公司	10	0.09
157	草喜堂(贵州)生物科技有限公司	10	0.09
158	荔波荔泉民族医药有限公司	10	0.09
159	贵州全安密灵科技有限公司	10	0.09
160	贵州兴泰科技有限公司	10	0.09
161	贵州新曙光电缆有限公司	10	0.09
162	贵州盘江民爆有限公司	10	0.09
163	贵州省公路工程集团有限公司	10	0.09
164	贵州省旱粮研究所	10	0.09
165	贵州省材料技术创新基地	10	0.09
166	贵州省烟草公司遵义市公司	10	0.09
167	贵州省茶叶研究所	10	0.09
168	贵州省质安交通工程监控检测中心有限责任公司	10	0.09
169	贵州贵航飞机设计研究所	10	0.09
170	贵州贵飞飞机设计研究院有限公司	10	0.09
171	贵州长征输配电电气有限公司	10	0.09
172	赤水山宝生态茶业开发有限公司	10	0.09
173	赤水市巧妹子手工工艺有限公司	10	0.09
174	赤水市情乡源生态食品有限公司	10	0.09
175	赵梦瑶	10	0.09
176	遵义正安丽霞茶业有限责任公司	10	0.09
177	陈科屹	10	0.09

附表1-2　2021年贵州发明专利授权主体清单(2件以上)

序号	授权主体	授权专利数量/件	占比/%
1	贵州大学	315	11.08
2	贵州电网有限责任公司	222	7.81
3	遵义医科大学(含附属医院)	62	2.18
4	中国航发贵州黎阳航空动力有限公司	58	2.04
5	贵州医科大学(含附属医院)	40	1.41
6	贵州中烟工业有限责任公司	38	1.34
7	贵州工程应用技术学院	38	1.34
8	贵州省烟草科学研究院	36	1.27

续表

序号	授权主体	授权专利数量/件	占比/%
9	铜仁学院	35	1.23
10	贵州理工学院	35	1.23
11	贵州中医药大学(含附属医院)	34	1.20
12	贵州白山云科技股份有限公司	28	0.99
13	贵州师范大学	26	0.91
14	遵义医科大学附属医院	26	0.91
15	贵州省中国科学院天然产物化学重点实验室	26	0.91
16	贵州梅岭电源有限公司	25	0.88
17	中国科学院地球化学研究所	25	0.88
18	贵州民族大学	25	0.88
19	遵义师范学院	24	0.84
20	贵州永红航空机械有限责任公司	18	0.63
21	贵阳朗玛信息技术股份有限公司	18	0.63
22	贵州师范学院	17	0.60
23	贵州省材料产业技术研究院	17	0.60
24	贵州航天电子科技有限公司	16	0.56
25	六盘水师范学院	16	0.56
26	贵阳学院	16	0.56
27	中国南方电网有限责任公司超高压输电公司天生桥局	13	0.46
28	中国电建集团贵州电力设计研究院有限公司	13	0.46
29	铜仁职业技术学院	13	0.46
30	贵州省人民医院	12	0.42
31	中国南方电网有限责任公司超高压输电公司贵阳局	12	0.42
32	贵州航天云网科技有限公司	12	0.42
33	贵州航天林泉电机有限公司	12	0.42
34	贵州航天电器股份有限公司	11	0.39
35	中国移动通信集团贵州有限公司	10	0.35
36	贵州茅台酒股份有限公司	10	0.35
37	贵州省草业研究所	10	0.35
38	航天精工股份有限公司	9	0.32
39	黔南民族师范学院	9	0.32
40	中铁五局集团有限公司	8	0.28
41	通号建设集团第一工程有限公司	8	0.28

续表

序号	授权主体	授权专利数量/件	占比/%
42	贵州正业工程技术投资有限公司	8	0.28
43	贵州博汇联润铝业有限公司	8	0.28
44	贵州省生物研究所	8	0.28
45	贵州省蚕业研究所(贵州省辣椒研究所)	8	0.28
46	贵州航天计量测试技术研究所	8	0.28
47	李艳,陈科屹,赵梦瑶	8	0.28
48	遵义春华新材料科技有限公司	7	0.25
49	中国航发贵州红林航空动力控制科技有限公司	7	0.25
50	贵州振华华联电子有限公司	7	0.25
51	贵州航天天马机电科技有限公司	7	0.25
52	贵州省冶金化工研究所	7	0.25
53	中国振华集团云科电子有限公司	6	0.21
54	中电科大数据研究院有限公司	6	0.21
55	贵州省烟草公司贵阳市公司	6	0.21
56	贵州磷镁材料有限公司	6	0.21
57	贵州开磷有限责任公司	6	0.21
58	贵州景诚制药有限公司	6	0.21
59	贵州华芯通半导体技术有限公司	6	0.21
60	贵州航天新力科技有限公司	6	0.21
61	贵州航天南海科技有限责任公司	6	0.21
62	贵州航天风华精密设备有限公司	6	0.21
63	贵州安吉航空精密铸造有限责任公司	6	0.21
64	中国航发贵阳发动机设计研究所	6	0.21
65	贵州省果树科学研究所	6	0.21
66	贵州省茶叶研究所	6	0.21
67	贵阳博粤技术服务中心	6	0.21
68	贵州省习水县人民医院	5	0.18
69	中建四局安装工程有限公司	5	0.18
70	绥阳县华丰电器有限公司	5	0.18
71	满帮信息咨询有限公司	5	0.18
72	贵州振华群英电器有限公司(国营第八九一厂)	5	0.18
73	贵州益佰制药股份有限公司	5	0.18
74	贵州旭业光电有限公司	5	0.18

续表

序号	授权主体	授权专利数量/件	占比/%
75	贵州新东浩化工材料科技有限公司	5	0.18
76	贵州统之源食品有限公司	5	0.18
77	贵州桥梁建设集团有限责任公司	5	0.18
78	贵州派腾科技服务有限公司	5	0.18
79	贵州凯欣产业投资股份有限公司	5	0.18
80	贵州凯襄新材料有限公司	5	0.18
81	贵州华阳电工有限公司	5	0.18
82	贵州华宁科技股份有限公司	5	0.18
83	贵州航天特种车有限责任公司	5	0.18
84	贵州汉方药业有限公司	5	0.18
85	贵州倍易通科技有限公司	5	0.18
86	贵阳航发精密铸造有限公司	5	0.18
87	遵义市林业科学研究所	5	0.18
88	贵州省山地资源研究所	5	0.18
89	贵州财经大学	5	0.18
90	贵州省材料技术创新基地	5	0.18
91	遵义市播州区人民医院	4	0.14
92	中伟新材料股份有限公司	4	0.14
93	中航贵州飞机有限责任公司	4	0.14
94	中国振华(集团)新云电子元器件有限责任公司(国营第四三二六厂)	4	0.14
95	首钢水城钢铁(集团)赛德建设有限公司	4	0.14
96	时代沃顿科技有限公司	4	0.14
97	贵州中伟资源循环产业发展有限公司	4	0.14
98	贵州云侠科技有限公司	4	0.14
99	贵州天义电器有限责任公司	4	0.14
100	贵州首为电线电缆有限公司	4	0.14
101	贵州省烟草公司遵义市公司	4	0.14
102	贵州省烟草公司黔南州公司	4	0.14
103	贵州省三好食品开发有限公司	4	0.14
104	贵州山茶产业综合开发有限公司	4	0.14
105	贵州金源锰业股份有限公司	4	0.14
106	贵州建工集团第一建筑工程有限责任公司	4	0.14
107	贵州宏达环保科技有限公司	4	0.14

续表

序号	授权主体	授权专利数量/件	占比/%
108	贵州航宇科技发展股份有限公司	4	0.14
109	贵州航天凯山石油仪器有限公司	4	0.14
110	贵州大隆药业有限责任公司	4	0.14
111	贵州川恒化工股份有限公司	4	0.14
112	贵州省水产研究所	4	0.14
113	邹政	4	0.14
114	安顺学院	4	0.14
115	贵州省建材产品质量监督检验院	4	0.14
116	贵州省分析测试研究院	4	0.14
117	贵州省产品质量监督检验院	4	0.14
118	贵州省草地技术试验推广站	4	0.14
119	遵义市第一人民医院	3	0.11
120	铜仁市人民医院	3	0.11
121	贵州中医药大学第一附属医院	3	0.11
122	遵义华邦农业科技开发有限公司	3	0.11
123	遵义大兴复肥有限责任公司	3	0.11
124	中铁十七局集团城市建设有限公司	3	0.11
125	中航力源液压股份有限公司	3	0.11
126	正安县正鲩养殖农民专业合作社	3	0.11
127	正安县瑞缘茶业有限公司	3	0.11
128	务川自治县宏牧羊业有限公司	3	0.11
129	沃顿科技股份有限公司	3	0.11
130	瓮福(集团)有限责任公司	3	0.11
131	桐梓县郭氏养蜂场	3	0.11
132	首钢水城钢铁(集团)有限责任公司	3	0.11
133	六盘水康博木塑科技有限公司	3	0.11
134	科之杰新材料集团(贵州)有限公司	3	0.11
135	贵州振华红云电子有限公司	3	0.11
136	贵州詹阳动力重工有限公司	3	0.11
137	贵州云腾未来科技有限公司	3	0.11
138	贵州永合益环保科技有限公司	3	0.11
139	贵州小爱机器人科技有限公司	3	0.11
140	贵州乌江水电开发有限责任公司构皮滩发电厂	3	0.11

续表

序号	授权主体	授权专利数量/件	占比/%
141	贵州威门药业股份有限公司	3	0.11
142	贵州天诚农业科技发展有限公司	3	0.11
143	贵州省烟草公司毕节市公司	3	0.11
144	贵州省水利水电勘测设计研究院有限公司	3	0.11
145	贵州省仁怀市茅台镇永泰酒业股份有限公司	3	0.11
146	贵州省湄潭县茅坝御膳米业有限公司	3	0.11
147	贵州省交通规划勘察设计研究院股份有限公司	3	0.11
148	贵州神农米业有限公司	3	0.11
149	贵州清风氢能环保装备制造有限公司	3	0.11
150	贵州黔峰百草科技发展有限公司	3	0.11
151	贵州亮欢寨生物科技有限公司	3	0.11
152	贵州凯星液力传动机械有限公司	3	0.11
153	贵州开磷磷石膏综合利用有限公司	3	0.11
154	贵州精立航太科技有限公司	3	0.11
155	贵州金域医学检验中心有限公司	3	0.11
156	贵州金草海药材发展有限公司	3	0.11
157	贵州皆盈科技开发有限公司	3	0.11
158	贵州汇通华城股份有限公司	3	0.11
159	贵州汇联通电子商务服务有限公司	3	0.11
160	贵州汇力自控工程有限公司	3	0.11
161	贵州汇创新能源科技有限公司	3	0.11
162	贵州红星山海生物科技有限责任公司	3	0.11
163	贵州航天智慧农业有限公司	3	0.11
164	贵州航天朝阳科技有限责任公司	3	0.11
165	贵州泛特尔细胞生物技术有限公司	3	0.11
166	贵州沸通芯物联技术有限公司	3	0.11
167	贵州电网有限责任公司电力科学研究院	3	0.11
168	贵州电网有限责任公司电力调度控制中心	3	0.11
169	贵州大兴旺新材料科技有限公司	3	0.11
170	贵州彬腾越新型建材有限公司	3	0.11
171	贵州芭田生态工程有限公司	3	0.11
172	贵阳中安科技集团有限公司	3	0.11
173	贵阳耘志电子技术有限公司	3	0.11

续表

序号	授权主体	授权专利数量/件	占比/%
174	贵阳动视云科技有限公司	3	0.11
175	道真自治县茂峰中药材发展有限公司	3	0.11
176	大自然科技股份有限公司	3	0.11
177	贵州省油菜研究所	3	0.11
178	贵州省亚热带作物研究所	3	0.11
179	贵州省旱粮研究所	3	0.11
180	贵州省畜牧兽医研究所	3	0.11
181	杨甫在	3	0.11
182	遵义职业技术学院	3	0.11
183	茅台学院	3	0.11
184	贵州商学院	3	0.11
185	贵州省植物园	3	0.11
186	贵州省计量测试院	3	0.11
187	贵州省化工研究院	3	0.11
188	贵州省过程工业技术研究中心	3	0.11
189	付跃军	3	0.11
190	凤冈县高山有机莲藕种植专业合作社	3	0.11

附表1-3　贵州有效发明专利权人清单(4件以上)

序号	专利权人(当前)	有效发明专利数量/件	占比/%
1	贵州大学	1 085	7.19
2	华为云计算技术有限公司	764	5.06
3	贵州电网有限责任公司	431	2.86
4	贵阳铝镁设计研究院有限公司	295	1.96
5	瓮福(集团)有限责任公司	225	1.49
6	遵义医科大学(含附属医院)	205	1.36
7	中国电建集团贵阳勘测设计研究院	196	1.30
8	贵州电网有限责任公司电力科学研究院	149	0.99
9	中国科学院地球化学研究所	147	0.97
10	中国航发贵州黎阳航空动力有限公司	141	0.93
11	贵州中烟工业有限责任公司	133	0.88
12	贵州益佰制药股份有限公司	123	0.82

续表

序号	专利权人(当前)	有效发明专利数量/件	占比/%
13	贵阳渝冠技术服务中心	105	0.70
14	贵州师范大学	92	0.61
15	贵州医科大学(含附属医院)	92	0.61
16	贵州中医药大学(含附属医院)	92	0.61
17	贵州理工学院	91	0.60
18	贵阳朗玛信息技术股份有限公司	87	0.58
19	贵州安大航空锻造有限责任公司	86	0.57
20	贵州黎阳航空动力有限公司	81	0.54
21	贵州白山云科技股份有限公司	79	0.52
22	贵州省烟草科学研究院	79	0.52
23	贵州光浦森光电有限公司	76	0.50
24	贵州航天天马机电科技有限公司	76	0.50
25	贵州航天电器股份有限公司	71	0.47
26	铜仁学院	71	0.47
27	中国振华(集团)新云电子元器件有限责任公司	69	0.46
28	贵州省中国科学院天然产物化学重点实验室 (贵州医科大学天然产物化学重点实验室)	68	0.45
29	贵州航天精工制造有限公司	67	0.44
30	贵州百灵企业集团制药股份有限公司	64	0.42
31	贵州凯星液力传动机械有限公司	64	0.42
32	贵州航天风华精密设备有限公司	59	0.39
33	贵州神奇药物研究院	58	0.38
34	遵义师范学院	58	0.38
35	贵州航天凯山石油仪器有限公司	57	0.38
36	贵州梅岭电源有限公司	55	0.36
37	贵州永红航空机械有限责任公司	55	0.36
38	沃顿科技股份有限公司	55	0.36
39	中国振华集团云科电子有限公司	54	0.36
40	贵州工程应用技术学院	53	0.35
41	贵州航天电子科技有限公司	53	0.35
42	贵州航天林泉电机有限公司	53	0.35
43	贵州省材料产业技术研究院	53	0.35

续表

序号	专利权人（当前）	有效发明专利数量/件	占比/%
44	贵州航宇科技发展股份有限公司	52	0.34
45	际华三五三七制鞋有限责任公司	51	0.34
46	中国水电顾问集团贵阳勘测设计研究院有限公司	50	0.33
47	中国移动通信集团贵州有限公司	50	0.33
48	贵州安吉航空精密铸造有限责任公司	48	0.32
49	贵阳学院	46	0.30
50	中航力源液压股份有限公司	45	0.30
51	贵州茅台酒股份有限公司	43	0.29
52	贵州民族大学	43	0.29
53	遵义医科大学附属医院	43	0.29
54	贵州红林机械有限公司	42	0.28
55	贵州开磷集团股份有限公司	40	0.27
56	贵州电网有限责任公司电力调度控制中心	39	0.26
57	贵州威门药业股份有限公司	38	0.25
58	贵州新安航空机械有限责任公司	38	0.25
59	贵州久联民爆器材发展股份有限公司	37	0.25
60	贵州泰永长征技术股份有限公司	37	0.25
61	贵州詹阳动力重工有限公司	37	0.25
62	贵州航天南海科技有限责任公司	34	0.23
63	贵州天义电器有限责任公司	34	0.23
64	贵州航天新力铸锻有限责任公司	32	0.21
65	中铁五局（集团）有限公司	32	0.21
66	杜艳华	31	0.21
67	贵州大自然科技有限公司	31	0.21
68	贵州钢绳股份有限公司	31	0.21
69	贵州华科铝材料工程技术研究有限公司	31	0.21
70	贵州信邦制药股份有限公司	31	0.21
71	贵州振华华联电子有限公司	31	0.21
72	六盘水师范学院	31	0.21
73	周俊和	31	0.21
74	贵州航天计量测试技术研究所	30	0.20
75	首钢水城钢铁（集团）有限责任公司	30	0.20

续表

序号	专利权人(当前)	有效发明专利数量/件	占比/%
76	贵州川恒化工有限责任公司	29	0.19
77	贵州高峰石油机械股份有限公司	29	0.19
78	贵州神奇药业股份有限公司	29	0.19
79	贵阳新天药业股份有限公司	28	0.19
80	贵州省交通规划勘察设计研究院股份有限公司	28	0.19
81	贵州师范学院	28	0.19
82	贵州大自然科技股份有限公司	27	0.18
83	贵州红星发展股份有限公司	27	0.18
84	贵州省化工研究院	27	0.18
85	贵州省建筑材料科学研究设计院有限责任公司	27	0.18
86	贵州西南工具(集团)有限公司	27	0.18
87	中国南方电网有限责任公司超高压输电公司贵阳局	27	0.18
88	中铁五局集团有限公司	26	0.17
89	贵州黄帝车辆净化器有限公司	25	0.17
90	贵州景浩科技有限公司	25	0.17
91	贵州云侠科技有限公司	25	0.17
92	贵州中医药大学	25	0.17
93	中国航空工业标准件制造有限责任公司	25	0.17
94	遵义中铂硬质合金有限责任公司	25	0.17
95	贵州航天特种车有限责任公司	24	0.16
96	贵州省工业固体废弃物综合利用(建材)工程技术研究中心	24	0.16
97	贵州正业工程技术投资有限公司	24	0.16
98	黔南民族师范学院	24	0.16
99	中国南方电网有限责任公司超高压输电公司天生桥局	24	0.16
100	贵州省水利水电勘测设计研究院有限公司	23	0.15
101	贵州同济堂制药有限公司	23	0.15
102	贵州电网有限责任公司电网规划研究中心	22	0.15
103	铜仁市万山区盛和矿业有限责任公司	22	0.15
104	中国航发贵州红林航空动力控制科技有限公司	22	0.15
105	中国振华集团永光电子有限公司	22	0.15
106	贵州环科环境工程有限公司	21	0.14
107	贵州铝城铝业原材料研究发展有限公司	21	0.14

续表

序号	专利权人(当前)	有效发明专利数量/件	占比/%
108	贵州省人民医院	20	0.13
109	首钢水城钢铁(集团)赛德建设有限公司	20	0.13
110	中建四局第三建筑工程有限公司	20	0.13
111	中建四局第一建筑工程有限公司	20	0.13
112	贵阳海信电子有限公司	19	0.13
113	贵阳普天物流技术有限公司	19	0.13
114	贵州省仁怀市西科电脑科技有限公司	19	0.13
115	贵州永兴科技有限公司	19	0.13
116	贵州振华群英电器有限公司(国营第八九一厂)	19	0.13
117	金正大诺泰尔化学有限公司	19	0.13
118	保利新联爆破工程集团有限公司	18	0.12
119	贵阳开磷化肥有限公司	18	0.12
120	贵州川恒化工股份有限公司	18	0.12
121	贵州大龙汇成新材料有限公司	18	0.12
122	贵州富纳源创科技有限公司	18	0.12
123	贵州贵安精准医学研究院股份有限公司	18	0.12
124	贵州航天云网科技有限公司	18	0.12
125	贵州吉利发动机有限公司	18	0.12
126	贵州山茶产业综合开发有限公司	18	0.12
127	贵州特力达纳米碳素科技有限公司	18	0.12
128	贵州天福化工有限责任公司	18	0.12
129	贵州鑫醇科技发展有限公司	18	0.12
130	贵州雅光电子科技股份有限公司	18	0.12
131	贵阳万江航空机电有限公司	17	0.11
132	贵州省农作物品种资源研究所	17	0.11
133	贵州旭业光电有限公司	17	0.11
134	贵州振华风光半导体有限公司	17	0.11
135	识骅科技股份有限公司	17	0.11
136	贵州汉方药业有限公司	16	0.11
137	贵州鸿德中药开发有限公司	16	0.11
138	贵州省冶金化工研究所	16	0.11
139	贵州顺安机电设备有限公司	16	0.11

续表

序号	专利权人(当前)	有效发明专利数量/件	占比/%
140	贵阳供电局	15	0.10
141	贵州长征开关制造有限公司	15	0.10
142	贵州全安密灵科技有限公司	15	0.10
143	贵州省畜牧兽医研究所	15	0.10
144	贵州省复合改性聚合物材料工程技术研究中心	15	0.10
145	贵州万方铝化科技开发有限公司	15	0.10
146	贵州中伟资源循环产业发展有限公司	15	0.10
147	贵州中医药大学第二附属医院	15	0.10
148	国药集团同济堂(贵州)制药有限公司	15	0.10
149	六盘水中联工贸实业有限公司	15	0.10
150	青岛海信电器股份有限公司	15	0.10
151	铜仁市满堂红农业科技有限公司	15	0.10
152	铜仁职业技术学院	15	0.10
153	中航贵州飞机有限责任公司	15	0.10
154	遵义市宝海农用物资研发有限公司	15	0.10
155	遵义市倍缘化工有限责任公司	15	0.10
156	贵州安达科技能源股份有限公司	14	0.09
157	贵州宏达环保科技有限公司	14	0.09
158	贵州宏宇药业有限公司	14	0.09
159	贵州华宇橡胶科技有限公司	14	0.09
160	贵州景诚制药有限公司	14	0.09
161	贵州盘江矿山机械有限公司	14	0.09
162	贵州务川国韵生物科技有限公司	14	0.09
163	贵州扬生医用器材有限公司	14	0.09
164	贵州远盛钾业科技有限公司	14	0.09
165	贵州振华新材料股份有限公司	14	0.09
166	贵州中伟正源新材料有限公司	14	0.09
167	康命源(贵州)科技发展有限公司	14	0.09
168	中国水利水电第九工程局有限公司	14	0.09
169	中国振华(集团)新云电子元器件有限责任公司(国营第四三二六厂)	14	0.09
170	中铁二局第一工程有限公司	14	0.09
171	遵义市剑龙塑料泡沫制品有限公司	14	0.09

续表

序号	专利权人(当前)	有效发明专利数量/件	占比/%
172	贵阳动视云科技有限公司	13	0.09
173	贵阳语玩科技有限公司	13	0.09
174	贵州柏强制药有限公司	13	0.09
175	贵州电网公司信息通信分公司	13	0.09
176	贵州风雷航空军械有限责任公司	13	0.09
177	贵州汇通华城股份有限公司	13	0.09
178	贵州精立航太科技有限公司	13	0.09
179	贵州景峰注射剂有限公司	13	0.09
180	贵州凯科特材料有限公司	13	0.09
181	贵州路桥集团有限公司	13	0.09
182	贵州黔源电力股份有限公司	13	0.09
183	贵州省公路工程集团有限公司	13	0.09
184	贵州省烟草公司遵义市公司	13	0.09
185	贵州中建建筑科研设计院有限公司	13	0.09
186	普定县绿源苗业开发有限公司	13	0.09
187	遵义锦鸿富科技发展有限公司	13	0.09
188	大唐贵州发耳发电有限公司	12	0.08
189	贵阳德昌祥药业有限公司	12	0.08
190	贵州华阳电工有限公司	12	0.08
191	贵州慧联科技有限公司	12	0.08
192	贵州金桥药业有限公司	12	0.08
193	贵州三力制药股份有限公司	12	0.08
194	贵州省蚕业研究所	12	0.08
195	贵州省草业研究所	12	0.08
196	贵州首为电线电缆有限公司	12	0.08
197	贵州瓮福蓝天氟化工股份有限公司	12	0.08
198	余庆县兴达家具制造有限公司	12	0.08
199	中国振华集团永光电子有限公司(国营第八七三厂)	12	0.08
200	遵义金惠机械制造有限责任公司	12	0.08
201	遵义精星航天电器有限责任公司	12	0.08
202	贵阳永青仪电科技有限公司	11	0.07
203	贵州安凯达实业股份有限公司	11	0.07

续表

序号	专利权人(当前)	有效发明专利数量/件	占比/%
204	贵州百祥制药有限责任公司	11	0.07
205	贵州成智重工科技有限公司	11	0.07
206	贵州建工集团第一建筑工程有限责任公司	11	0.07
207	贵州开磷磷石膏综合利用有限公司	11	0.07
208	贵州良济药业有限公司	11	0.07
209	贵州磷镁材料有限公司	11	0.07
210	贵州芊芊园艺新技术发展公司	11	0.07
211	贵州桥梁建设集团有限责任公司	11	0.07
212	贵州神奇药业有限公司	11	0.07
213	贵州省凤冈县永田露茶业有限公司	11	0.07
214	贵州省生物研究所	11	0.07
215	贵州威顿晶磷电子材料股份有限公司	11	0.07
216	贵州重力科技环保有限公司	11	0.07
217	贵州筑信水务环境产业有限公司	11	0.07
218	普定县银丰农业科技发展有限公司	11	0.07
219	中国振华电子集团宇光电工有限公司(国营第七七一厂)	11	0.07
220	遵义联谷农业科技有限公司	11	0.07
221	安顺学院	10	0.07
222	贵州安泰药业有限公司	10	0.07
223	贵州芭田生态工程有限公司	10	0.07
224	贵州拜特制药有限公司	10	0.07
225	贵州宏安制动器科技有限公司	10	0.07
226	贵州开磷(集团)有限责任公司	10	0.07
227	贵州开磷设计研究院有限责任公司	10	0.07
228	贵州凯襄新材料有限公司	10	0.07
229	贵州联盛药业有限公司	10	0.07
230	贵州盘江精煤股份有限公司	10	0.07
231	贵州群建精密机械有限公司	10	0.07
232	贵州省茶叶研究所	10	0.07
233	贵州省果树科学研究所	10	0.07
234	贵州省烟草公司贵阳市公司	10	0.07
235	贵州西牛王印务有限公司	10	0.07

续表

序号	专利权人(当前)	有效发明专利数量/件	占比/%
236	贵州远程制药有限责任公司	10	0.07
237	贵州中晟泰科智能技术有限公司	10	0.07
238	金正大生态工程集团股份有限公司	10	0.07
239	李力	10	0.07
240	联塑科技发展(贵阳)有限公司	10	0.07
241	仁怀市云侠网络科技有限公司	10	0.07
242	绥阳县耐环铝业有限公司	10	0.07
243	中铁五局集团机械化工程有限责任公司	10	0.07
244	遵义泥牛黄工艺品有限公司	10	0.07
245	遵义市飞宇电子有限公司	10	0.07
246	遵义市林业科学研究所	10	0.07
247	中国电建集团贵州电力设计研究院有限公司	10	0.07
248	福爱电子(贵州)有限公司	9	0.06
249	贵州博汇联润铝业有限公司	9	0.06
250	贵州博康生物工程有限公司	9	0.06
251	贵州盛茂白芨开发有限公司	9	0.06
252	贵州电网公司六盘水供电局	9	0.06
253	贵州电网有限责任公司信息中心	9	0.06
254	贵州航飞精密制造有限公司	9	0.06
255	贵州虹轴轴承有限公司	9	0.06
256	贵州华芯通半导体技术有限公司	9	0.06
257	贵州黔晟新能源实业有限公司	9	0.06
258	贵州勤邦食品安全科学技术有限公司	9	0.06
259	贵州润生制药有限公司	9	0.06
260	贵州省计量测试院	9	0.06
261	贵州省科晖制药厂	9	0.06
262	贵州省习水县人民医院	9	0.06
263	贵州省烟草公司毕节市公司	9	0.06
264	贵州太和制药有限公司	9	0.06
265	贵州泰邦生物制品有限公司	9	0.06
266	贵州万胜药业有限责任公司	9	0.06
267	贵州望江气体有限公司	9	0.06

续表

序号	专利权人(当前)	有效发明专利数量/件	占比/%
268	贵州务川八爷农场有限公司	9	0.06
269	贵州正合博莱金属制品有限公司	9	0.06
270	贵州遵义驰宇精密机电制造有限公司	9	0.06
271	首钢贵阳特殊钢有限责任公司	9	0.06
272	绥阳县华丰电器有限公司	9	0.06
273	中国航发贵阳发动机设计研究所	9	0.06
274	中铁五局集团第六工程有限责任公司	9	0.06
275	中伟新材料股份有限公司	9	0.06
276	遵义湘江园林工程有限责任公司	9	0.06
277	陈科屹	8	0.05
278	陈志明	8	0.05
279	贵阳嘉瑜光电科技咨询中心	8	0.05
280	贵阳顺络迅达电子有限公司	8	0.05
281	贵阳新希望农业科技有限公司	8	0.05
282	贵州财经大学	8	0.05
283	贵州长征电气有限公司	8	0.05
284	贵州创新轻金属工艺装备工程技术研究中心有限公司	8	0.05
285	贵州东方世纪科技股份有限公司	8	0.05
286	贵州国塑科技管业有限责任公司	8	0.05
287	贵州航天凯宏科技有限责任公司	8	0.05
288	贵州航天控制技术有限公司	8	0.05
289	贵州建工安顺建筑工程有限公司	8	0.05
290	贵州捷盛钻具股份有限公司	8	0.05
291	贵州精忠橡塑实业有限公司	8	0.05
292	贵州劲嘉新型包装材料有限公司	8	0.05
293	贵州开磷有限责任公司	8	0.05
294	贵州轮胎股份有限公司	8	0.05
295	贵州黔秀堂皮肤研究所(有限合伙)	8	0.05
296	贵州荣兴新型建材科技有限公司	8	0.05
297	贵州省华腾农业科技有限公司	8	0.05
298	贵州省山地资源研究所	8	0.05
299	贵州亚热带作物研究所	8	0.05

续表

序号	专利权人(当前)	有效发明专利数量/件	占比/%
300	贵州省烟草公司黔南州公司	8	0.05
301	贵州双升制药有限公司	8	0.05
302	贵州天壶泉饮品有限责任公司	8	0.05
303	贵州铜仁和诚锰业有限公司	8	0.05
304	贵州武陵锰业有限公司	8	0.05
305	贵州务川科华生物科技有限公司	8	0.05
306	贵州西部环保科技股份有限公司	8	0.05
307	贵州振华电子信息技术产业技术研究有限公司	8	0.05
308	贵州振华红云电子有限公司	8	0.05
309	贵州振华天通设备有限公司	8	0.05
310	贵州中航聚电科技有限公司	8	0.05
311	江林(贵州)高科发展股份有限公司	8	0.05
312	江南机电设计研究所	8	0.05
313	李艳	8	0.05
314	南车贵阳车辆有限公司	8	0.05
315	通号建设集团第一工程有限公司	8	0.05
316	务川自治县宏牧羊业有限公司	8	0.05
317	赵梦瑶	8	0.05
318	正安县瑞缘茶业有限公司	8	0.05
319	中国水电顾问集团贵阳勘测设计研究院岩土工程有限公司	8	0.05
320	中建四局第五建筑工程有限公司	8	0.05
321	中铁(贵州)市政工程有限公司	8	0.05
322	中铁二局工程有限公司	8	0.05
323	中铁五局集团建筑工程有限责任公司	8	0.05
324	遵义汇峰智能系统有限责任公司	8	0.05
325	遵义市兴英鹏塑料包装有限公司	8	0.05
326	遵义市永胜金属设备有限公司	8	0.05
327	遵义钛业股份有限公司	8	0.05
328	顾伟	7	0.05
329	贵阳航发精密铸造有限公司	7	0.05
330	贵阳新天光电科技有限公司	7	0.05
331	贵州盛世龙方制药股份有限公司	7	0.05

续表

序号	专利权人（当前）	有效发明专利数量/件	占比/%
332	贵州盛源新材料股份有限公司	7	0.05
333	贵州德江易盛农业科技发展有限公司	7	0.05
334	贵州电网有限责任公司贵阳供电局	7	0.05
335	贵州航天工业学校	7	0.05
336	贵州航天朝阳科技有限责任公司	7	0.05
337	贵州和仁堂药业有限公司	7	0.05
338	贵州宏福实业开发有限总公司	7	0.05
339	贵州华宁科技股份有限公司	7	0.05
340	贵州健兴药业有限公司	7	0.05
341	贵州金域医学检验中心有限公司	7	0.05
342	贵州凯里经济开发区鑫田民族服饰工艺品发展有限公司	7	0.05
343	贵州蓝图新材料股份有限公司	7	0.05
344	贵州利智管道科技有限公司	7	0.05
345	贵州凌达风电器制造有限公司	7	0.05
346	贵州绿太阳制药有限公司	7	0.05
347	贵州苗源实业有限公司	7	0.05
348	贵州黔峰百草科技发展有限公司	7	0.05
349	贵州神农米业有限公司	7	0.05
350	贵州省工程复合材料中心有限公司	7	0.05
351	贵州省黎平县侗乡米业有限公司	7	0.05
352	贵州省林业科学研究院	7	0.05
353	贵州省习水县金桥食品有限公司	7	0.05
354	贵州石博士科技有限公司	7	0.05
355	贵州天合国润高新材料科技有限公司	7	0.05
356	贵州天义技术有限公司	7	0.05
357	贵州维康药业有限公司	7	0.05
358	贵州新锦竹木制品有限公司	7	0.05
359	贵州益佰女子大药厂有限责任公司	7	0.05
360	贵州银花妆开发有限公司	7	0.05
361	贵州宇之源太阳能科技有限公司	7	0.05
362	贵州源熙生物研发有限公司	7	0.05
363	贵州梓锐科技有限公司	7	0.05

续表

序号	专利权人(当前)	有效发明专利数量/件	占比/%
364	国电南瑞科技股份有限公司	7	0.05
365	南京河海南自水电自动化有限公司	7	0.05
366	普定县持恒林业科技发展有限公司	7	0.05
367	铜仁跑山牛食品有限公司	7	0.05
368	西部国际绿色能源斯特林(贵州)智能装备制造有限公司	7	0.05
369	中车贵阳车辆有限公司	7	0.05
370	遵义春华新材料科技有限公司	7	0.05
371	遵义航天新力精密铸锻有限公司	7	0.05
372	遵义陆圣康源科技开发有限责任公司	7	0.05
373	安顺供电局	6	0.04
374	安顺市虹翼特种钢球制造有限公司	6	0.04
375	凤冈县万福食品有限责任公司	6	0.04
376	贵阳市政建设有限责任公司	6	0.04
377	贵阳中精科技有限公司	6	0.04
378	贵州榜香郁苗绣服饰开发有限公司	6	0.04
379	贵州长征输配电电气有限公司	6	0.04
380	贵州赤水黔老翁晒醋有限公司	6	0.04
381	贵州道元生物技术有限公司	6	0.04
382	贵州凤冈县仙人岭锌硒有机茶业有限公司	6	0.04
383	贵州航天风华实业有限公司	6	0.04
384	贵州恒霸药业有限责任公司	6	0.04
385	贵州宏臻菌业投资发展有限公司	6	0.04
386	贵州红星发展大龙锰业有限责任公司	6	0.04
387	贵州华烽电器有限公司	6	0.04
388	贵州华旭光电技术有限公司	6	0.04
389	贵州吉龙生态科技有限公司	6	0.04
390	贵州建工集团第三建筑工程有限责任公司	6	0.04
391	贵州君之堂制药有限公司	6	0.04
392	贵州开磷集团矿肥有限责任公司	6	0.04
393	贵州科学院	6	0.04
394	贵州黔宝食品有限公司	6	0.04
395	贵州群之英科技铸造有限公司	6	0.04

续表

序号	专利权人(当前)	有效发明专利数量/件	占比/%
396	贵州瑞和制药有限公司	6	0.04
397	贵州省材料技术创新基地	6	0.04
398	贵州省过程工业技术研究中心	6	0.04
399	贵州省旱粮研究所	6	0.04
400	贵州省仁怀市水码头酿酒作坊	6	0.04
401	贵州省桐梓县康利绿色食品有限公司	6	0.04
402	贵州省铜仁市万山区丹缘朱砂工艺品有限公司	6	0.04
403	贵州省土壤肥料研究所	6	0.04
404	贵州省五谷惠生态农业科技有限公司	6	0.04
405	贵州省务川县照石坊农林(集团)有限公司	6	0.04
406	贵州省油菜研究所	6	0.04
407	贵州铁建恒发新材料科技股份有限公司	6	0.04
408	贵州万臻时代通讯技术有限公司	6	0.04
409	贵州威顿晶磷电子材料有限公司	6	0.04
410	贵州乌江水电开发有限责任公司	6	0.04
411	贵州新东浩化工材料科技有限公司	6	0.04
412	贵州鑫大福门业有限公司	6	0.04
413	贵州鑫亚矿业有限公司	6	0.04
414	贵州兴贵恒远新型建材有限公司	6	0.04
415	贵州益康制药有限公司	6	0.04
416	贵州永红换热冷却技术有限公司	6	0.04
417	贵州中科汉天下信息技术有限公司	6	0.04
418	贵州中医药大学第一附属医院	6	0.04
419	贵州筑信达创科技有限公司	6	0.04
420	贵州紫金矿业股份有限公司	6	0.04
421	贵州遵义新佳裕食品有限公司	6	0.04
422	江口县苗药生物科技有限公司	6	0.04
423	凯里供电局	6	0.04
424	满帮信息咨询有限公司	6	0.04
425	燕翠萍	6	0.04
426	余庆县人民医院	6	0.04
427	镇远县醉美果业有限公司	6	0.04

续表

序号	专利权人(当前)	有效发明专利数量/件	占比/%
428	中电科大数据研究院有限公司	6	0.04
429	中航技进出口有限责任公司	6	0.04
430	中铁五局集团第四工程有限责任公司	6	0.04
431	遵义宏港机械有限公司	6	0.04
432	遵义市文杰机电有限责任公司	6	0.04
433	遵义双河生物燃料科技有限公司	6	0.04
434	遵义天蕴纺织有限责任公司	6	0.04
435	百花医药集团股份有限公司	5	0.03
436	从江神瑶保健品有限公司	5	0.03
437	大茂环保新材料股份有限公司	5	0.03
438	丹寨县国春银饰有限责任公司	5	0.03
439	道真仡佬族苗族自治县万福农业综合开发有限公司	5	0.03
440	东兴华鸿光学科技有限公司	5	0.03
441	贵阳安大宇航材料工程有限公司	5	0.03
442	贵阳高新益舸电子有限公司	5	0.03
443	贵阳联合高温材料有限公司	5	0.03
444	贵阳瑞极精密测量有限公司	5	0.03
445	贵阳新光电气有限公司	5	0.03
446	贵阳中航动力精密铸造有限公司	5	0.03
447	贵州安顺家喻新型材料股份有限公司	5	0.03
448	贵州倍易通科技有限公司	5	0.03
449	贵州贝因特生物技术有限公司	5	0.03
450	贵州博泰自动化科技有限公司	5	0.03
451	贵州长征电力设备有限公司	5	0.03
452	贵州赤天化股份有限公司	5	0.03
453	贵州电网有限责任公司铜仁供电局	5	0.03
454	贵州鼎成熔鑫科技有限公司	5	0.03
455	贵州梵净山生态农业股份有限公司	5	0.03
456	贵州广济堂健康药业有限公司	5	0.03
457	贵州国台酒业有限公司	5	0.03
458	贵州翰凯斯智能技术有限公司	5	0.03
459	贵州航锐航空精密零部件制造有限公司	5	0.03

续表

序号	专利权人(当前)	有效发明专利数量/件	占比/%
460	贵州弘康药业有限公司	5	0.03
461	贵州虹山虹飞轴承有限责任公司	5	0.03
462	贵州华桂钼镍股份有限公司	5	0.03
463	贵州华益能环保科技有限公司	5	0.03
464	贵州黄果树立爽药业有限公司	5	0.03
465	贵州汇创新能源科技有限公司	5	0.03
466	贵州汇丰烟草机械配件有限责任公司	5	0.03
467	贵州健瑞安药业有限公司	5	0.03
468	贵州开磷建设集团有限公司	5	0.03
469	贵州凯欣产业投资股份有限公司	5	0.03
470	贵州康琦药械有限公司	5	0.03
471	贵州莱利斯机械设计制造有限责任公司	5	0.03
472	贵州黎阳国际制造有限公司	5	0.03
473	贵州李记食品有限公司	5	0.03
474	贵州绿色环保设备工程有限责任公司	5	0.03
475	贵州茅台酒厂(集团)习酒有限责任公司	5	0.03
476	贵州能矿锰业集团有限公司	5	0.03
477	贵州黔北粮仓米业有限公司	5	0.03
478	贵州三泓药业股份有限公司	5	0.03
479	贵州省蚕业研究所(贵州省辣椒研究所)	5	0.03
480	贵州省产品质量检验检测院	5	0.03
481	贵州省分析测试研究院	5	0.03
482	贵州省凤冈县浪竹有机茶业有限公司	5	0.03
483	贵州省科创气体有限公司	5	0.03
484	贵州省辣椒研究所	5	0.03
485	贵州省盼福果蔬有限公司	5	0.03
486	贵州省仁怀市古酿坊酒业有限公司	5	0.03
487	贵州省仁怀市申仁包装印务有限责任公司	5	0.03
488	贵州省生物技术研究开发基地	5	0.03
489	贵州省水产研究所	5	0.03
490	贵州省万山银河化工有限责任公司	5	0.03
491	贵州省新材料研究开发基地	5	0.03

续表

序号	专利权人（当前）	有效发明专利数量/件	占比/%
492	贵州省欣紫鸿药用辅料有限公司	5	0.03
493	贵州省烟草公司黔西南州公司	5	0.03
494	贵州省印江县依仁食品有限公司	5	0.03
495	贵州圣济堂制药有限公司	5	0.03
496	贵州天威建材科技有限责任公司	5	0.03
497	贵州同济堂制药股份有限公司	5	0.03
498	贵州同威生物科技有限公司	5	0.03
499	贵州统之源食品有限公司	5	0.03
500	贵州万恒科技发展有限公司	5	0.03
501	贵州唯特高新能源科技有限公司	5	0.03
502	贵州五福坊食品有限公司	5	0.03
503	贵州务川万年峰农业开发有限公司	5	0.03
504	贵州芯火悦创科技有限公司	5	0.03
505	贵州医渡云技术有限公司	5	0.03
506	贵州医科大学附属医院	5	0.03
507	贵州友擘机械制造有限公司	5	0.03
508	贵州云峰药业有限公司	5	0.03
509	贵州珍酒酿酒有限公司	5	0.03
510	贵州正磷科技有限公司	5	0.03
511	贵州智通天下信息技术有限公司	5	0.03
512	贵州中科金玖生物技术有限公司	5	0.03
513	华能澜沧江水电股份有限公司	5	0.03
514	冷登书	5	0.03
515	七冶建设有限责任公司	5	0.03
516	绥阳县覃兵门窗有限公司	5	0.03
517	威德环境科技股份有限公司	5	0.03
518	瓮福紫金化工股份有限公司	5	0.03
519	务川县天门山农业开发有限公司	5	0.03
520	务川自治县九叶青花椒有限责任公司	5	0.03
521	务川自治县石磨岩种养有限公司	5	0.03
522	习水县西科电脑科技有限公司	5	0.03
523	中国南方电网有限责任公司调峰调频发电公司天生桥水力发电总厂	5	0.03

续表

序号	专利权人(当前)	有效发明专利数量/件	占比/%
524	中国振华电子集团宇光电工有限公司	5	0.03
525	中建四局安装工程有限公司	5	0.03
526	中科天华生物科技有限公司	5	0.03
527	中铝国际工程股份有限公司	5	0.03
528	中铝国际技术发展有限公司	5	0.03
529	中铁八局集团第三工程有限公司	5	0.03
530	中铁五局集团第五工程有限责任公司	5	0.03
531	遵义鸿达纸箱制品有限公司	5	0.03
532	遵义仁科信息技术有限公司	5	0.03
533	遵义荣盛包装材料有限公司	5	0.03
534	遵义市第一人民医院	5	0.03
535	遵义市金鼎农业科技有限公司	5	0.03
536	遵义市润丰源钢铁铸造有限公司	5	0.03
537	遵义市桐梓县宇强农产品开发有限公司	5	0.03

附录二　贵州获奖有效发明专利清单

附表2-1　贵州获奖有效发明专利清单

序号	公开号	专利标题	第一专利权人(当前)	法律事件	奖励等级
1	CN1166397C	一种治疗心脑系统疾病、中风后遗症的药物	贵州百灵企业集团制药股份有限公司	质押，变更，转让	中国专利奖优秀奖
2	CN1218719C	一种治疗咳嗽的药物	贵州百灵企业集团制药股份有限公司	质押，变更，转让	中国专利奖优秀奖
3	CN1219545C	头花蓼提取物及其药物组合物制剂	贵州威门药业股份有限公司	诉讼，保全，质押，变更	中国专利奖优秀奖
4	CN1206485C	中央空调节能模糊控制方法及模糊控制器	贵州汇通华城股份有限公司	保全，质押，转让	中国专利奖优秀奖
5	CN102020679B	一种以草酸盐制备洛铂三水合物的方法	贵州益佰制药股份有限公司	许可	中国专利奖优秀奖
6	CN102126711B	一种纯度为99.99999%三氯氧磷的生产方法	贵州威顿晶磷电子材料有限公司	质押，变更	中国专利奖优秀奖
7	CN100453153C	一种极低压复合反渗透膜的生产方法	沃顿科技股份有限公司	变更，转让	中国专利奖优秀奖
8	CN1237985C	治疗肿瘤的中药注射制剂及其制作方法	贵州益佰制药股份有限公司	—	中国专利奖优秀奖
9	CN103876216B	刺梨果汁饮料及其生产方法	贵州天刺力食品科技有限责任公司	质押	中国专利奖优秀奖
10	CN104480903B	一种混凝土面板堆石坝面板分缝结构及其施工方法	中国电建集团贵阳勘测设计研究院有限公司	—	中国专利奖优秀奖
11	CN103086634B	一种高速铁路无砟轨道自密实混凝土专用减水剂	贵州天威建材科技有限责任公司	转让	中国专利奖优秀奖

续表

序号	公开号	专利标题	第一专利权人(当前)	法律事件	奖励等级
12	CN1164318C	治疗妇科病的抗妇炎胶囊	贵州远程制药有限责任公司	诉讼,变更	中国专利奖优秀奖
13	CN101269115B	一种治疗心脑血管疾病的药物制剂及其制备方法	贵州拜特制药有限公司	—	中国专利奖优秀奖
14	CN1322888C	一种治疗骨质疏松的药物的用途	贵州同济堂制药有限公司	质押,变更	中国专利奖优秀奖
15	CN101723466B	利用中低品位 MnO_2 矿进行烟气脱硫制备 $MnSO_4 \cdot H_2O$ 的方法	贵州红星发展股份有限公司	许可,转让	中国专利奖优秀奖
16	CN101008316B	磷石膏胶结剮后充填采矿法及其制浆工艺	贵州开磷设计研究院有限责任公司	变更,转让	中国专利奖优秀奖
17	CN101707252B	多晶钴镍锰三元正极材料及其制备方法、二次锂离子电池	贵州振华新材料股份有限公司	质押,变更,转让	中国专利奖优秀奖
18	CN1176700C	一种治疗痹症的药物	国药集团同济堂(贵州)制药有限公司	诉讼,变更,转让	中国专利奖优秀奖
19	CN1203887C	治疗关节疼痛的中药制剂及其制备方法	贵州益佰制药股份有限公司	变更,转让	中国专利奖优秀奖
20	CN104191166B	一种铝合金高筒薄壁环件的轧制成形方法	贵州航宇科技发展股份有限公司	质押	中国专利奖优秀奖
21	CN103433363B	高温合金矩形截面环形件热胀形成异形截面环形件的方法	贵州航宇科技发展股份有限公司	质押	中国专利奖优秀奖
22	CN103111560B	GH4169 高温合金复杂异形截面环形件的辗轧成形方法	贵州航宇科技发展股份有限公司	质押	中国专利奖优秀奖
23	CN102674279B	半水工艺生产磷酸的方法	贵州川恒化工有限责任公司	变更	中国专利奖优秀奖

续表

序号	公开号	专利标题	第一专利权人（当前）	法律事件	奖励等级
24	CN1323682C	一种用于小儿外感发热的中药制剂及其制备工艺	贵州百灵企业集团制药股份有限公司	转让	中国专利奖优秀奖
25	CN101074516B	油棕纤维弹性材料及其制作方法	贵州大自然科技有限公司	变更，转让	中国专利奖优秀奖
26	CN101892459B	一种在钛合金零件上制备高纯度耐腐蚀铝涂层的方法	贵州航天精工制造有限公司	—	中国专利奖优秀奖
27	CN105479111B	1Cr11Ni2W2MoV 合金跑道形安装边的制造方法及模具	贵州航宇科技发展股份有限公司	质押	中国专利奖优秀奖
28	CN105479106B	718Plus 合金的锻件成形方法	贵州航宇科技发展股份有限公司	质押	中国专利奖优秀奖
29	CN102059428B	系列全电流下铝电解槽带电焊接方法及装备	贵阳铝镁设计研究院有限公司	—	中国专利奖优秀奖
30	CN102568494B	消除回声的优化方法、装置及系统	贵阳朗玛信息技术股份有限公司	—	中国专利奖优秀奖
31	CN101302626B	铝电解系列不停电的铝电解槽电动式短路方法及装置	贵阳铝镁设计研究院有限公司	许可，转让	中国专利奖优秀奖
32	CN100363539C	双阳极扭拔机构及打壳机构的连接方法及其装置	贵阳铝镁设计研究院有限公司	转让	中国专利奖优秀奖
33	CN104167633B	一种耐高电压电连接器	贵州航天电器股份有限公司	—	中国专利奖优秀奖
34	CN103083521B	一种仙灵骨葆的提取方法、分离提取物及制剂	贵州同济堂制药有限公司	变更	中国专利奖优秀奖
35	CN102570118B	一种具有绞线式弹性插针的电连接器	贵州航天电器股份有限公司	—	中国专利奖优秀奖
36	CN108888622B	甲基莲心碱在制备治疗溃疡性结肠炎药物中的应用	遵义医科大学	变更	湾高赛专利奖 50 强

续表

序号	公开号	专利标题	第一专利权人(当前)	法律事件	奖励等级
37	CN107468680B	二氢丹参酮Ⅰ在制备治疗溃疡性结肠炎药物中的应用	遵义医科大学	变更	湾高赛专利奖50强核心专利
38	CN106356208B	一种永磁中压双电源转换开关电器	贵州泰永长征技术股份有限公司	—	中国专利奖优秀奖
39	CN101699592B	一种主载流触头系统	贵州长征电力设备有限公司	变更	中国专利奖优秀奖
40	CN100362261C	一种液力变速器传动装置	贵州凯星液力传动机械有限公司	—	中国专利奖优秀奖
41	CN106089116B	冲击式复合螺纹连接凿岩钎具	贵州捷盛钻具股份有限公司	—	中国专利奖优秀奖
42	CN101714727B	一种机柜式电连接器	贵州航天电器股份有限公司	—	中国专利奖优秀奖
43	CN102146086B	一种斑蝥酸钠的制备方法	贵州金桥药业有限公司	—	中国专利奖优秀奖
44	CN1300379C	串接石墨化炉的构造	贵阳铝镁设计研究院	变更	中国专利奖优秀奖

附录三　贵州因专利权保护期满近期失效的高价值发明专利清单

附表3－1　贵州新一代信息技术领域近期失效的高价值发明专利清单

序号	专利标题	发明人	公开号	专利权人（当前）	专利维持期	失效日期
1	一种用量统计装置及用量统计方法	曹智，李敏波	CN100365617C	华为云计算技术有限公司	19年3月1日	2023年8月
2	一种实现授权验证的方法及其授权验证处理模块	曹智，李敏波	CN100396046C	华为云计算技术有限公司	19年3月1日	2023年8月
3	一种网络信令测试的方法	黄卉，何代义，陈荣富	CN100461712C	华为云计算技术有限公司	19年2月17日	2023年8月

附表3－2　贵州高端装备制造领域近期失效的高价值发明专利清单

序号	专利标题	发明人	公开号	专利权人（当前）	奖励名称	专利维持期	失效日期
1	中央空调节能模糊控制方法及模糊控制器	蔡小兵，郭林，袁立新，张黔阳	CN1206485C	贵州汇通华城股份有限公司	中国专利奖	19年3月28日	2023年8月
2	小模数齿轮的加工方法	余泳，韩兴华，罗劲松，徐松山	CN1276813C	贵州群建齿轮有限公司	—	19年3月13日	2023年8月

附表3－3　贵州新材料领域近期失效的高价值发明专利清单

序号	专利标题	发明人	公开号	第一专利权人（当前）	专利维持期	失效日期
1	锂离子电池正极材料的制备方法	成弘，向黔新	CN100429811C	贵州振华新材料股份有限公司	19年5月13日	2023年5月

续表

序号	专利标题	发明人	公开号	第一专利权人(当前)	专利维持期	失效日期
2	用软锰矿和菱锰矿吸收二氧化硫废气制取硫酸锰的方法	李军旗,袁华俊,胡厚美,史连军,唐道文,赵平原,吴复忠	CN1273389C	贵州工业大学	19年0月17日	2023年10月

附表3-4　贵州生物医药领域近期失效的高价值发明专利清单

序号	专利标题	公开号	第一专利权人(当前)	奖励等级	失效日期
1	一种治疗风湿病的药物	CN1150941C	贵州百灵企业集团制药股份有限公司	中国专利奖优秀奖	2022年12月
2	一种治疗胃病的平胃片	CN1152710C	贵州百灵企业集团制药股份有限公司	中国专利奖优秀奖	2022年12月
3	一种治疗大肠湿热所致腹痛腹泻的药物	CN1157220C	国药集团同济堂(贵州)制药有限公司	中国专利奖优秀奖	2022年12月
4	一种治疗风疾闭阻、偏瘫、癫痫、面神经麻痹的药	CN1180822C	贵州远程制药有限责任公司	中国专利奖优秀奖	2022年12月
5	消积化食的中药制剂	CN1150939C	贵州威门药业股份有限公司	中国专利奖优秀奖	2023年8月
6	一种祛斑美容霜及制作工艺	CN1205916C	贵州益佰制药股份有限公司	中国专利奖优秀奖	2023年1月
7	一种治疗妇女更年期综合症的药物组合物	CN1205957C	贵州益佰制药股份有限公司	中国专利奖优秀奖	2023年1月
8	治疗冠心病、心绞痛的中药制剂及其制作方法	CN1265828C	贵州长生制药有限责任公司	—	2023年10月
9	一种治疗支气管疾病的药物	CN1164320C	贵州圣济堂制药有限公司	—	2023年10月
10	一种治疗心脑系统疾病、中风后遗症的药物	CN1166397C	贵州神奇药业股份有限公司	—	2023年10月
11	一种治疗咳嗽的药物	CN1218719C	贵州苗药雪胆胃肠丸科技中心	—	2023年10月
12	心脉滴丸及其制备工艺	CN1156306C	贵州苗药雪胆胃肠丸科技中心	—	2023年10月
13	治疗妇科疾病的妇科再造丸	CN1164317C	贵州健兴药业有限公司	—	2022年12月
14	一种清热解毒利湿止痒的药物	CN1183953C	贵州飞云岭药业股份有限公司	—	2022年12月

续表

序号	专利标题	公开号	第一专利权人(当前)	奖励等级	失效日期
15	清开灵注射液或注射粉针剂的制备方法	CN1218732C	贵州飞云岭药业股份有限公司	—	2022年12月
16	头花蓼提取物及其药物组合物制剂	CN1219545C	贵州健兴药业有限公司	—	2022年12月
17	合成对氨基水杨酸异烟肼的方法	CN1184205C	贵州健兴药业有限公司	—	2022年12月
18	九味痔疮胶囊	CN1169566C	贵阳新天药业股份有限公司	—	2022年12月
19	苯丙氨醇类化合物作为制备治疗乙肝药品的应用及其制备方法	CN1194676C	贵阳新天药业股份有限公司	—	2022年12月
20	预防和治疗肠粘连的中药复方制剂及其应用	CN1278718C	贵阳德昌祥药业有限公司	—	2022年12月
21	一种治疗筋骨伤的喷雾剂	CN1181861C	贵州安泰药业有限公司	—	2022年12月
22	一种治疗痢疾、肠炎的药物组合物	CN1170581C	贵州安泰药业有限公司	—	2022年12月
23	治疗胸痹,胸痛的滴丸及其制备工艺	CN1176707C	贵州安泰药业有限公司	—	2022年12月
24	降血压的保健酒	CN1222607C	贵阳德昌祥药业有限公司	—	2022年12月
25	治疗胃痛胶囊	CN1236781C	贵州安泰药业有限公司	—	2022年12月
26	治疗心脑血管疾病的中药制剂及其制备方法	CN1254259C	贵阳德昌祥药业有限公司	—	2022年12月
27	治疗糖尿病的中成药	CN1172705C	贵州汉方药业有限公司	—	2022年12月
28	肤痔清软膏及其制作方法	CN1168489C	贵州汉方药业有限公司	—	2022年12月
29	治疗妇科炎症胶囊及其制备工艺	CN1150938C	贵州汉方药业有限公司	—	2022年12月
30	排毒降脂胶囊及其制备工艺	CN1161144C	贵州丽康制药公司	—	2022年12月
31	一种用于治疗癌症放化疗引起的白细胞减少症的药物及其制备方法	CN1168484C	贵州丽康制药公司	—	2022年12月
32	治疗肿瘤的中药注射制剂及其制作方法	CN1237985C	贵州丽康制药公司	—	2022年12月

续表

序号	专利标题	公开号	第一专利权人(当前)	奖励等级	失效日期
33	一种用于癌症放化疗后辅助治疗的药物	CN1166396C	贵州宏奇药业有限公司	—	2022 年 12 月
34	一种治疗糖尿病的药物	CN1164321C	贵州宏奇药业有限公司	—	2022 年 12 月
35	一种治疗妇科疾病的药物洗液	CN1136912C	贵州远程制药有限责任公司	—	2022 年 12 月
36	牙痛滴丸及其制备工艺	CN1161143C	贵州科顿制药有限责任公司	—	2022 年 12 月
37	治疗风寒感冒的中药制剂及其制备方法	CN1202852C	贵州神奇药业股份有限公司	—	2022 年 12 月
38	一种治疗肠道疾病的药物	CN1166398C	贵州百灵企业集团制药股份有限公司	—	2022 年 12 月
39	治疗妇科病的胶囊及其制备工艺	CN1180818C	贵州神奇药业股份有限公司	—	2022 年 12 月
40	治疗肝炎的中成药	CN1226042C	贵州家诚药业有限责任公司	—	2022 年 12 月
41	治疗妇科病的抗妇炎胶囊	CN1164318C	贵州神奇药业股份有限公司	—	2022 年 12 月
42	板蓝根软胶囊及其制备方法	CN100427075C	贵州神奇药业股份有限公司	—	2022 年 12 月
43	治疗妇科疾病的栓剂及其制备工艺	CN1224414C	贵州家诚药业有限责任公司	—	2022 年 12 月
44	一种治疗胃肠道疾病的药物	CN1284588C	贵阳永乐药业有限公司	—	2022 年 12 月
45	止痛胶囊及其制备工艺	CN1140293C	贵阳永乐药业有限公司	—	2022 年 12 月
46	心脑宁胶囊及其制备工艺	CN1168481C	贵州神奇药业股份有限公司	—	2022 年 12 月
47	治疗淋症的药	CN1168485C	贵州万胜药业有限责任公司	—	2022 年 12 月
48	一种治疗风湿类疾病的杜仲壮骨丸	CN1169563C	贵州君之堂制药有限公司	—	2022 年 12 月
49	一种治疗妇科炎症胶囊的制法	CN1170579C	贵州万胜药业有限责任公司	—	2022 年 12 月
50	一种治疗跌打损伤的药物	CN1170580C	贵州君之堂制药有限公司	—	2022 年 12 月
51	治疗烧烫伤的气雾剂及其制备工艺	CN1176701C	贵州神奇药业股份有限公司	—	2022 年 12 月

续表

序号	专利标题	公开号	第一专利权人(当前)	奖励等级	失效日期
52	止咳胶囊及其制备工艺	CN1166401C	贵州柏强制药有限公司	—	2022年12月
53	治疗肝病药物及其制备工艺	CN1186064C	贵州君之堂制药有限公司	—	2022年12月
54	一种治疗脾虚食滞引起的小儿厌食病症的中成药	CN1327887C	贵州盛世龙方制药股份有限公司	—	2022年12月
55	一种治疗感冒的药物	CN1166400C	贵州万胜药业有限责任公司	—	2022年12月
56	一种伤科治疗药物	CN1183939C	贵州万胜药业有限责任公司	—	2022年12月
57	治疗风湿、骨质疏松、骨质增生病的胶囊及其制备方法	CN1208072C	贵州百灵企业集团制药股份有限公司	—	2022年12月
58	一种治疗痹症的药物	CN1176700C	贵州联盛药业有限公司	—	2022年12月
59	一种治疗口臭的药物	CN1209136C	贵州百灵企业集团制药股份有限公司	—	2022年12月
60	复方阿胶补血膏	CN1167456C	贵州联盛药业有限公司	—	2022年12月
61	治疗关节疼痛的中药制剂及其制备方法	CN1203887C	贵州奇凯制药有限责任公司	—	2022年12月
62	一种治疗肝炎病的药物	CN1205988C	贵州奇凯制药有限责任公司	—	2022年12月
63	一种治疗湿热蕴结所致排尿不畅，淋漓涩痛淋证疾病的中成药	CN1294934C	贵州奇凯制药有限责任公司	—	2022年12月
64	一种治疗热毒蕴结所致疮疡症的中成药	CN1327860C	贵州恒霸药业有限责任公司	—	2022年12月
65	一种治疗失眠症的中成药及其生产方法	CN1327878C	贵州圣济堂制药有限公司	—	2022年12月
66	一种治疗胆囊疾病的药物	CN1159058C	贵州和仁堂药业有限公司	—	2022年12月
67	一种消痞和胃的胶囊及其制备方法	CN1164322C	贵州百灵企业集团制药股份有限公司	—	2022年12月
68	一种治疗肾气衰弱所致疾病的复方杜仲扶正合剂	CN1165333C	贵州百灵企业集团制药股份有限公司	—	2022年12月
69	砂连和胃胶囊	CN1165334C	贵州百灵企业集团制药股份有限公司	—	2022年12月
70	一种治疗咽喉、口腔疾病的药物喷雾剂	CN1166399C	贵州百灵企业集团制药股份有限公司	—	2022年12月

续表

序号	专利标题	公开号	第一专利权人(当前)	奖励等级	失效日期
71	一种治疗妇科疾病的速溶药膜	CN1181865C	贵州和仁堂药业有限公司	—	2022 年 12 月
72	复方重楼酊及其制备方法	CN1204917C	贵州和仁堂药业有限公司	—	2022 年 12 月
73	妇科调经胶囊的制备方法	CN100415214C	贵州和仁堂药业有限公司	—	2022 年 12 月
74	一种治疗白细胞减少症疾病的胶囊及其制备方法	CN1164316C	贵阳新天药业股份有限公司	—	2022 年 12 月
75	治疗胃痛的中成药及其制备方法	CN1181866C	国药集团同济堂(贵州)制药有限公司	—	2022 年 12 月
76	治疗结石及胆囊炎的中药制剂及其生产方法	CN1179745C	国药集团同济堂(贵州)制药有限公司	—	2022 年 12 月
77	一种治疗泌尿系统疾病的药物	CN1175872C	贵州万顺堂药业有限公司	—	2022 年 11 月
78	药母	CN1199675C	贵州益佰制药股份有限公司	—	2023 年 10 月
79	治疗急慢性支气管炎的中药制剂及其生产方法	CN1148222C	贵州浩诚药业有限公司	—	2023 年 9 月
80	柏栀祛湿剂	CN1264545C	张之君	—	2023 年 7 月
81	治疗脾胃气滞所引起的脘腹胀痛的中药制剂及其制备方法	CN1281243C	贵州三力制药有限责任公司	—	2023 年 6 月
82	治疗痔疮的药物	CN1305482C	贵州神奇药业股份有限公司	—	2023 年 6 月
83	止喘止咳的中成药	CN1172706C	贵州神奇药业股份有限公司	—	2023 年 6 月
84	醒脾开胃益气补虚的中药制剂	CN1172707C	林荣贵	—	2023 年 6 月
85	一种治疗口腔疾病的中药制剂及制备方法	CN1259939C	贵州太和制药有限公司	—	2023 年 5 月
86	一种用于癌症辅助治疗的中药复方制剂及制备方法	CN1278732C	贵州太和制药有限公司	—	2023 年 5 月
87	一种治疗非淋菌性尿道炎的药物及其制备方法	CN1183951C	贵州太和制药有限公司	—	2023 年 5 月

续表

序号	专利标题	公开号	第一专利权人(当前)	奖励等级	失效日期
88	一种含维生素B1的药物组合物及其制备方法	CN1206994C	贵州正鑫药业有限公司	—	2023年5月
89	一种治疗胃部疾病的药物	CN1136911C	贵州益佰制药股份有限公司	—	2023年5月
90	一种治疗感冒引起的呼吸道系统疾病的药物	CN1147315C	贵州维康药业有限公司	—	2023年5月
91	一种治疗泌尿系统疾病的药物	CN1150940C	贵州绿太阳制药有限公司	—	2023年5月
92	貂胰防裂膏及其制作方法	CN1171629C	贵州绿太阳制药有限公司	—	2023年5月
93	日晒防治膏及其制作方法	CN1175892C	贵州绿太阳制药有限公司	—	2023年5月
94	一种保健口香糖	CN100441104C	贵州汉方药业有限公司	—	2023年4月
95	一种治疗更年期综合征的中药复方制剂及制备方法	CN1246016C	贵州宏奇药业有限公司	—	2023年4月
96	汉桃叶软胶囊及其制备方法	CN1255131C	贵州远程制药有限责任公司	—	2023年4月
97	一种治疗胃部疾病的药物	CN1294921C	贵州三力制药有限责任公司	—	2023年3月
98	一种治疗脱发的药物	CN1294982C	贵州润生制药有限公司	—	2023年3月
99	一种治疗胃肠道疾病的药物	CN1301125C	贵州润生制药有限公司	—	2023年3月
100	一种治疗血热风燥所致皮肤瘙痒症的药物	CN1325100C	贵州润生制药有限公司	—	2023年3月
101	芪斛楂冲剂及制作工艺	CN1167457C	贵州润生制药有限公司	—	2023年3月
102	治疗阳痿遗精、腰肾酸痛的胶囊	CN1169571C	周光达	—	2023年1月
103	治疗口腔黏膜溃疡、牙龈和咽喉炎症的药物组合物	CN1170582C	贵阳新天药业股份有限公司	—	2023年1月
104	一种治疗胃部疾病的药物	CN1183958C	贵州省中国科学院天然产物化学重点实验室	—	2023年1月
105	小儿消食开胃药物及其制作方法	CN1202844C	贵州益佰制药股份有限公司	—	2023年1月